普通高等教育"专业综合改革试点"规划教材

锻 压 工 艺 学

张永军　韩静涛　主编

北　京

冶金工业出版社

2015

内 容 提 要

本书共分为两篇：第一篇为锻造工艺，主要包括金属体积成型的自由锻和模锻等锻造工艺；第二篇为冲压工艺，主要包括板料金属的冲裁、弯曲、拉深、胀形和翻边等冲压工艺。对各种锻压方法的介绍，均着重于成型原理、特点、适用范围及其工艺参数计算、设备吨位与工、模具结构形式等内容叙述。

本书可作为高等学校材料成型与控制工程专业及其相关专业的教材，也可供从事该专业的科研人员和工程技术人员参考。

图书在版编目（CIP）数据

锻压工艺学/张永军，韩静涛主编 . —北京：冶金工业出版社，2015.6

普通高等教育"专业综合改革试点"规划教材
ISBN 978-7-5024-6910-8

Ⅰ.①锻… Ⅱ.①张… ②韩… Ⅲ.①锻压—高等学校—教材 Ⅳ.①TG31

中国版本图书馆 CIP 数据核字（2015）第 123613 号

出 版 人　谭学余
地　　址　北京市东城区嵩祝院北巷 39 号　邮编　100009　电话　(010)64027926
网　　址　www.cnmip.com.cn　电子信箱　yjcbs@cnmip.com.cn
责任编辑　李培禄　李　臻　美术编辑　吕欣童　版式设计　孙跃红
责任校对　石　静　责任印制　李玉山
ISBN 978-7-5024-6910-8
冶金工业出版社出版发行；各地新华书店经销；三河市双峰印刷装订有限公司印刷
2015 年 6 月第 1 版，2015 年 6 月第 1 次印刷
787mm×1092mm　1/16；15.5 印张；376 千字；236 页
39.00 元
冶金工业出版社　投稿电话　(010)64027932　投稿信箱　tougao@cnmip.com.cn
冶金工业出版社营销中心　电话　(010)64044283　传真　(010)64027893
冶金书店　地址　北京市东四西大街 46 号(100010)　电话　(010)65289081(兼传真)
冶金工业出版社天猫旗舰店　yjgycbs.tmall.com
（本书如有印装质量问题，本社营销中心负责退换）

前　言

　　锻压是锻造与冲压的总称，是机械制造业的基础工艺之一，是（利用锻压机械的锤头、砧块、冲头或通过模具）对坯料施加外力，使其产生塑性变形，改变尺寸、形状及改善性能，用以制造机械零件、工件或毛坯的成型加工方法。根据原材料供应形式不同，以锭料或棒料为原料时称为锻造，以板料为原材料时称为冲压，一般冲压是在常温下进行的。

　　锻压在国民经济中占有举足轻重的地位。机械、冶金、电子、船舶、航空、航天、兵器以及其他许多工业部门的发展都离不开锻压生产的密切配合，锻压生产能力及其工艺水平已成为衡量一个国家工业水平的重要标志，对一个国家的工业、农业、国防和科学技术所能达到的水平具有很大的影响。

　　锻压工艺学是研究如何利用各种锻造与冲压方法有效地生产半成品或零件的一门技术，是涉及成型原理、方法和质量控制的技术科学，是材料成型与控制工程专业的主要专业课程之一。编者结合专业教学情况对教材内容进行了编排，其中，锻造工艺以自由锻和模锻为主要内容；冲压工艺以冲裁、弯曲、拉深、胀形和翻边为主要内容。教材主要围绕着锻压工艺（锻造工艺和冲压工艺）方法、特点及其工艺过程，制订工艺规程和设计锻模、冲模等工艺装备的原则、步骤和方法，以及锻件质量等方面进行选材与编写。

　　本教材的编写得到了北京科技大学教材建设经费的资助，同时，也得到了冶金工业出版社的大力支持，谨此一并表示感谢！

　　由于编者编写水平所限，书中难免存在不妥之处，恳请广大读者批评指正。

编　者

2015 年 6 月

目　录

第一篇　锻造工艺

第二篇 冲压工艺

第一篇　锻造工艺

1 锻造工艺绪论

本章要点：锻造工艺具有上千年的发展史，如今正朝着少或无切削、机械化、自动化等更高的方向发展，在工业生产中发挥着重要作用。本章概要介绍了有关锻造的基本概念及其工艺特点、分类、生产工艺流程；同时对锻造生产用的原材料与下料方法进行了说明。

锻造是在外力作用下，利用工具或模具使金属坯料产生塑性变形，以获得一定形状、尺寸和内部组织的锻件的一种材料加工方法。机械、冶金、船舶、航空、航天、兵器以及其他许多工业部门的发展都离不开锻造生产的密切配合，锻造生产能力及其工艺水平，对一个国家的工业、农业、国防和科学技术所能达到的水平具有很大的影响。

1.1 锻造工艺的特点

锻造生产是机械制造工业中提供机械零件毛坯（或直接制造机械零件）的主要加工方法之一。对受力大、要求高的重要机械零件，大多采用锻造生产方法制造。其主要原因取决于锻造的工艺特点：

（1）坯料通过锻造变形，其组织得到改善，力学性能和物理性能得到提高。

（2）根据零件的受力情况和破坏情况，通过锻造变形可以正确控制流线在锻件上的分布状况，使其对锻件的使用性能产生良好的影响（从而进一步提高零件的使用寿命）。

（3）锻件形状既可简单，也可复杂，尺寸精度高，表面粗糙度低，尤其是模锻或精密锻造。

（4）锻造变形是通过将金属坯料的体积重新分配来获得所需的形状和尺寸，切削时其所留机械加工余量小，材料利用率较高。

（5）锻造过程操作简单，生产率高，尤其是专业化生产线的生产率更高。

（6）在大量生产条件下，尤其是模锻生产时，锻件成本较低。

综上所述，锻造生产不仅可以有效改善金属组织、控制流线分布、提高力学和物理性能、获得高质量锻件，而且还具有生产效率和材料利用率较高以及锻件成本低的优点。但是，锻造生产也存在设备投资较大，生产准备周期，尤其是锻模制造周期较长，而且锻模成本较高，且使用寿命较低等缺点。随着锻压技术的进步，这些缺点正在被不断克服。如有限元法在工艺设计中的应用，利用该方法可以对锻造成型过程进行应力应变分析和计算机模拟，预测某一工艺方案对锻件成型的可能性和将会发生的问题，这样不仅可以节省昂贵的模具试验费用，而且可以缩短新产品的试制周期。另外，CAD/CAM 技术的应用，使锻模的设计与制造周期大为缩短；新型模具材料及润滑剂的研究与应用，使锻模使用寿命显著提高，等等。

对于机器或机械上的金属零件，其典型生产过程是：冶炼、制坯、切削加工、热处理。其中，制坯是为切削加工提供坯料。对很多零件来说，用锻造方法生产坯料是一种具有较高技术经济性的制坯方法，特别是对性能要求高、形状较复杂的零件，其优越性更为突出。不仅如此，随着精密锻造技术的应用和发展，其加工精度和表面粗糙度已达到了切削（如车加工、铣加工甚至磨加工）的水平，实现了少或无切削加工，其产品不需机械加工便可直接装机使用。这不仅节约了大量原材料，而且零件性能得到了较大提高。这说明，锻造行业不仅能提供坯料，而且已能直接提供零件。因此，锻造工艺得到了越来越广泛的应用。目前，飞机上锻件的重量占 85%；坦克上锻件的重量占 70%；汽车上锻压件重量占 80%；机车上锻压件重量占 60%；兵器上大部分零件都是经锻造制成的。

1.2   锻造生产的分类及工艺流程

1.2.1   锻造生产的分类

锻造生产一般按外力的来源、工具和变形温度进行分类。

（1）按坯料所受作用力的来源分类：根据工作时所受作用力的来源，锻造生产可分为手工锻造和机器锻造两种。手工锻造（简称手锻）是用手锻工具依靠人力在铁砧上进行的。这种生产方式已有数千年历史，目前多用于零活、修理，以及初学者对基本操作技能的训练。机器锻造（简称机锻）是现代锻造生产的主要方式，在各种锻造设备上进行。

（2）按所用设备和工具分类：根据所用设备和工具的不同，锻造生产可分成自由锻、模型锻造（又称模锻）、胎模锻造（又称胎模锻）、特种锻造四类。

自由锻是只用简单的通用性工具，或在锻造设备的上、下砧间直接使坯料变形而获得所需的几何形状及内部质量的方法。模锻是利用模具使坯料变形而获得锻件的锻造方法。胎模锻是在自由锻设备上使用可移动模具生产模锻件的一种锻造方法，胎模不固定在锤头或砧座上，只是在用时才放上去。特种锻造是采用专用模锻设备及专用模具与工装，实现某一特定的锻造工艺，因此，也称为专用锻造工艺。在相关工厂和车间，通常通过建立专业化特种锻造生产线，实现某种锻件的大批量生产，如辊锻、楔横轧、摆动辗压等。

（3）按锻造变形温度分类：根据金属变形时的温度，锻造生产可分为热锻、温锻及冷锻。

热锻是在金属再结晶温度以上进行的锻造工艺；冷锻是在室温下进行的锻造工艺；温锻是在高于室温和低于再结晶温度范围内进行的锻造工艺。

1.2.2   锻造生产的工艺流程

锻造工艺流程是指生产一个锻件所经过的锻造生产过程。以模锻为例（图 1-1），其工艺流程是：备料→加热→模锻（可能在一台设备上完成，也可能依次在几台设备上完成）→切边、冲孔→热处理→酸洗、清理→校正→检查→入库。

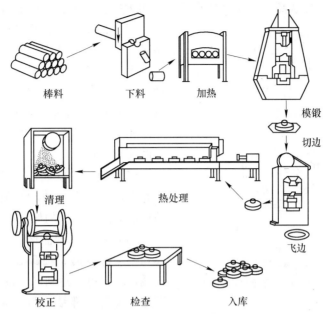

图 1 - 1　锻造工艺流程（模锻件的热模锻生产过程）

　　锻件的形状、尺寸、技术要求和批量大小等因素决定了锻件的锻造生产过程的选择。通常，单件、小批量生产采用自由锻方法，而批量大时，则采用模锻方法生产。但有些航空等重要产品上的锻件，虽然批量不大，但由于流线和性能等方面的要求，以及工艺的一致性等，通常也采用模锻方法生产。大型锻件，由于受设备吨位的限制等原因，通常采用自由锻方法生产。

1.3　锻造用原材料与下料方法

1.3.1　锻造用原材料

　　用于锻造的原材料应具有良好的塑性，以便锻造时产生较大的塑性变形而不致被破坏。碳钢、合金钢、有色金属及其合金等金属材料在一定条件下具有良好的塑性，可以对其进行锻造成型。大型锻件和某些合金钢锻件主要用钢锭锻制，中小型锻件一般采用轧制、挤压或锻造等方法生产的型材。

1.3.1.1　锻造用钢锭

　　锻造用钢锭一般均为镇静钢锭，由冒口、锭身和底部（又称水口）所组成，其锭身侧面具有一定锥度，锭身的横断面为多角形。锻造用钢锭的类型主要有两种：

　　一种是普通型钢锭，其高径比为 2 ~ 3，锥度为 4% ~ 7%，锭身横断面形状多为八角形，可上浇铸也可下浇铸。

　　另一种是短粗型钢锭，高径比为 1.0 ~ 1.5，锥度为 8% ~ 12%，横断面为多角形，棱角数常见的有 12、16、24。该锭型有利于夹杂物上浮和气体逸出，减少偏析，改善内部质量，常用于锻造合金钢等重要的大锻件。

　　图 1 - 2 为钢锭纵剖面的组织结构示意图，按结晶组织特征不同可将其划分为细晶粒

层（亦称激冷层）、柱状晶区、倾斜柱状晶区、粗大等轴晶区、沉积堆和冒口区。

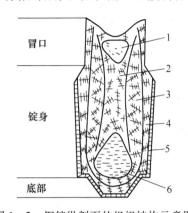

图1-2　钢锭纵剖面的组织结构示意图
1—缩孔（冒口）；2—粗大等轴晶区；
3—倾斜柱状晶区；4—柱状晶区；
5—细晶粒层（激冷层）；6—沉积堆（底部水口）

（1）细晶粒层：钢锭表层的细小等轴结晶区。钢液开始接触模壁时，冷却速度很快，产生大量晶核，使表层快速结晶成细小的等轴晶粒。

（2）柱状晶区：表面细晶粒层形成后，冷却速度逐渐减慢，晶粒开始沿着模壁垂直方向成长为较大的柱状晶。

（3）倾斜柱状晶区：随着柱状晶向中心不断发展，加上气体和杂质的上浮作用，于是形成晶轴向上倾的倾斜柱状晶。

（4）粗大等轴晶区：当倾斜柱状晶向里长到一定深度时，锭身心部钢液冷却速度十分缓慢，有可能达到同一过冷度而同时结晶，于是使锭身心部结晶为粗大的等轴晶。由于心部结晶时钢液补缩较差，前期结晶将低熔点成分挤到中心，而使钢液心部形成较多的疏松和杂质。

（5）沉积堆：在上述钢液从表层向中心结晶的过程中，由于固-液相界面最初形成的一些晶体下沉，在其下沉过程中，还会碰断树枝晶晶枝，而使其一起下落，于是在钢锭的底部逐渐堆成一个沉积堆，此处的组织疏松，氧化物夹杂也多。

（6）冒口区：冒口区有保温帽的作用，它是钢液的最后凝固结晶处。因此，当该区凝固收缩时，得不到钢液的补充，会在其中部形成一个大缩孔，而在缩孔周围存在大量疏松。此外，在冒口区还聚集了大量低熔点、轻质夹杂物（如硫化物、磷化物）和气体等。

由此可见，钢锭的内部缺陷主要集中在冒口、底部及中心部分。因此，在锻造时，应锻透心部，切除冒口与底部。

1.3.1.2　锻造用型材

中小型自由锻件一般用圆形或方形截面的型材生产，模锻件除常用这两种轧材外，有时还采用周期轧制型材，如图1-3所示。一般而言，型材是由铸锭经过轧制、挤压或锻造加工等方法进行生产，由于经过塑性变形，其组织结构得到改善，变形越充分，铸造缺陷越少，材料的质量和性能越好。

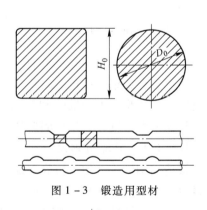

图1-3　锻造用型材

1.3.2　下料方法

下料是在锻前将原材料切成所需长度或所需几何尺寸的工序。当以铸锭为原材料时，通常用自由锻方法进行开坯，然后在锻压设备上热剁或使用火焰切割将锭料的冒口端和水口端切除，并按一定尺寸将坯料分割开来。当以型材为原料时，其下料工作一般是在锻工车间下料工段的专门下料设备上进行，常用的下料方法有剪切法、锯切法、砂轮片切割法、冷折法、气割法等。各种下料方法的坯料质量、材料利用率、加工效率往往有很大不同。选用何种方法，视材料性质、尺寸大小、批量和对下料质量的要求进行选择。

1.3.2.1　剪切下料

剪切下料是利用专用剪床（如棒料剪切机）或借助剪切模具在锻压设备上（如曲柄压力机、液压机和锻锤等）将原材料切割成一定长度或一定几何形状的下料方法。剪切过程如图 1 - 4 所示，在刀片作用力影响下，原材料产生弯曲和拉伸变形，当应力超过剪切强度时发生断裂。

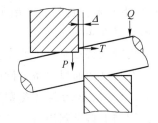

图 1 - 4　剪切过程示意图

P—剪切力；T—水平阻力；Q—压板阻力

在剪切过程中，坯料容易出现局部被压扁、端面不平整、剪断面出现毛刺和裂纹等现象。虽然如此，但由于其效率高、操作简单、切口无金属损耗、模具费用低等特点，而成为一种普遍采用的方法。

1.3.2.2　锯切下料

锯切下料是用锯床将原材料锯成一定长度坯料的下料方法。锯床下料锯口损耗大，但下料长度精确，锯切端面平整，对于尺寸精度要求较高的精锻工艺是一种主要的下料方法。金属可以在热态或冷态下锯切，实际上锻造生产常采用冷态锯切，只有轧钢厂才采用热态锯切。

锯床有圆盘锯、带锯和弓形锯之分。

（1）圆盘锯：该锯使用圆片状锯片。因为锯片厚度一般 3 ~ 8mm，所以锯口损耗较大。锯片的圆周速度低，常为 0.5 ~ 1.0m/s，比普通切削加工速度低，故锯切生产率较低。圆盘锯下料可锯切的材料直径达 750mm。具体尺寸视机床的规格而定。

（2）带锯：该锯切口损耗为 2 ~ 2.2mm，主要用于锯切直径在 350mm 以内的棒料。

（3）弓形锯：该锯锯片厚度为 2 ~ 5mm，一般用于锯切直径在 100mm 以内的坯料。

1.3.2.3　折断下料

折断下料是将原材料按所需尺寸预先开好缺口，然后在缺口背面施加压力，使其折断的下料方法。折断下料的工作原理如图 1 - 5 所示。先在待折断处开一小缺口，在压力 F 作用下，在缺口处产生应力集中，从而引起脆性破坏。原因是当坯料内的平均应力达到屈服极限时，缺口处的局部应力早已超过强度极限，所以坯料来不及产生塑性变形就断裂了。

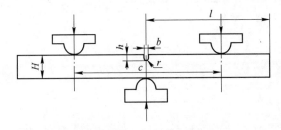

图 1 - 5　折断下料示意图

折断下料的工艺过程简单，生产率高，几乎没有断口损耗，所用工具简单，无需专门设备。对硬度较高的碳钢和高合金钢采用折断下料时，要求预热到 300 ~ 400℃ 进行。

1.3.2.4 砂轮切割下料

砂轮切割下料在砂轮切割机上进行。砂轮切割机是由电动机带动薄片砂轮（厚度一般在3mm以下）高速旋转，并用手动或机动使它做上下运动而将坯料切断。砂轮切割机切割坯料的直径在40mm以下。

砂轮切割的特点是：生产率高且切割端面平整；但薄片砂轮的损耗较大，劳动条件较差，需要有良好的通风设备。同时在切割过程中，坯料受到砂轮片高速旋转下的热影响。

1.3.2.5 火焰切割（气割）下料

火焰切割下料是利用氧－乙炔（或氧－丙烷）氧化火焰将原材料切割成一定长度或一定几何形状的下料方法。该方法主要适用于大截面坯料的切割，但其缺点是端面质量差、金属损耗大、精度差、生产率低、劳动条件差，而且对操作技术要求高。

复习思考题

1. 简述锻造工艺及其特点。
2. 简述锻造生产的分类及其特点。
3. 简述锻造生产的工艺流程。
4. 简述锻造用原料的种类及其特点。
5. 简述锻造下料方法及其特点。

2 锻造加热及加热制度

本章要点：锻造加热是热锻生产过程中不可缺少的重要环节，它是提高金属锻造性能的主要方法。本章以锻造加热及加热制度为主要内容，着重介绍了锻造加热的目的及其方法、加热过程中常见缺陷及其防止措施、锻造温度范围、锻造加热制度等内容。

金属锻造成型既可在常温条件下进行，也可在高温条件下进行，这主要取决于金属的锻造性能（即可锻性）。大多数金属在常温下的可锻性较低，造成锻造困难或不能锻造。但将这些金属加热到一定温度后，可以大大提高可锻性，只需要施加较小的锻打力，便可使其发生较大的塑性变形。所以，对这些金属来讲，锻前加热是必须的。

2.1 加热目的及方法

2.1.1 加热目的

金属锻造性能（即可锻性）的衡量指标是金属的塑性及其变形抗力。金属坯料在锻前加热时，随着温度的升高，将伴随有回复、再结晶的软化过程发生，从而导致临界剪应力降低和滑移系增加；同时，多相组织转变为单相组织，以及热塑性（或扩散塑性）的作用使金属获得良好的塑性和低的变形抗力。此外，金属在高于 $0.5T_m$（T_m 为熔点的热力学温度）的条件下进行锻造，由于产生动态回复和动态再结晶过程，塑性变形所引起的硬化得到消除，从而使锻件具有良好的组织与性能。因此，锻前加热的目的可以概括为：提高金属的塑性，降低其变形抗力，使之易于塑性成型并获得良好的锻后组织和力学性能。

2.1.2 加热方法

坯料的加热方法按所采用的热源不同分为火焰（燃料）加热和电加热两大类。

2.1.2.1 火焰加热

火焰加热是利用燃料燃烧产生的火焰来加热坯料的方法。其所用燃料既可以是固体燃料（煤、焦炭等），也可以是液体燃料（重油、柴油等）或气体燃料（煤气、天然气等）。燃料在锻造加热炉内燃烧产生高温炉气（即火焰），通过炉气对流、炉围（炉墙和炉顶）辐射和炉底传导等传热方式，使金属坯料得到热量而被加热。在低温（650℃以下）炉中，金属加热主要依靠对流传热，在中温（650~1000℃）和高温（1000℃以上）炉中，金属加热则以辐射方式为主。在普通高温锻造炉中，辐射传热量可占到总传热量的90%以上。火焰加热的优点是：燃料来源广泛，炉子建造容易，加热费用低，对坯料的适应范围广等；缺点是：劳动条件差，加热速度慢，金属氧化烧损严重，加热质量难以控制等。目前，该加热方法仍是锻造加热的主要方法，广泛用于自由锻、模锻时对各种大、中、小型坯料的加热。

2.1.2.2   电加热

电加热是以电为能源加热坯料的方法。它包括直接电加热（感应加热、接触加热等）和间接电加热（电阻炉、盐浴炉等）。电加热具有加热速度快、炉温控制准确、加热质量好、工件氧化少、劳动条件好、易于实现自动化操作等优点；但也有设备投资大、电费贵、加热成本高等缺点。

A   感应加热

感应加热是将坯料放入通有交变电流的感应圈内，利用电磁感应发热直接加热（图2-1）。按所用电流频率不同，感应加热通常被分为：工频加热（$f = 50 Hz$）、中频加热（$f = 50 \sim 1000 Hz$）和高频加热（$f > 1000 Hz$）。

感应加热时，电流密度在坯料截面上的分布是不均匀的，中心电流密度小，表层电流密度大，这种现象称为趋肤效应。因此，感应加热时热量主要产生于坯料表层，并向坯料心部热传导。对于大直径坯料，选用低电流频率，增大电流透入深度，可以提高加热速度。而对于小直径坯料，可采用高电流频率，提高加热效率。

感应加热的优点是：加热速度快，不用保护气氛也可实现少氧化加热（烧损率一般小于0.5%），温度控制准确，生产条件好，工作稳定可靠，便于和锻压设备组成生产线实现机械化、自动化等；其缺点是：设备投资大，耗电量大，一种感应器只能加热一定规格的坯料。

B   接触电加热

接触电加热是以低电压大电流直接通入金属坯料，利用电阻产生的热量直接加热坯料本身（图2-2）。这种加热方法适用于细长坯料的整体加热或局部加热。其优点是：加热速度快，氧化铁皮少，热效率高，耗电低，设备简单，操作方便等；缺点是：要求被加热坯料表面光洁，下料必须规整、端面平整，温度控制与测量较困难。

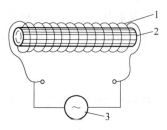

图2-1   感应加热原理

1—感应器；2—坯料；3—电源

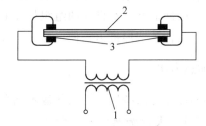

图2-2   接触电加热原理

1—变压器；2—坯料；3—触头

C   电阻炉加热

电阻炉加热是利用电流通过炉内的金属电热体（如镍铬丝、铁铬铝丝等）或非金属电热体（碳化硅棒、二硫化铝棒等）所产生的热量，通过辐射、传导等传热方式使坯料加热

（图2-3）。其优点是：能准确控制炉温，对坯料加热的适用范围较大，便于实现加热的机械化、自动化，也可用保护气体进行少、无氧化加热；缺点是：加热速度慢，电能消耗大，加热温度受到电热体的限制。

D 盐浴炉加热

盐浴炉加热是电流通过炉内电极产生的热量把导电介质熔融，通过高温介质的对流与传导将埋入介质中的金属坯料加热。按照热源的位置不同，盐浴炉分外热式和内热式，图2-4为内热式电极盐浴炉加热原理图。其优点是：加热速度快，加热温度均匀，可以实现金属坯料的整体或局部的无氧化加热；缺点是：热效率较低，辅助材料消耗大，劳动条件差。

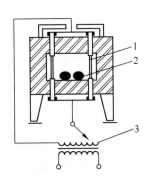

图2-3 电阻炉加热原理

1—电热体（碳化硅棒）；2—坯料；3—变压器

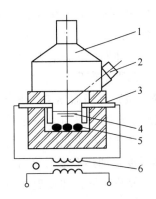

图2-4 盐浴炉加热原理

1—排烟罩；2—高温计；3—电极；
4—熔盐；5—坯料；6—变压器

加热方法的选择要根据具体的锻造要求和能源情况及投资效益、环境保护等多种因素确定。目前，火焰加热法应用比较广泛，如大、中、小型各类锻件往往都以火焰加热为主，电加热主要用于加热要求高的铝、镁、钛、铜和一些高温合金。鉴于特殊材料的锻造以及各种精密锻造需求的增多，今后电加热方法的应用必将日益扩大。

2.2 加热过程中的常见缺陷

在加热过程中，由于加热工艺不合理或加热操作不当，会在坯料中产生加热缺陷。常见的加热缺陷有：氧化、脱碳、过热、过烧、裂纹等。

2.2.1 氧化

在加热过程中，坯料表层中的铁（Fe）与炉气中的氧化性气体（如 O_2、CO_2、H_2O 等）发生化学反应，结果使坯料表层变成氧化铁，常称之为氧化铁皮，这种缺陷即为氧化（或烧损）。

氧化过程实质上是一个扩散过程，即炉气中氧以原子状态吸附到钢料表面后向里扩散，而钢料表层的铁则以离子状态由内部向表面扩散，扩散的结果使钢的表面层变成为氧化铁。由于氧化扩散过程从外向内逐渐减弱，故氧化铁皮由三层不同的氧化铁所组成，如

图 2 – 5 所示。从表层向内依次形成 Fe_2O_3、Fe_3O_4 和 FeO，且各层厚度不同。由于最外层的 Fe_2O_3 比同质量金属的体积大两倍多，因此，在氧化物层内产生很大的应力，引起氧化铁皮周期性的破裂，以致脱落，给进一步氧化造成有利条件。

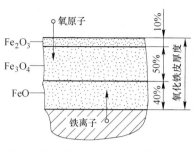

图 2 – 5　氧化铁皮结构组成示意图

2.2.1.1　影响氧化的主要因素

氧化受内因（被加热金属）和外因（加热环境，即炉气性质、加热温度和时间）两个方面的影响。

（1）化学成分：坯料化学成分的影响是内因。当钢中碳含量大于 0.3% 时，由于在表层生成的 CO 削弱了氧化扩散过程，氧化铁皮的形成将减缓。当钢中含有 Cr、Ni、Al、Mo 等合金元素时，这些元素在表面能形成致密的氧化薄膜，阻止氧化性气体向内扩散，从而起到了防止氧化的保护作用。例如，Ni、Cr 含量大于 13% ~ 20% 时，几乎不产生氧化。

（2）炉气性质：火焰加热炉的炉气性质取决于燃料燃烧时的空气供给量。当燃烧条件一定时，燃烧所消耗的空气量是一定的。当空气供给过多时，炉气性质呈氧化性，促使形成氧化铁皮。当空气供给不足时，炉气性质则为还原性，氧化很少甚至不氧化。

（3）加热温度：加热温度升高时，氧化扩散速度加快，氧化烧损严重，因此形成的氧化铁皮较厚。一般情况下，加热温度在低于 570 ~ 600℃ 时，氧化速度很慢，甚至几乎不产生氧化。但当加热温度超过 900 ~ 950℃ 时，氧化加剧。

（4）加热时间：坯料处在氧化性介质中的加热时间越长，氧化扩散量越大，氧化铁皮越厚。在高温加热阶段，加热时间的影响更大。

2.2.1.2　氧化引起的危害

（1）造成坯料烧损。一般情况下，坯料每加热一次便有 1.5% ~ 3% 的金属被氧化烧损，降低了材料利用率。

（2）影响锻件表面质量。如氧化铁皮压入锻件表面，将降低锻件的表面质量和尺寸精度。

（3）降低工具、模具使用寿命。由于氧化铁皮质硬而脆，如模锻过程中掉入模腔内，必将加剧模具磨损。残留氧化铁皮的锻件，在机械加工时刀具刃口很快磨损。

（4）引起炉底腐蚀损坏。脱落在炉中的碱性氧化铁皮与酸性炉底会发生化学反应，由此导致炉底损坏。

2.2.1.3　防止氧化的措施

减少和防止加热时坯料氧化对锻造生产来说具有非常重要的意义，尤其是精密锻造。目前，在加热工艺上普遍采用以下措施防止氧化：

（1）快速加热。在保证锻件质量的前提下，尽量采用快速加热，缩短加热时间，尤其是缩短高温下停留的时间。

（2）采用介质保护加热。该方法是采用各种保护介质，将坯料表面与氧化性炉气隔离进行加热。所用的保护介质有：气态保护介质（如惰性气体、石油液化气等）、液态保护介质（如玻璃熔体、熔盐等）和固态保护介质（如玻璃粉、金属镀膜等）。

（3）控制加热炉气性质。该方法是借助对火焰加热炉燃烧过程的控制，使坯料在还原性的炉气中进行加热。

2.2.2 脱碳

在加热过程中，坯料表层中的碳（C）与炉气中的氧化性气体（如 O_2、CO_2、H_2O 等）及某些还原性气体（如 H_2）发生化学反应，造成坯料表层的碳含量减少，这一表层常称为脱碳层（如图 2-6 所示），这种缺陷即为脱碳。脱碳过程实质上也是一个扩散过程。

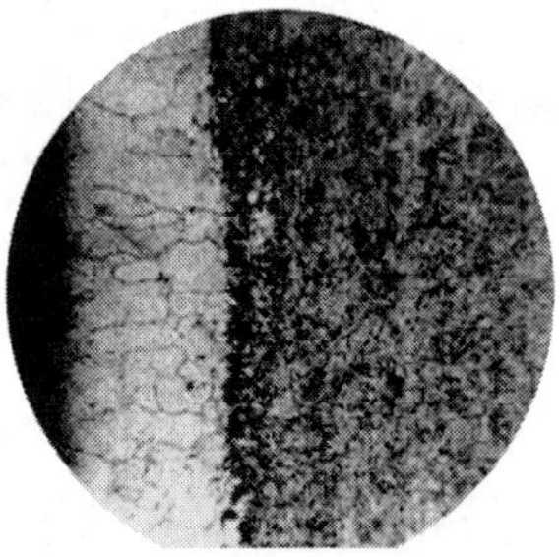

同氧化一样，脱碳也受内因（被加热金属）和外因（加热环境）两个方面的影响。

（1）化学成分：钢中碳含量越高，脱碳倾向就越大。某些合金元素，如 Cr、Mn 等能阻止脱碳，而 W、Al、Si、Co 等则促使脱碳增加。

（2）炉气成分：在炉气成分中，脱碳能力最强的是 H_2O（汽），其次是 CO_2 和 O_2，H_2 则较弱。而 CO 含量增加可减少脱碳。一般在中性介质或弱氧化性介质中加热可减少脱碳。

图 2-6 钢中的脱碳现象

（3）加热温度：在氧化性气氛中加热，钢即产生氧化，同时也引起脱碳。加热温度在 700~1000℃ 之间时，由于氧化铁皮阻碍碳的扩散，因此，脱碳过程比氧化要慢。随着温度的升高，氧化铁皮失去保护能力，脱碳的速度迅速加快，此时脱碳比氧化更为剧烈。

（4）加热时间：加热时间越长，脱碳层厚度越厚。但两者不呈正比关系，当厚度达到一定值后，脱碳速度将逐渐减慢。

如坯料在加热时发生了脱碳，会使锻件表面变软，强度和耐磨性降低。当脱碳层厚度小于加工余量时，对锻件性能则没有什么危害；反之就要影响到锻件的质量。一般用来防止氧化的措施，同样也可以用于防止脱碳。

2.2.3 过热

过热是金属由于加热温度过高或高温下停留时间过长引起晶粒迅速长大（粗化）的一种现象。晶粒开始急剧长大的温度叫做过热温度。金属的过热温度主要与它的化学成分有关，一般来讲，钢中含有 C、Mn、S、P 等元素会增加其过热倾向，含有 Ti、W、V、Nb 等元素则能抑制过热。钢的过热温度因钢种不同而不同，如表 2-1 所示。

表 2-1 钢的过热温度 　　　　　　　　　　　　　　　　　　　　　（℃）

钢　种	纯　铁	碳钢（$w(C) < 0.4\%$）	碳钢（$w(C) > 0.4\%$）	铬　钢	铬镍钢
过热温度	1300	1300	1150	1050~1100	1100~1150

过热不但使坯料晶粒粗大，而且也容易使锻件的晶粒粗大。当坯料严重过热时，对于亚共析钢，锻后冷却由于奥氏体分解将形成所谓的魏氏组织。对于过共析钢，锻后冷却所析出的渗碳体会形成稳定的网状组织。过热引起的这些组织特征，都会导致锻件的强度和冲击韧性降低。这主要是因为与细晶相比，粗晶粒钢晶界面积减少，从而使晶界杂质密度

增加，晶粒之间的结合力减弱。

坯料过热所造成的锻件不良组织，对于某些钢种，虽然可以通过热处理消除，但这却增加了生产周期与费用。而对于一些钢种，即使采用热处理方法也难以将其改善。所以，根本的方法还是在坯料加热时避免产生过热，其具体措施如下：

（1）严格按照加热规范控制加热温度，尽可能缩短在高温时的保温时间。

（2）避免断面尺寸相差很大的坯料同炉加热，也不要把坯料放在炉内局部高温区加热。

（3）在强氧化性气氛中加热时，坯料表层剧烈氧化放出热量，会使其表面温度超过炉温而引起过热，因此应控制加热炉的氧化性气氛。

（4）定期校准测温所用热工仪表，以避免使实际炉温升得过高。

2.2.4　过烧

当坯料的加热温度高于过热温度，并且长时间在此温度下停留时，不但晶粒粗大，而且使晶粒边界出现氧化及熔化的现象，这种缺陷即为过烧现象。产生过烧的温度称为过烧温度。对于不同的钢种，其过烧温度不同，如表 2 - 2 所示。

表 2 - 2　钢的过烧温度　　　　　　　　　　　　　　　（℃）

钢　种	碳　钢				硅锰弹簧钢	镍钢3% Ni	镍钢5% Ni	铬钒钢	高速钢	奥氏体铬镍钢
	1.5% C	0.9% C	0.5% C	0.1% C						
过热温度	1140	1220	1350	1490	1350	1370	1450	1350	1380	1420

如果坯料在加热时产生过烧，除了具有与过热相同的组织特征外，由于氧化性气体渗入到晶界，晶间物质 Fe、C、S 等发生氧化，形成易熔共晶氧化物，甚至晶界产生局部熔化，使晶粒间结合完全破坏。所以，过烧是金属加热不可逆转的缺陷，难以用热处理的方式来改善或消除。如果对过烧的坯料进行锻造，轻则在表面引起网状裂纹（一般称为"龟裂"），重则将导致坯料破碎成碎块，其断口无金属光泽。一般用来防止过热的措施，同样也可以用来防止过烧。

2.2.5　裂纹

坯料在加热过程中出现的裂纹与其内应力有关。通常坯料的内应力有：温度应力、组织应力和残余应力。当三种应力叠加后为拉应力，并且该应力值超过坯料强度极限时，便在其对应部位引起裂纹。

2.2.5.1　温度应力

温度应力是由于温度不均匀而产生的内应力。坯料在加热过程中，其表层温度高于心部温度，必将引起表层与心部的不均匀膨胀，使表层形成压应力，中心部分形成拉应力。温度应力一般都是三向应力状态。图 2 - 7 所示为温度应力在圆柱坯料断面上的分布情况，由图可见，坯料中心部分产生的轴向温度应力较切向和径向温度应力都大，而且是拉应力，因此加热时坯料心部产生裂纹的倾向性较大。

一般来讲，只有当坯料断面出现温差并处于弹性状态时，才会产生温度应力。钢在低于 500~550℃ 时处于弹性状态，当坯料超过该温度时，其塑性转好，变形抗力变低，通过局部塑性变形可以使温度应力得到部分消除，此时就不会出现因温度应力而造成的坯料开裂。

温度应力的大小取决于钢的性质、断面温差等因素。其中，断面温差又与钢的导温性、断面尺寸、加热速度等因素有关。如果钢的导温性差、断面尺寸大、加热速度快，则其断面温差就大，从而温度应力也大。反之温度应力则小。所以，在加热导温性差的高合金钢与断面尺寸大的大型钢锭时，低温加热阶段必须缓慢升温。

2.2.5.2 组织应力

具有相变的坯料在加热过程中，表层与心部的相变不同时，表层首先相变，心部后发生相变，并且相变前后组织的比容发生变化，这样引起的内应力称为组织应力。其在坯料断面上的分布规律是：增大比容的转变区受压应力，减小比容的转变区受拉应力。

由于坯料在相变时已处于高温，尽管产生组织应力也很快被松弛消失。因此，在加热过程中，组织应力一般不会造成坯料开裂。

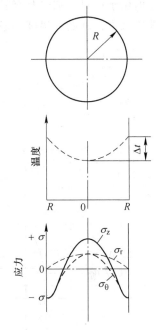

图 2-7 坯料加热过程瞬时温度应力沿断面分布示意图

2.2.5.3 残余应力

钢锭在浇铸后的冷却凝固过程中，表层与中心结晶次序不同，表层先凝固成一个硬壳，心部凝固时受到外壳约束。于是，在表层形成压应力，在心部形成拉应力，钢锭冷却到室温后即为残余应力。钢锭的残余应力分布与加热引起的温度应力分布一致，从而促使钢锭在加热时更容易产生裂纹。所以，钢锭加热时，对残余应力应给予足够的重视。

综上所述，坯料在加热过程中，由于内应力所引起的裂纹，主要是温度应力造成的，对于冷钢锭还有残余应力。根据温度应力、残余应力产生的原因及其分布规律可知，裂纹发生于加热的低温阶段，裂纹产生的部位在坯料心部。所以，为防止裂纹的产生，应采取多段加热制度，并在低温加热阶段降低装炉温度，装炉后要保温，加热速度选择适当等。

2.3 锻造温度范围

锻造温度范围是指坯料开始锻造时的温度（即始锻温度）至锻造终止时的温度（即终锻温度）之间的温度区间。其确定原则是：在锻造温度范围内进行锻造时，坯料具有良好的塑性和较低的变形抗力，并且还能获得组织性能优良的锻件。锻造温度范围应尽可能宽，以便减少锻造加热火次和提高锻造生产率。

2.3.1 始锻温度

始锻温度即开始锻造时的温度，从减小变形抗力和增加塑性的角度来看，始锻温度应选择较高的温度为宜，因为这样可以节省设备的能量消耗，缩短生产周期，提高锻造生产率。但由于坯料在加热时有过热和过烧的限制，始锻温度不可能无条件地增高。因此，对于碳钢来讲，其始锻温度一般比铁－碳平衡相图的固相线低 150～250℃，如图 2－8 所示。

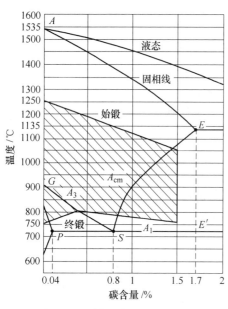

图 2－8　碳钢的锻造温度范围

此外，始锻温度的确定还应考虑坯料组织、锻造方式和变形工艺等因素。如以钢锭为坯料时，由于铸态组织比较稳定，产生过烧的倾向性小，因此，钢锭的始锻温度比同钢种钢坯和钢材要高 20～50℃。采用高速锤锻造时，因为高速变形产生很大的热效应，会使坯料温度升高以致引起过烧，所以，其始锻温度应比通常的始锻温度低 100℃ 左右。对于大型锻件锻造，最后一火的始锻温度应根据剩余锻比确定，以避免终锻温度过高而致使锻后晶粒粗大，这对不能用热处理方法细化晶粒的钢种尤为重要。

始锻温度 $T_{始锻}$ 也可以按下式大致确定：

$$T_{始锻} = (0.85～0.90)T_{熔化} - 273$$
$$(2-1)$$

式中　$T_{熔化}$——金属熔化的绝对温度。

2.3.2　终锻温度

终锻温度即停止锻造的温度，一般希望取其温度的下限，这样可以有较长的锻造操作时间。在确定终锻温度时，如果终锻温度过低，不仅导致锻造后期加工硬化严重，可能引起锻裂，而且会使锻件局部处于临界变形状态，产生粗大晶粒。相反，温度过高，对于亚共析钢会使锻件晶粒粗大，甚至得到粗大的魏氏组织；对于高碳的过共析钢则生成网状碳化物。因此终锻温度应该是：在没有加工硬化和裂纹的前提下采取温度的下限，通常终锻温度稍高于其再结晶温度。这样，既保证坯料在终锻温度前仍有足够的塑性，又可使锻件在锻后能够获得较好的组织性能。

按照上述原则，对于碳钢来讲，其终锻温度在铁－碳平衡相图 A_1 线以上 25～75℃（图 2－8）。因此，中碳钢的终锻温度在奥氏体单相区，组织均匀，塑性良好，完全满足终锻要求；低碳钢的终锻温度处在奥氏体和铁素体的双相区内，但因两相塑性均较好，两相间的变形相互协调，不会给锻造带来困难；高碳钢的终锻温度处于奥氏体和渗碳体的双相区，在此温度区间进行锻造，可借助塑性变形作用将析出的渗碳体破碎成弥散状，以免高于 A_{cm} 线终锻而使锻后沿晶界析出网状渗碳体。

此外，终锻温度与钢种、锻造工序和后续工艺等也有关。对于无相变的钢种，因不能用热处理来细化晶粒，只能依靠锻造控制晶粒度，为了使锻件获得细小晶粒，这类钢的终锻温度一般偏低。当锻后立即进行锻件余热处理时，终锻温度应满足余热处理要求。锻造精整工序的终锻温度，比常规值低 50～80℃。

终锻温度 $T_{终锻}$ 也可按下式大致决定：

$$T_{终锻} = (0.65～0.75)T_{熔化} - 273$$
$$(2-2)$$

式中 $T_{熔化}$——金属熔化的绝对温度。

钢种不同，锻造温度范围不同，如表 2-3 所示。从表中可以看出，各类钢的锻造温度范围相差很大。一般碳钢的锻造温度范围比较宽，达到 400~580℃，而合金结构钢的锻造温度范围则较窄，尤其是高合金钢只有 200~300℃。因此在锻造生产中，高合金钢锻造较困难，对锻造工艺的要求非常严格。

表 2-3　各类钢的锻造温度范围　（℃）

钢　种	始锻温度	终锻温度	锻造温度范围
普通碳素钢	1280	700	580
优质碳素钢	1200	800	400
碳素工具钢	1100	770	330
合金结构钢	1150~1200	800~850	350
合金工具钢	1050~1150	800~850	250~300
高速工具钢	1100~1150	900	200~250
耐热钢	1100~1150	850	250~300
弹簧钢	1100~1150	800~850	300
轴承钢	1080	800	280

2.4　锻造加热制度

在实际锻造生产中，为避免出现加热缺陷，保证锻造变形要求，坯料应按一定的加热制度（也称加热规范）进行加热。所谓加热制度，是指坯料从开始装炉升温到加热完毕出炉的整个过程中，对炉温或坯料温度随时间变化的规定。加热制度通常以炉温 - 时间的变化曲线（又称加热曲线）来表示。锻造生产中常采用的加热制度有：一段、二段、三段、四段及五段加热制度，其对应的曲线类型如图 2-9 所示。

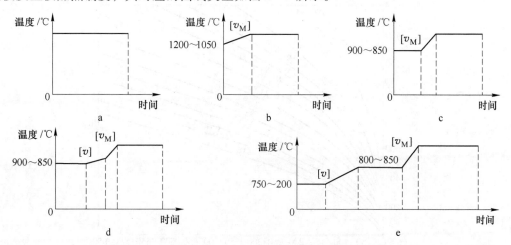

图 2-9　钢的锻造加热曲线类型

a——段加热曲线；b—二段加热曲线；c—三段加热曲线；d—四段加热曲线；e—五段加热曲线

$[v]$ —金属允许的加热速度；$[v_M]$ —最大可能的加热速度

制订加热制度的基本原则是：要求坯料在加热过程中不产生裂纹、过热与过烧，温度均匀，氧化和脱碳少，加热时间短等。即在保证坯料加热质量的前提下，力求加热过程越快越好。

通常，可将坯料的加热过程分为预热、加热和均热三个阶段。在预热阶段，坯料温度低而塑性差，而且还存在蓝脆区，为了避免温度应力过大引起裂纹，需要规定坯料装炉时的炉温，即装炉温度。加热阶段关键是选择正确的加热速度，否则如果加热过程升温太快，坯料断面将产生很大温差，由此还会导致坯料开裂。均热阶段是为了使坯料断面温度均匀，要求给出适当的保温时间。

因此，制订加热制度就是确定坯料装炉温度、升温加热速度、最终加热温度、各段加热（保温）时间和总的加热时间等。

2.4.1　装炉温度

装炉温度主要取决于温度应力，与钢的导温性和坯料断面尺寸有关。一般来讲，导温性好而断面尺寸小的坯料，装炉温度不受限制；导温性差而断面尺寸大的坯料，应规定装炉温度，并且在该温度下保温一定时间。

装炉温度可以根据温度应力理论，按照坯料断面最大允许温差 $[\Delta t]$ 来确定。圆柱坯料的最大允许温差为：

$$[\Delta t] = \frac{1.4[\sigma]}{\beta E} \qquad (2-3)$$

式中　　$[\sigma]$——许用应力，取相应温度的强度极限；

　　　　β——线膨胀系数；

　　　　E——弹性模量。

由式 2-3 计算出最大允许温差，再按不同热阻条件下的允许装炉温度与最大允许温差的关系曲线（图 2-10），确定出允许的装炉温度。生产实际表明，由该方法得出的装炉温度偏低。因此，在确定装炉温度时，还应参考生产经验和试验数据。

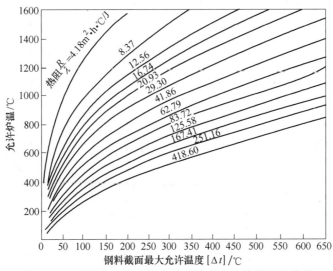

图 2-10　圆柱坯料允许装炉温度与最大允许温差的关系

R—坯料半径；λ—导热系数（热导率）

2.4.2　加热速度

加热速度一般采用单位时间内坯料表面温度的变化或单位时间内坯料截面热透的数值来表示。

在加热制度中，有两种不同的加热速度：最大可能的加热速度和坯料允许的加热速度。最大可能的加热速度（图 2-9 中的 $[v_M]$），是指加热炉按最大功率升温时所能达到的加热速度，它与炉子的结构形式、燃料种类及其燃烧状况、坯料的形状尺寸及其在炉中放置方式等有关。坯料允许的加热速度（图 2-9 中的 $[v]$），是指坯料在保持其完整性的条件下所允许的加热速度，它取决于坯料在加热时所产生的温度应力，与坯料的导温性、力学性能及断面尺寸等有关。根据加热时温度应力的理论，圆柱坯料允许的加热速度为：

$$[v] = \frac{5.6\alpha[\sigma]}{\beta ER^2} \tag{2-4}$$

式中　　$[\sigma]$——许用应力，可按相应温度的强度极限计算；

　　　　α——导温系数；

　　　　β——线膨胀系数；

　　　　E——弹性模量；

　　　　R——坯料半径。

由式 2-4 可见，对导温性好、截面尺寸小的坯料，允许的加热速度越大，即使按照最大可能的加热速度加热，一般也不会达到坯料所允许的加热速度，此时可以不考虑加热速度的限制。而对导温性差、截面尺寸大的坯料，在加热的低温阶段，则应以坯料允许的加热速度加热，升到高温后，就可按最大的加热速度加热。

2.4.3　保温时间

当坯料表面加热到锻造温度时，因其心部温度还低，断面存在较大温差，如果这时出炉锻造，必将引起变形不均。所以，还需在此温度下保温一段时间。加热制度所规定的保温时间有：最小保温时间和最大保温时间。

最小保温时间是指消除或减小坯料断面温差所需的最短保温时间。最小保温时间与温度头（即炉温与料温之差）、坯料直径有关。如温度头越大，坯料直径越大，则坯料断面的温差也越大，最小保温时间就要长些。相反，最小保温时间就可短些。最小保温时间可以参照图 2-11 确定。

最大保温时间主要是从生产角度考虑的。由于生产中某些客观原因，如设备故障或某些其他原因等，加热好的坯料不能及时出炉，为了避免在高温下停留时间过长而引起过热，还需规定最大保温时间。当保温时间超过最大保温时间时，则应把炉温降至 800～850℃ 等待。钢锭加热的最大保温时间可参考表 2-4。

表 2-4　钢锭加热的最大保温时间

钢锭重量/t	钢锭尺寸/mm	最大保温时间/h	钢锭重量/t	钢锭尺寸/mm	最大保温时间/h
1.6～5	386～604	30	22～42	1029～1265	50
6～20	647～960	40	≥43	≥1357	60

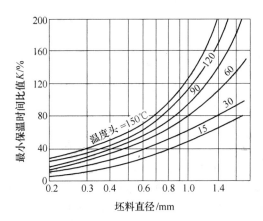

图 2 – 11   均热最小保温时间与温度头、坯料直径的关系

K—最小保温时间占表面加热时间的百分数

2.4.4   加热时间

加热时间是指坯料装炉后从开始加热到出炉所需要的时间，包括加热各阶段的升温时间和保温时间，即坯料加热过程所需时间的总和。确定加热时间的方法，可按传热学理论进行计算，或以经验公式、试验数据、图表等来决定。前者由于计算复杂，与实际差距大，生产中很少采用。后者虽然有局限性，但简单方便。

2.4.4.1   钢锭（或大型钢坯）的加热时间

在室式炉中从室温加热到 1200℃，钢锭或大型钢坯所需的加热时间 τ 按下式计算：

$$\tau = kD\sqrt{D} \tag{2-5}$$

式中 D——钢锭直径（方形或矩形钢坯为厚度）；

　　　　k——系数（碳钢与低合金钢 $k=10$，高碳钢与高合金钢 $k=20$）。

式 2 – 5 为加热单个坯料的加热时间。加热一排坯料时，加热时间增为 1.3 倍；加热多排坯料时，加热时间增为 1.5 倍。

结构钢热钢锭及热钢坯的加热时间可参考图 2 – 12 确定。

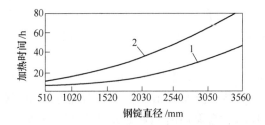

图 2 – 12   结构钢热钢锭及热钢坯的加热时间

1—加热到锻造温度的时间；2—加热及在锻造温度下保温的时间

2.4.4.2   钢材（或中小钢坯）的加热时间

在半连续炉中加热时，坯料的加热时间 τ 按下式计算：

$$\tau = \alpha D \tag{2-6}$$

式中 D——坯料直径或边长；

α——与坯料化学成分有关的系数，碳素结构钢 α = 0.1 ~ 0.15h/cm，合金结构钢 α = 0.15 ~ 0.20h/cm，工具钢和高合金钢 α = 0.30 ~ 0.40h/cm。

在室式炉中加热时，加热时间按下述方法确定。

对于直径小于200mm的钢坯加热时间，可按图2-13确定。图中曲线为碳素钢圆材单个坯料在室式炉中的加热时间 τ_j，考虑到装炉方式、坯料尺寸和钢种类型的影响，加热时间还应乘以相应的系数 k_1、k_2、k_3。

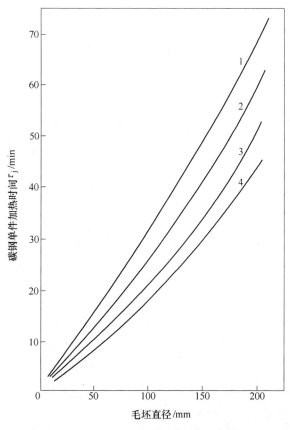

坯料装炉方式	k_1
d（三个并排）	1
（接触排列）	2
d/2	1.32
d	1.2
坯料长度与直径之比	k_2
≥3	1
2	0.98
1.5	0.92
1	0.71
钢 料	k_3
碳素结构钢、低合金结构钢	1
碳素工具钢、中合金钢	1.25~1.3
高合金钢	1.5

图 2 - 13 中小钢坯在室式炉中的加热时间

1—$t_{始} = 1150℃$，$t_{炉} = 1150℃$ 或 $1200℃$；2—$t_{始} = 1100℃$，$t_{炉} = 1100℃$ 或 $1200℃$；

3—$t_{始} = 1250℃$，$t_{炉} = 1250℃$ 或 $1300℃$；4—$t_{始} = 1200℃$，$t_{炉} = 1200℃$ 或 $1300℃$

对于直径为200~350mm的钢坯，其加热时间可参考表2-5确定。表中数据为单个坯料的加热时间，加热多件及短坯料时，要通过乘以装炉方式系数 k_1、坯料尺寸系数 k_2（见图2-13）加以修正。

表 2 - 5　钢坯加热时间

钢　种	装炉温度/℃	每100mm的平均加热时间/h
低碳钢、中碳钢、低合金钢	≤1250	0.6 ~ 0.77
高碳钢、合金结构钢	≤1150	1.0
碳素结构钢、合金工具钢、高合金钢、轴承钢	≤900	1.2 ~ 1.4

综上所述，加热制度的制订是以坯料的类型、钢种、断面尺寸、组织特点及其有关性能（如塑性、强度极限、导温系数）等为依据，并参考有关手册资料。首先应定出坯料的始锻温度，然后再确定加热制度的类型及其相应的加热工艺参数，如装炉温度、加热速度、保温时间、加热时间等，于是便可制定出该坯料的加热制度。

复习思考题

1. 简述金属的锻造性能。
2. 简述锻前金属的加热目的及其方法。
3. 简述金属加热的常见缺陷及其防止措施。
4. 简述锻造温度范围及其确定方法。
5. 简述锻造加热制度（锻造加热规范）及其制订原则与方法。

3 自由锻工艺

本章要点： 自由锻是一种用来进行单件、小批量锻件和大型锻件生产的锻造方法，在机械制造业，尤其是重机行业中应用广泛。本章以自由锻工艺为主要内容，基于对自由锻基本概念和自由锻件分类的概述，分析了自由锻基本工序、辅助工序和修整工序的变形特点，介绍了自由锻工艺规程的制订原则和方法以及大型锻件锻造的特点等内容。

自由锻是将加热到锻造温度的坯料，在自由锻设备和简单通用工具的作用下，通过人工操作或操作机操作，控制其金属流动以获得所需形状和尺寸锻件的锻造方法。它主要适用于单件、小批量锻件的生产。同时，由于自由锻件是由坯料逐步变形而成，变形过程中，仅局部与工具接触，故所需锻造设备的吨位小，具有省力特点而成为生产大型锻件主要采用的工艺。

随着机械制造工业的迅速发展，现代生产中主要采用机器锻造。根据所用锻造设备类型不同，机器锻造可分为锤上自由锻和水压机自由锻两种。前者用于中、小锻件，后者主要锻造大型锻件。

3.1 自由锻件的分类

自由锻的通用性强、灵活性大，可以锻造多种多样、复杂程度不同的锻件。为了便于安排生产和制订工艺流程，常按锻造的工艺特点对锻件进行分类，即把形状特征相同、变形工序一致、锻造过程类似的锻件归为一类。据此，自由锻件可分为六类：饼块类锻件、空心类锻件、轴杆类锻件、曲轴类锻件、弯曲类锻件和复杂形状类锻件。

3.1.1 饼块类锻件

这类锻件的特征是横向尺寸大于高度尺寸，或两者相近，如各种圆盘、齿坯、法兰、模块、锤头等，如图 3-1 所示。

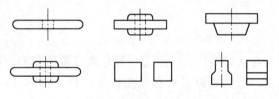

图 3-1 饼块类锻件

3.1.2　空心类锻件

这类锻件的特征是带有内孔，一般为圆周等壁厚锻件，轴向可有阶梯变化，如各种圆环、齿圈、轴承环和各种圆筒、缸体、空心轴等，如图 3 - 2 所示。

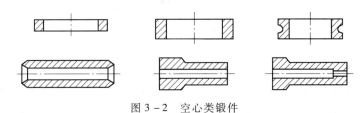

图 3 - 2　空心类锻件

3.1.3　轴杆类锻件

这类锻件的特征是轴向尺寸远远大于横截面尺寸，可以是圆截面的实心轴，如传动轴、车轴、轧辊、立柱等；也可以是矩形、方形、工字形或其他形状截面的杆件，如连杆、摇杆、推杆等，如图 3 - 3 所示。

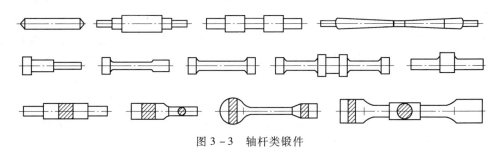

图 3 - 3　轴杆类锻件

3.1.4　曲轴类锻件

这类锻件的特征是锻件不仅沿轴线有截面形状和面积变化，而且轴线有多方向弯曲，如各种形式的曲轴，即单拐曲轴、三拐曲轴和多拐曲轴等，如图 3 - 4 所示。

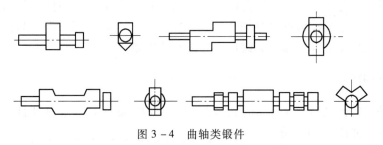

图 3 - 4　曲轴类锻件

3.1.5　弯曲类锻件

这类锻件的特征是具有弯曲的轴线，一般为一处弯曲或多处弯曲，沿弯曲轴线截面可以是等截面也可以是变截面，弯曲可以是对称弯曲也可以是非对称弯曲，如吊钩、弯杆、曲柄、轴瓦盖等，如图 3 - 5 所示。

图 3 – 5 弯曲类锻件

3.1.6 复杂形状类锻件

这类锻件是除了上述五类锻件以外的其他形状锻件，也可以是由上述五类锻件的特征所组成的复杂锻件，如阀体、叉杆、十字轴等，如图 3 – 6 所示。由于这类锻件锻造难度较大，所用辅助工具较多，因此在锻造时应合理选择锻造工序，保证锻件顺利成型。

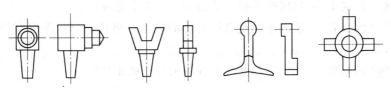

图 3 – 6 复杂形状类锻件

3.2 自由锻工序

自由锻件的成型过程是由一系列变形工序所组成的。根据变形性质和变形程度的不同，自由锻工序一般可分为基本工序、辅助工序和修整工序三类。

3.2.1 基本工序

自由锻的基本工序是能够较大幅度地改变坯料形状和尺寸的工序，主要有镦粗、拔长、冲孔、扩孔、芯轴拔长、弯曲、错移、扭转、切割等。

3.2.1.1 镦粗

镦粗是使坯料高度减小而横截面增大的锻造工序，主要用于将高径（宽）比大的坯料锻成高径（宽）比小的饼块类锻件、空心类锻件冲孔前坯料横截面增大和平整、提高轴杆类锻件拔长工序锻造比，以及提高锻件的横向力学性能和减小力学性能的异向性等。

镦粗的基本方法有：平砧镦粗、垫环镦粗和局部镦粗。

A 平砧镦粗

平砧镦粗是坯料在锻锤的上、下平砧之间或在水压机上的镦粗平板之间进行的镦粗，如图 3 – 7 所示。其变形程度的表示方法有以下几种：

压下量 ΔH：

$$\Delta H = H_0 - H \qquad (3-1)$$

相对变形 ε_H：

$$\varepsilon_H = \frac{H_0 - H}{H_0} = \frac{\Delta H}{H_0} \qquad (3-2)$$

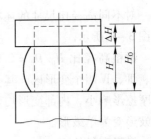

图 3 – 7 平砧镦粗

对数变形 e_H：

$$e_H = \ln \frac{H_0}{H} \tag{3-3}$$

镦粗比 K_H：

$$K_H = \frac{H_0}{H} \tag{3-4}$$

式中　H_0，H——分别为镦粗前、后坯料的高度。

用平砧镦粗圆柱坯料时，随着高度（轴向）的减小，金属不断向四周流动。由于坯料与工具之间存在着摩擦，镦粗后坯料的侧表面变成鼓形，同时造成坯料变形分布不均匀。网格法的镦粗实验表明，沿坯料对称面可分为三个变形区（图3-8）：

难变形区（区域Ⅰ）：该区受摩擦影响最大，变形十分困难。

大变形区（区域Ⅱ）：该区不但受摩擦的影响较小，而且应力状态也有利于变形，因此该区变形程度大。

小变形区（区域Ⅲ）：其变形程度介于区域Ⅰ与区域Ⅱ之间。

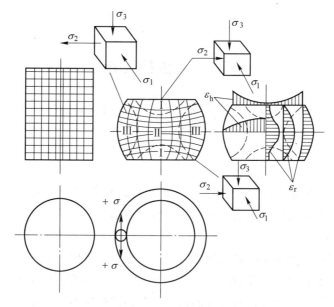

图3-8　平砧镦粗时的变形分布与应力状态
Ⅰ—难变形区；Ⅱ—大变形区；Ⅲ—小变形区；
ε_h—高度变形程度；ε_r—径向变形程度

对不同高径比尺寸的坯料进行镦粗时，所产生的鼓形特征和内部变形分布都不相同，如图3-9所示。

镦粗高径比 $H_0/D_0 = 2.5 \sim 1.5$ 的坯料时，开始在坯料的两端先产生鼓形，形成Ⅰ、Ⅱ、Ⅲ、Ⅳ四个变形区。其中Ⅰ、Ⅱ、Ⅲ区同前所述，坯料中部Ⅳ区为均匀变形区，该区受摩擦影响小，内部变形均匀分布，侧表面保持圆柱形。如果继续镦粗到 $H/D = 1$，则由双鼓形变为单鼓形。

镦粗高径比 $H_0/D_0 \leqslant 1.0$ 的坯料时，只产生单鼓形，形成三个变形区。

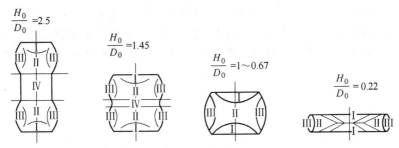

图 3-9　不同高径比坯料镦粗时的鼓形情况与变形分布

I—难变形区；Ⅱ—大变形区；Ⅲ—小变形区；Ⅳ—均匀变形区

当镦粗高径比 $H_0/D_0 \leqslant 0.5$ 的坯料时，上、下变形区 I 相接触，当继续变形时，该区也产生一定的变形，这时的鼓形也逐渐减小。

由此可见，平砧镦粗时的金属流动特点对锻造工艺和锻件质量都很不利。由于坯料侧面出现鼓形，不但要增加修整工序，并且因鼓形部分存在切向拉应力而可能引起表面纵裂，对低塑性金属尤为敏感。此外，由于坯料内部变形的不均匀，必然引起锻件晶粒大小不均，从而导致锻件的性能也不均，这对晶粒度要求严格的合金钢锻件影响极大。因此，为了保证锻件质量，要求尽量减小鼓形，提高变形的均匀性。在锻造生产中可以采用凹形坯料镦粗、软金属垫镦粗或坯料叠起镦粗等工艺措施。

镦粗时，通常要求圆截面坯料的高径比 H_0/D_0 不宜超过 $2.5 \sim 3$；方形或矩形截面坯料的高宽比 H_0/B_0 不大于 $3.5 \sim 4$。其原因是：当对高径比 H_0/D_0 大于 3 或高宽比大于 4 的坯料进行镦粗时，易产生纵向弯曲。这样不但给操作带来困难，而且还会引起坯料轴心偏移。

B　垫环镦粗

垫环镦粗是坯料在单个垫环上或两个垫环间进行的镦粗，如图 3-10 所示。其金属流动特点是：金属向两个方向流动，一部分沿着径向流向四周，使锻件的外径增大；另一部分沿着轴向流入环孔，增大锻件凸肩高度。在金属径向流动与轴向流动区间，存在一个不产生流动的分界面，称为分流面。这种镦粗方法主要用于锻造带有单边或双边凸肩，且凸肩直径和高度较小的饼块锻件。

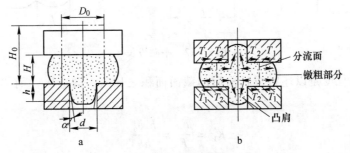

图 3-10　垫环镦粗

a—单垫环；b—双垫环

C　局部镦粗

局部镦粗是对坯料上某一部分（端部或中间）进行的镦粗，如图 3-11 所示。其金属流动特征与平砧镦粗相似，但受不变形部分的影响，即"刚端"影响。端部镦粗是将加热（全部或局部）坯料的一端置于平砧与垫环之间，使其端部产生镦粗变形，如图 3 − 11a、b 所示。中间镦粗是将加热的坯料直接置于两垫环之间，使坯料中间产生镦粗变形，如图 3 − 11c 所示。

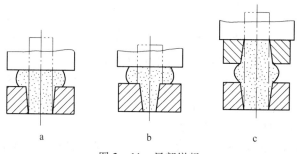

图 3 − 11 局部镦粗

局部镦粗方法既可以锻造凸肩直径和高度较大的饼块类锻件，也可以锻造端部带有较大法兰的轴杆类锻件。

3.2.1.2 拔长

拔长是使坯料横截面减小而长度增加的锻造工序。它主要用于轴杆类锻件成型，以及改善锻件内部质量。

坯料拔长是通过逐次送进和反复转动坯料进行压缩变形来实现的。图 3 − 12 为矩形截面坯料在平砧间的拔长示意图，每送进压下一次，只部分金属变形。拔长前变形区的长为 l_0、宽为 b_0、高为 h_0，其中，l_0 称为送进量，l_0/h_0 称为相对送进量。拔长后变形区的长为 l、宽为 b、高为 h。$\Delta h = h_0 - h$ 称为压下量，$\Delta b = b - b_0$ 称为展宽量，$\Delta l = l - l_0$ 称为拔长量。

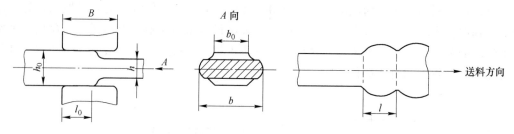

图 3 − 12 平砧拔长

拔长的变形程度是以坯料拔长前后的截面面积之比——锻造比（简称锻比）K_L 来表示的，即：

$$K_L = \frac{F_0}{F} = \frac{h_0 b_0}{hb} \qquad (3-5)$$

式中　F_0——拔长前坯料的截面面积；

　　　F——拔长后坯料的截面面积。

在变形过程中，金属流动取决于最小阻力定律。当 $l_0 = b_0$ 时，考虑到未变形部分（刚端）的影响，拔长量 Δl 近似等于展宽量 Δb；当 $l_0 > b_0$ 时，则 $\Delta l < \Delta b$；当 $l_0 < b_0$ 时，则

$\Delta l > \Delta b$。由此可见，采用小送进量拔长时，拔长量大而展宽量小，有利于提高拔长效率。因此，通常多以小送进量进行拔长。但是送进量也不能太小，否则会增加压下次数，这在一定程度上将降低拔长效率。

在坯料沿着轴向逐次送进拔长时，变形相当于一系列镦粗工序的组合，这通过采用网格法的拔长实验可以看到（图3-13）。拔长具有与镦粗变形相类似的特征，即坯料侧表面产生鼓形，内部变形分布不均匀。所不同的是拔长有刚端的影响，横向展宽相对减小，轴向伸长得到增加。但是必须指出，从拔长过程中的网格变化可以看到（图3-14），坯料各个部分都能充分变形，因而拔长后锻件内部组织比较均匀。这也是拔长能够改善内部组织、提高锻件质量的原因所在。

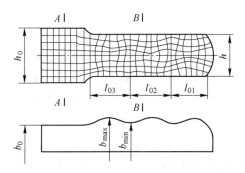

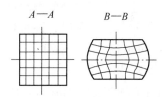

图3-13 拔长时坯料纵向剖面的网格变化　　图3-14 拔长时坯料横向剖面的网格变化

拔长时，送进量、压下量是影响拔长效率和锻件质量的主要工艺因素。一般认为，相对送进量 $l_0/h_0 = 0.5 \sim 0.8$ 较为合适，绝对送进量常取 $l_0 = (0.4 \sim 0.8)B$，式中 B 为砧宽。增大压下量，不但可以提高生产率，还可以强化心部变形，有利于锻合内部缺陷。因此，只要坯料的塑性允许，应尽量采取大压下量拔长。但是，压下量的大小还与变形工艺有关。为了避免锻件产生折叠，单边压下量 $\Delta h/2$ 应小于送进量 l_0。除此还要考虑坯料翻转90°后拔长不产生弯曲，坯料每次压下后的宽高比应小于 $2.5 \sim 3$。

3.2.1.3 冲孔

冲孔是采用冲子将坯料锻出透孔或不透孔的锻造工序，主要用于锻造各种空心类锻件。根据冲孔工具的不同，常用的冲孔方法有：实心冲子冲孔、空心冲子冲孔和在垫环上冲孔三种。

A 实心冲子冲孔

采用实心冲子的冲孔过程如图3-15所示，冲子从坯料的一面冲入，当孔深达到坯料高度的2/3~3/4时，取出冲子，将坯料翻转180°再用冲子从另一面把孔冲穿。因此这种冲孔方法又称为双面冲孔。

冲孔时，可将坯料分成两部分：冲头下面的圆柱区和冲头以外的圆环区。在冲孔过程中，圆柱区金属的变形相当于在圆环包围下的镦粗。由于坯料的连续性，被压缩的圆柱区金属必将拉着圆环区金属同时下移。这种作用的结果使坯料产生拉缩现象，即上端面下凹，而高度减小。同时，由于圆柱区的金属被镦粗挤向四周，使圆环区在内压作用下胀形，这将引起坯料直径增大，并在圆环切向产生拉应力。因此，当坯料的塑性较差或冲孔温度过低时，锻件表面容易出现纵向裂纹。

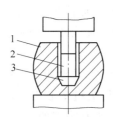
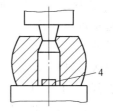

图 3-15　实心冲子冲孔

1—坯料；2—冲垫；3—冲子；4—芯料

实心冲子冲孔的优点是操作简单、芯料损失少（芯料高度为 $h \approx 0.25H$）。这种冲孔方法主要用于孔径小于 400~500mm 的锻件。

B　空心冲子冲孔

采用空心冲子的冲孔过程如图 3-16 所示。冲孔时坯料形状变化较小，但芯料损失大。冲孔时，空心冲子以外的圆环区的切向拉应力小，可以有效避免产生侧表面裂纹，不仅如此，在锻造大型锻件时，还可以将钢锭中心质量差的部分冲掉。这种冲孔方法广泛用于孔径在 400mm 以上的大锻件。

C　在垫环上冲孔

在垫环上的冲孔过程如图 3-17 所示。冲孔时坯料形状变化小，但芯料损失比较大，其高度为 $h = (0.7 \sim 0.75)H$。这种冲孔方法只适用于高径比 $H/D < 0.125$ 的薄饼锻件。

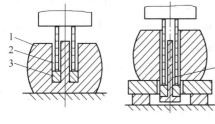
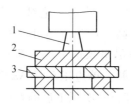
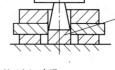

图 3-16　空心冲子冲孔　　　　　　图 3-17　在垫环上冲孔

1—坯料；2—冲垫；3—冲子；4—芯料　　　1—冲子；2—坯料；3—垫环；4—芯料

3.2.1.4　扩孔

扩孔是减小空心坯料壁厚而使其外径和内径均增大的锻造工序，主要用于锻造各种空心类锻件。根据扩孔工具的不同，常用的扩孔方法有：冲子扩孔和芯轴扩孔两种。

A　冲子扩孔

冲子扩孔是采用直径比空心坯料内孔要大并带有锥度的冲子穿过坯料，利用其锥面引起的径向分力而使其内、外径扩大，如图 3-18 所示。冲子扩孔时，由于坯料切向受拉应力，容易胀裂，因此每次扩孔量不宜太大。一般扩孔量的大小与坯料预冲孔直径有关，当预冲孔直径为 30~115mm 时，扩孔量为 25mm；当预冲孔直径为 120~270mm 时，扩孔量为 30mm。冲子扩孔适用于 $D/d > 1.7$ 和 $H \geq 0.125D$ 的带孔饼块类锻件的扩孔。

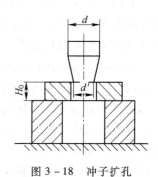

图 3-18　冲子扩孔

B 芯轴扩孔

芯轴扩孔是利用上砧和芯轴对空心坯料沿圆周依次连续压缩而实现扩孔的方法，即将芯轴（又称为马杠）穿过空心坯料而放在支架（又称为马架）上，然后使坯料每转过一个角度压下一次，这样便逐渐将坯料的壁厚压薄，内、外径扩大。这种扩孔也称为马杠扩孔，如图 3 – 19 所示。在芯轴上扩孔时，坯料的切向拉应力很小，不易破裂，所以适宜锻造扩孔量大的薄壁环形锻件。

3.2.1.5 芯轴拔长

芯轴拔长是通过减小空心坯料外径（壁厚）而增加其长度的锻造工序，如图 3 – 20 所示，主要用于锻造各种长筒形锻件。

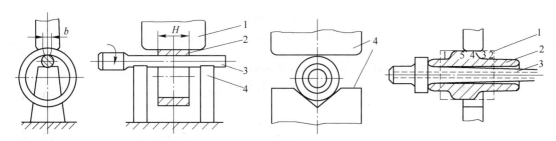

图 3 – 19 芯轴扩孔   图 3 – 20 芯轴拔长
1—扩孔砧子；2—锻件；3—芯轴；4—支架   1—坯料；2—锻件；3—芯轴；4—砧子

芯轴拔长是空心坯料拔长，同实心坯料拔长一样，被上、下砧压缩的那一部分金属是变形区，其左右两侧为外端。芯轴拔长时，为使锻件获得均匀壁厚，要求坯料加热温度应均匀，锻造时转动和压下也要均匀。为防止锻件两端产生裂纹，应先锻坯料两端，然后再拔长中间部分，即按图 3 – 20 中 1→2→3→4→5 的顺序拔长。这样，不仅保证两端坯料在高温时成型，而且坯料容易从芯轴上取下。

3.2.1.6 弯曲

弯曲是将坯料弯成规定外形的锻造工序，这种方法主要用于锻造各种弯曲类锻件。

坯料在弯曲时，变形区内侧的金属受压缩，可能产生折叠，外侧金属受拉伸，容易引起裂纹。而弯曲后，坯料变形区断面的形状要发生畸变（图 3 – 21），断面面积减小，长度略有增加。弯曲半径越小，弯曲角度越大，该现象越严重。

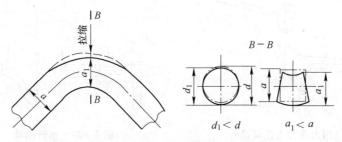

图 3 – 21 弯曲处坯料截面变化情况

3.2.1.7 错移

错移是将坯料的一部分相对另一部分平行错移开的锻造工序，这种方法主要用于锻造曲轴类锻件。错移的方法有在一个平面内错移和在两个平面内错移两种，如图 3 - 22 所示。在一个平面内错移，是上、下压肩切口位置在同一垂直平面上（图 3 - 22a）；在两个平面内错移，是上、下压肩切口位置相隔一段距离，其距离大小由工艺决定（图 3 - 22b）。

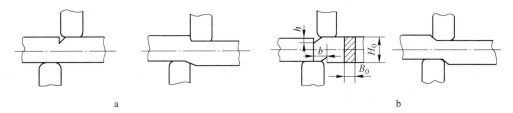

图 3 - 22 错移

a—在一个平面内的错移；b—在两个平面内的错移

错移前需对坯料进行压肩，其尺寸可按下式确定：

$$h = \frac{H_0 - 1.5d}{2} \qquad\qquad (3-6)$$

$$d = \frac{0.9V}{H_0 B_0} \qquad\qquad (3-7)$$

式中 H_0，B_0——分别为试样高与宽；

d，V——分别为锻件轴颈直径和轴颈体积。

3.2.1.8 扭转

扭转是将坯料的一部分相对另一部分绕其共同轴线旋转一定角度的锻造工序。这种方法主要用于锻造曲轴、麻花钻、地脚螺栓等锻件。

坯料在扭转时，变形区的长度略有缩短，直径略有增大。但其内外层长度缩短不均，内层长度缩短少，外层长度缩短多。因此，在内层产生轴向压应力，在外层产生轴向拉应力。当扭转角度过大或扭转低塑性金属时，就可能在坯料扭转处产生裂纹。扭转方法分小型锻件扭转和大型锻件扭转两种。小型锻件扭转时，用上、下砧压住坯料，然后再用大锤打击锻件，使其扭转，如图 3 - 23 所示。大型锻件扭转时，用锤砧压紧锻件，用扭转扳子夹住需要扭转部分，靠吊车拉力使其扭转，如图 3 - 24 所示。

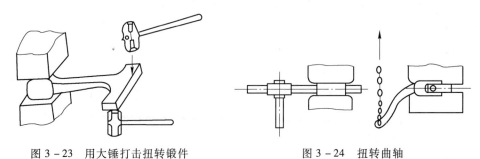

图 3 - 23 用大锤打击扭转锻件   图 3 - 24 扭转曲轴

3.2.2 辅助工序

辅助工序是为了完成基本工序而使坯料预先变形的工序，如钢锭倒棱、预压钳把、分段压痕等，如图 3 - 25 所示。

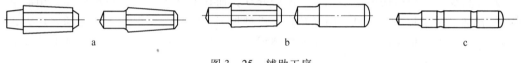

图 3 - 25　辅助工序

a—压钳把；b—倒棱；c—压痕

3.2.3　修整工序

用来精整锻件尺寸和形状而使其完全达到锻件图要求的工序叫做修整工序，如弯曲校正、鼓形滚圆、端面平整等，如图 3 - 26 所示。通常，修整工序的变形量都很小。

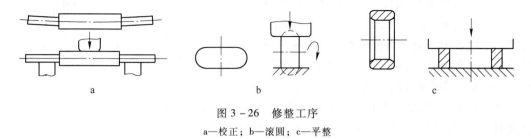

图 3 - 26　修整工序

a—校正；b—滚圆；c—平整

3.3　自由锻工艺规程

在锻造生产中，自由锻的生产过程是按照一定的工艺规程，将坯料逐步锻成符合技术要求的锻件。自由锻工艺规程的制订原则是从现有生产条件、设备能力和技术水平的实际情况出发，力求技术上先进，经济上合理。通常，自由锻工艺规程包括以下内容：

（1）自由锻件图的绘制；

（2）坯料质量和尺寸的确定；

（3）下料方法的确定；

（4）锻造温度范围的确定；

（5）锻造加热制度的制订；

（6）变形工艺过程的制订；

（7）自由锻设备吨位的选定；

（8）锻后冷却制度的制订；

（9）锻件热处理制度的制订；

（10）锻件的技术条件和检验要求的提出；

（11）工艺卡片的填写。

3.3.1　自由锻件图

自由锻件图是在零件图的基础上，考虑了加工余量、锻造公差、锻造余块、检验试样及工艺夹头等绘制而成的。

　　锻件上凡是需要机械加工的部位，都应给予加工余量（简称余量）。余量是指由于锻件的尺寸精度和表面粗糙度达不到零件图的要求，而在锻件表面留有供机械加工用的金属层。机械加工余量越小，材料利用率越高，机械加工工时越少，但锻造难度随之增大；机械加工余量越大，机械加工量和金属消耗将增大。所以，在技术上可能和经济上合理的条件下，应尽量减小机械加工余量。

　　零件的公称尺寸加上机械加工余量称为锻件的公称尺寸。锻造公差是指锻件实际尺寸与公称尺寸的误差，这种误差是由于在实际锻造生产中，锻时测量误差、终锻温度的差异、工具与设备状态和操作技术水平等各种因素的影响造成的。其上偏差（正偏差）是锻件实际尺寸大于其公称尺寸的部分，小于其公称尺寸的部分称为下偏差（负偏差）。锻件上，不论需要机械加工的部分或不需要机械加工的黑皮部分，都应注明锻造公差。通常，锻造公差为机械加工余量的 1/4 ~ 1/3。锻件的机械加工余量及其锻造公差的相互关系如图 3-27 所示。其值可查阅有关国家标准并结合实际情况选择。例如，在确定锤上自由锻机械加工余量与公差时，可查阅国家标准《锤上钢质自由锻机械加

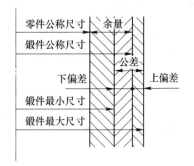

图 3-27　锻件的各种尺寸和公差余量

工余量与公差：一般要求》（GB/T 21469）、《锤上钢质自由锻件机械加工余量与公差：盘、柱、环、筒类》（GB/T 21470）、《锤上钢质自由锻件机械加工余量与公差：轴类》（GB/T 21471）等。在确定水压机上自由锻机械加工余量与公差时，可查阅机械行业标准《水压机上自由锻机械加工余量与公差：一般要求》（JB/T 9179.1）、《水压机上自由锻机械加工余量与公差：圆柱、方轴和矩形截面类》（JB/T 9179.2）、《水压机上自由锻机械加工余量与公差：台阶轴类》（JB/T 9179.3）、《水压机上自由锻机械加工余量与公差：圆盘和冲孔类》（JB/T 9179.4）、《水压机上自由锻机械加工余量与公差：短圆柱类》（JB/T 9179.5）、《水压机上自由锻机械加工余量与公差：模块类》（JB/T 9179.6）、《水压机上自由锻机械加工余量与公差：筒体类》（JB/T 9179.7）、《水压机上自由锻机械加工余量与公差：圆环类》（JB/T 9179.8）等。

　　锻造余块是为了简化锻件外形或根据锻造工艺需要，在零件的某些地方添加一部分大于余量的金属，如图 3-28 所示。例如，在零件上较小的孔、窄的凹档等难以锻造的复杂形状部位而增加的余块；在零件相邻台阶直径相差不大的直径较小部分而添加径向余块；为了防止锻造时零件较短凸缘变形而增加其长度的轴向余块等。由于添加了余块，方便了锻造成型，但增加了机械加工工时和金属材料损耗。因此，应根据锻造困难程度、机械加工工时、金属材料消耗、生产批量和工具制造等综合考虑确定是否添加锻造余块。

　　试样余块是为检验锻件内部组织和力学性能，而在锻件的适当部位留出的金属。其位置与尺寸应能反映锻件的组织与性能。如一般取在钢锭的冒口一端，其锻比应与所检验部分相同。

　　对于需要进行垂直热处理的大型锻件，要求锻件留有吊挂工件的热处理夹头。此外，有的零件还要求锻件留有机械加工夹头。

　　当余量、公差和余块等确定之后，便可绘制锻件图。锻件图上的锻件形状用粗实线描

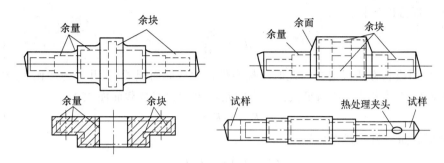

图 3 - 28　锻件的各种余块

绘。为了便于了解零件的形状和检查锻造后的实际余量,在锻件图上用双点划线画出零件的轮廓。锻件的公称尺寸和公差标注在尺寸线上面,零件的公称尺寸加括号标注在尺寸线下面。如锻件带有检验试样、热处理夹头时,在锻件图上应注明其尺寸和位置。对于在图上无法表示的某些要求,一般是以技术条件的方式加以说明。

3.3.2　坯料质量和尺寸

3.3.2.1　坯料质量的计算

坯料质量 $G_{坯}$ 为锻件质量 $G_{锻}$ 与锻造时各种金属损耗质量 $G_{损}$ 之和,即:

$$G_{坯} = G_{锻} + G_{损} \qquad (3-8)$$

其中,锻件质量等于锻件体积与其密度之积;各种金属损耗质量包括坯料加热烧损、冲孔芯料损失、端部切头损失。以钢锭为原料时,还应考虑切除冒口部分质量和锭底部分质量。

3.3.2.2　坯料尺寸的确定

当所采用的锻造工序不同时,坯料尺寸的确定方法也不同。

(1) 采用镦粗方法锻造时:此时,为了避免产生弯曲现象,坯料高径比 (H_0/D_0) 不得超过 2.5。但坯料过短会使下料操作困难,坯料高径比 (H_0/D_0) 还应不小于 1.25,即:

$$1.25D_0 \leq H_0 \leq 2.5D_0 \qquad (3-9)$$

根据坯料质量,可算出坯料体积 $V_{坯}$ 为 $G_{坯}/\rho$(ρ 为钢的密度)。这样,根据坯料体积便可确定坯料直径。

对于圆形截面的坯料,其计算直径 D_0' 为:

$$D_0' = (0.8 \sim 1.0) \sqrt[3]{V_{坯}} \qquad (3-10)$$

对于方形截面的坯料,其计算边长 A_0' 为:

$$A_0' = (0.75 \sim 0.90) \sqrt[3]{V_{坯}} \qquad (3-11)$$

初步确定坯料直径 D_0' 或边长 A_0' 之后,再按国家标准 (GB/T 702) 选用标准直径 D_0 或边长 A_0。

坯料直径或边长选定后,则可确定其对应的高度 H_0(即下料长度)。

对于圆形截面坯料:

$$H_0 = \frac{V_{坯}}{\frac{\pi}{4}D_0^2} \qquad (3-12)$$

对于方形截面坯料：

$$H_0 = \frac{V_{坯}}{A_0^2} \tag{3-13}$$

（2）采用拔长方法锻造时：此时，按锻件最大截面面积 $F_{锻}$，并考虑锻比 K_L 和修整量等要求来确定坯料尺寸。从满足锻比要求的角度出发，坯料截面积 $F_{坯}$ 为：

$$F_{坯} = K_L F_{锻} \tag{3-14}$$

对圆形截面坯料，其直径为：

$$D_0' = 1.13 \sqrt{K_L F_{锻}}$$

同样，根据上式计算出的坯料直径 D_0'，再按国家标准（GB/T 702）选用标准直径 D_0。由此，再确定坯料长度：

$$L_0 = \frac{V_{坯}}{F_{坯}} = \frac{V_{坯}}{\frac{\pi}{4}D_0^2} \tag{3-15}$$

3.3.2.3 钢锭规格的选择

当以钢锭为原坯料时，钢锭规格的选择方法有两种。

（1）第一种方法：根据钢锭的各种损耗求出钢锭的利用率 η：

$$\eta = \left[1 - (\delta_{冒口} + \delta_{锭底} + \delta_{烧损}) \right] \times 100\% \tag{3-16}$$

式中　$\delta_{冒口}$，$\delta_{锭底}$——保证锻件质量必须切去的冒口和锭底所占钢锭质量的百分比，对于
　　　　　　碳素钢钢锭 $\delta_{冒口} = 18\% \sim 25\%$、$\delta_{锭底} = 5\% \sim 7\%$，对于合金钢钢锭
　　　　　　$\delta_{冒口} = 25\% \sim 30\%$、$\delta_{锭底} = 7\% \sim 10\%$；

　　　　$\delta_{烧损}$——加热烧损率。

然后，计算出钢锭的计算质量 $G_{锭}$：

$$G_{锭} = \frac{G_{锻} + G_{损}}{\eta} \tag{3-17}$$

式中　$G_{锻}$——锻件质量；

　　　　$G_{损}$——除冒口、锭底及烧损外的损耗量。

根据钢锭计算质量 $G_{锭}$，参照有关钢锭规格表，选取相应规格的钢锭即可。

（2）第二种方法：根据锻件类型，参照经验资料先定出概略的钢锭利用率 η，然后求得钢锭的计算质量 $G_{锭} = G_{锻} / \eta$，再从有关钢锭规格表中选取所需的钢锭规格。

3.3.3　变形工艺过程

制订变形工艺是编制自由锻工艺规程最重要的部分。其内容包括：锻件成型的基本工序、辅助工序和修整工序，工序顺序及工序尺寸等。

3.3.3.1　变形工序及其顺序

锻件变形工序的选择，主要是根据锻件的形状、尺寸和技术要求，结合各锻造工序的变形特点，参考有关典型工艺来确定。

对于饼块类锻件，自由锻变形的基本工序常选用镦粗，辅助工序和修整工序一般为倒棱、滚圆、平整等。当锻件带有凸肩时，可以根据凸肩尺寸，选取垫环镦粗或局部镦粗。

如锻件需要冲孔，还需采用冲孔工序，如图 3 - 29 所示。

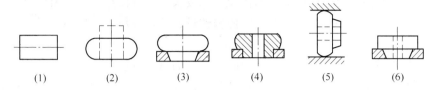

图 3 - 29　饼块类锻件齿轮坯锻造过程
(1) 下料；(2) 镦粗；(3) 局部镦粗；(4) 冲孔；(5) 滚圆；(6) 平整

对于空心类锻件，自由锻的基本工序一般选用镦粗和冲孔，有的稍加修整便可以达到锻件尺寸，有的需要扩孔以扩大其内径及外径，有的还需芯轴拔长以增加其长度；辅助工序和修整工序一般为倒棱、滚圆、校正等，如图 3 - 30 所示。

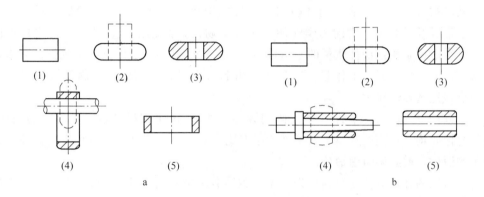

图 3 - 30　空心类锻件锻造过程
a—圆环的锻造过程：(1) 下料，(2) 镦粗，(3) 冲孔，(4) 芯轴扩孔，(5) 平整端面；
b—圆筒的锻造过程：(1) 下料，(2) 镦粗，(3) 冲孔，(4) 芯轴拔长，(5) 平整端面

对于轴杆类锻件，自由锻基本工序主要选用拔长工序，当坯料直接拔长不能满足锻比或锻件要求横向力学性能以及锻件带有台阶尺寸相差较大的法兰时，则选取镦粗 - 拔长变形；辅助工序和修整工序一般为倒棱和滚圆，如图 3 - 31 所示。

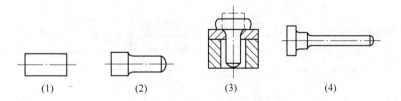

图 3 - 31　轴杆类锻件（传动轴）锻造过程
(1) 下料；(2) 拔长；(3) 镦出法兰；(4) 拔出锻件

3.3.3.2　工序尺寸

工序尺寸设计和工序选择是同时进行的，在确定工序尺寸时应注意以下几点：

(1) 工序尺寸必须符合各工序变形的规则，如镦粗时 $H_0/D_0 \leqslant 2.5 \sim 3$ 等。

(2) 必须预计到各工序变形时坯料尺寸的变化，如冲孔时坯料高度略有减小，扩孔时

坯料高度略有增加等。

（3）应保证锻件各个部分有适当的体积，如拔长采用分段压痕或压肩。

（4）在锻件最后需要精整时要有一定的修整量，例如在压痕、压肩、错移、冲孔等工序中，坯料产生拉缩现象，因此在中间工序应留有适当的修整量。

（5）多火锻造大型锻件时，应注意中间各火次加热的可能性。

（6）对长度方向尺寸要求准确的长轴锻件，在设计工序尺寸时，需要考虑到修整时长度尺寸会略有伸长。

3.3.4　锻造比

锻造比（简称锻比）是锻件在锻造成型时变形程度的一种表示方法，锻比大小反映了锻造对锻件组织和力学性能的影响。一般规律是：随着锻比增大，由于内部孔隙的焊合，铸态树枝晶被打碎，锻件的纵向和横向力学性能均得到明显提高，当锻比超过一定数值时，由于形成纤维组织，横向力学性能（塑性、韧性）急剧下降，导致锻件出现各向异性。可见，锻比是衡量锻件质量的一个重要指标。锻比过小，锻件就达不到性能要求；锻比过大，不但增加了锻造工作量，并且还会引起各向异性。因此，在制订锻造工艺规程时，应合理地选择锻比大小。

对于以钢材为原料的锻件（莱氏体钢锻件除外），由于钢材经过了大变形的锻或轧，其组织与性能均已得到改善，一般不需考虑锻比。对于以钢锭（包括有色金属铸锭）为原料的大型锻件，就必须考虑锻比。

对锻造比的计算方法，目前认识并不一致，各种方法有差别。表 3 – 1 列出了常用的锻造比的计算方法。

表 3 – 1　锻造工序锻比和变形过程总锻比的计算方法

序号	锻造工序	变形简图	锻　比
1	钢锭拔长		$K_L = \dfrac{D_1^2}{D_2^2}$
2	坯料拔长		$K_L = \dfrac{D_1^2}{D_2^2} = \dfrac{l_2}{l_1}$
3	两次镦粗拔长		$K_L = K_{L1} + K_{L2} = \dfrac{D_1^2}{D_2^2} + \dfrac{D_3^2}{D_4^2}$ 或　$K_L = \dfrac{l_2}{l_1} + \dfrac{l_4}{l_3}$

序号	锻造工序	变 形 简 图	锻 比
4	芯轴拔长		$K_L = \dfrac{D_0^2 - d_0^2}{D_1^2 - d_1^2} = \dfrac{l_1}{l_0}$
5	芯轴扩孔		$K_L = \dfrac{F_0}{F_1} \approx \dfrac{D_0 - d_0}{D_1 - d_1}$ 或 $K_L = \dfrac{t_0}{t_1}$
6	镦 粗		轮毂：$K_H = \dfrac{H_0}{H_1}$ 轮缘：$K_H = \dfrac{H_0}{H_2}$

3.3.5 自由锻造设备吨位

自由锻设备为锻锤和水压机。其吨位大小的选取要适当。如果设备吨位太小，锻件内部锻不透，而且生产率低；若吨位过大，不但浪费动力，增加锻件成本，操作也不灵便，还易打坏工具。

锻造设备吨位的确定方法有：理论计算法和经验类比法两种。

3.3.5.1 理论计算法

目前，由理论计算公式计算得到的设备吨位还不够精确，但仍能给确定设备吨位提供一定依据。这种方法一般是根据塑性成型理论所建立的公式，算出锻件成型所需的最大变形力（或变形功），然后按此来选取设备吨位。

在所有锻造工序中，镦粗工序的变形力（变形功）最大，很多锻造过程与镦粗有关，因此，常以镦粗力（镦粗功）的大小来选择设备。

（1）水压机锻造时，一般是根据锻件成型所需的变形力 P 来选择设备吨位。变形力 P 可按下式计算：

$$P = pF \tag{3 - 18}$$

式中　p——坯料与工具接触面上的单位流动应力；

　　　F——坯料与工具的接触面在水平方向上的投影面积。

（2）锻锤锻造时，通常是根据锻件成型所需的变形功 A 来选择设备的打击能量或吨位。圆形截面坯料的镦粗变形功 A 可按下式计算：

$$A = \sigma_s V \left[\ln \dfrac{H_0}{H} + \dfrac{1}{9} \left(\dfrac{D}{H} - \dfrac{D_0}{H_0} \right) \right] \tag{3 - 19}$$

式中　D_0, H_0——分别为坯料的直径和高度；

　　　D, H——分别为坯料镦粗后的直径和高度；

　　　V——锻件体积。

计算出变形功后，所需锻锤打击能量 L、锻锤吨位 G 可按下式计算：

$$L = A / \eta \tag{3 - 20}$$

$$G = A/1.72 \qquad\qquad (3-21)$$

式中　A——最后一击的变形功；

　　　η——打击效率，一般 $\eta = 0.7 \sim 0.9$。

3.3.5.2　经验类比法

这种方法是在统计分析生产实践数据的基础上，整理出经验公式、表格或图线，根据锻件某些主要参数（如质量、尺寸、接触面积等），直接通过公式、表格或图线选定所需锻造设备吨位。如锻锤锻造时，其吨位 G 可按下式计算：

镦粗时：

$$G = (0.002 \sim 0.003)kF \qquad\qquad (3-22)$$

式中　k——与材料强度极限 σ_b 有关的系数，当 $\sigma_b = 400\text{MPa}$ 时，$k = 3 \sim 5$；当 $\sigma_b = 600\text{MPa}$ 时，$k = 5 \sim 8$；当 $\sigma_b = 800\text{MPa}$ 时，$k = 8 \sim 13$；

　　　F——锻件镦粗后的横截面面积。

拔长时：

$$G = 2.5F \qquad\qquad (3-23)$$

式中　F——坯料横截面面积。

3.3.6　自由锻工艺规程卡片

锻造工艺卡片是生产准备、锻造操作及锻件验收的依据，是保证锻件质量的基本文件。工艺卡片尚无统一格式，但其基本内容都应包括：锻件名称、锻件材料、锻件图、锻件质量、坯料质量和规格、锻造设备、变形过程（简图）、锻造温度范围、加热火次、锻后冷却方法和锻后热处理方法、工时定额、主要技术条件和验收方法等。表 3-2 为锻造工艺卡片的格式。

表 3-2　锻造工艺卡片

×××厂	×××锻造工艺卡片		订货单位		
×××车间			日　期		年　月　日
生产编号		锻件质量/kg		锻造比	拔长	
零件图号		钢锭（坯料）质量/kg			镦粗	
零件名称		钢锭利用率/%		锻件类别		
材　质		设　备		单件台时		
每锭（坯）锻件数		每锻件制零件数				

锻件图：

技术要求：
生产路线：加热—锻造—锻后冷却—热处理—取样—发—车间或订户
印记内容：生产编号、图号、熔炼炉号、底盘号、锭号、锭节号、件序号

编　制		审　核		批　准		
火　次	温　度	操作说明	变形过程		设　备	工　具

3.4 大型锻件的锻造

重型机器中的关键零件均需要采用大型锻件制造，例如大型发电机的转子、护环，大型汽轮机的主轴、叶轮，水轮机的大轴，船用大型曲轴，轧钢机的冷、热轧辊以及各种大型高压容器等重要零件。这些零件的工作条件和受力情况复杂而繁重，因此，大型锻件的技术条件十分严格，综合力学性能要求高，并要有良好的内部组织。

大型锻件的生产采用自由锻工艺，不但要有相应的大型锻造设备，并且还要求有很高的工艺水平。因此，从某种意义上讲，大型锻件的生产也反映了一个国家的工业水平和生产能力的高低。目前，我国大型锻件生产已具有较强的工业基础，能生产各种类型、多种规格高质量的大型锻件。

3.4.1 大型锻件锻造的工艺特点

对于大型锻件的整个生产过程，其工艺特点有以下几个方面：

（1）大型锻件一般均采用钢锭为原料直接锻造。随着钢锭重量的增大，其固有冶金缺陷，如偏析、疏松、气泡、夹杂等更加严重，而锻件质量要求又高，因此锻造工艺难度较大。

（2）大型锻件的截面尺寸大，在加热钢锭时，将产生很大的温度应力，加之钢锭本身存在残余应力和冶金缺陷，容易引起加热裂纹；为使大截面的钢锭均匀热透，往往需要经过长时间加热，这还会使其晶粒粗大。锻造时，变形难于渗透到锻件中心，因而不易锻合心部的缺陷；同时，锻件越大给锻造操作带来的困难也越大。

（3）大型锻件的晶粒粗大且不均匀，加上扩散氢和消除应力又比较困难，因而其锻后冷却与热处理的工艺复杂，而且周期很长。

（4）大型锻件内部缺陷多和断面尺寸大，取样和质量检验困难。

3.4.2 锻造对钢锭组织和性能的影响

大型锻件的锻造，不仅要得到一定的形状和尺寸，更重要的是要通过锻造改善钢锭的铸态组织，以提高锻件的力学性能。

3.4.2.1 锻造对钢锭铸态组织的影响

（1）消除粗大的树枝晶并获得均匀细化等轴晶。当钢锭锻造变形达到一定的变形程度（锻比）时，粗大的树枝晶便被击碎，通过再结晶形成新的等轴晶组织，从而提高金属的塑性和强度。上述过程如图 3-32 所示。

锻件的晶粒大小和均匀性取决于变形温度、变形程度和变形的均匀性。只要变形均匀、终锻温度合适，特别是最后一火的变形量，要控制其不在临界变形程度范围内，锻件便能获得均匀细小的晶粒组织。

（2）破碎并改善碳化物及夹杂物在钢中的分布。对钢锭在多个方向反复进行锻造，可将聚集在晶界的碳化物、非金属夹杂物和其他过剩相组织击碎，再加上高温扩散和互相溶解作用，使之较均匀地分散在金属基体内，从而改善了金属组织，提高了锻件使用性能。例如对具有大量碳化物的钢种（如高速钢、高铬钢、高碳钢等），在锻造这类钢种时，为

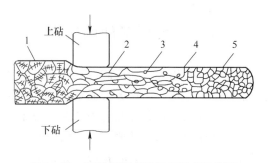

图 3 - 32　钢锭锻造变形组织转变示意图

1—锻前的树枝晶；2—晶粒变形伸长；3—再结晶晶核；4—再结晶晶粒长大；5—再结晶完成

了使碳化物充分击碎并均匀分布，采取轴向反复镦拔、径向十字锻造等工艺，来实现对坯料在各个方向上的反复锻造。

（3）形成纤维组织。锻造钢锭时，当树枝晶沿主变形方向变形的同时，晶界过剩相（如夹杂和化合物）的形态也要随之发生改变，其中，氧化物等质硬而脆，很难变形，只能击碎使其沿着主变形方向呈链状分布；硫化物有较好的塑性，可随晶粒一同变形，沿着主变形方向伸长，呈带状分布。多数晶界过剩相的这种分布，在晶粒再结晶后也不会改变，使金属组织具有一定的方向性，通常称为"纤维组织"，其宏观痕迹即"流线"。当只进行拔长时，锻比大于 2～3 便会出现纤维组织。如先镦粗后拔长，锻比要达到 4～5 才能形成纤维组织。变形程度越大，纤维方向越明显，如图 3－33 所示。

 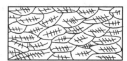  

图 3 - 33　钢锭锻造形成纤维组织示意图

流线在锻件内的分布状况，对锻件使用性能影响很大，而锻件的流线分布又取决于锻造的变形工艺。因此，在制订锻件的锻造变形工艺时，应根据零件的受力和破坏情况，正确控制流线在锻件的分布。例如，对受力比较简单的零件，如立柱、曲轴、扭力轴等，在锻造时要尽量避免切断纤维，控制流线分布与零件几何外形相符合，并使流线方向与最大拉应力方向一致。而对受力比较复杂的零件，如汽轮机和电机主轴、锤头等，因对各个方向性能都有要求，所以不希望锻件具有明显的流线方向。

（4）锻合内部孔隙。一般在钢锭的内部不可避免存在大量的各种孔隙，通过锻造可将表面未氧化的孔隙焊合，使金属的塑性与致密性都得到改善。为达到此目的，需要有三个条件：其一，孔隙表面没有被氧化，且不存在非金属夹杂；其二，处于三向压应力状态，并且要求一定的变形程度或局部锻比；其三，锻造时温度要高，温度高时，原子活动能力强，易于扩散，缺陷收缩后能够很快地焊合。

3.4.2.2　锻造对锻件力学性能的影响

通过锻造使钢锭组织发生变化，这必然引起金属的性能发生改变。图 3－34 是碳素钢钢锭采用不同锻比拔长后，其力学性能的变化曲线。由图可见，随着锻比的增加，强度指标 σ_b 变化不大，而塑性、韧性指标 δ、ψ、a_K 变化很大。当锻比达到 2 左右时，由于内部孔隙锻合，铸态组织得到消除或改善，晶界碳化物和夹杂被打碎，因此，纵向和横向力学性能均有显著提高。当锻比等于 2～5 时，开始逐渐形成纤维组织，力学性能出现各向异性。虽然纵向性能略有提高，但横向性能明显下降。如锻比超过 5 以上，将形成一致的纤维组织，纵向性能不再提高，横向性能继续下降。应该注意的是，对不同合金成分的钢锭拔长时，上述各阶段的锻比范围不尽相同，但对力学性能的影响规律是一样的。

当钢锭镦粗时，由于金属沿径向流动，结果将形成径向纤维。随着镦粗比的增加，顺纤维方向（即径向）的塑性和韧性指标得到提高，而垂直纤维方向（即轴向）的塑性和韧性指标则要降低。所以，纵向性能要求较高的锻件，最好采取直接拔长成型。如锻件纵向和横向性能都要求较高，则应采取镦粗和拔长组合工艺成型。

此外，钢锭通过锻造，可以提高组织的致密性和均匀性，宏观及微观缺陷得到改善和消除，无疑这有利于减少应力集中（发生疲劳破坏的疲劳源），从而能提高锻件的疲劳性能。

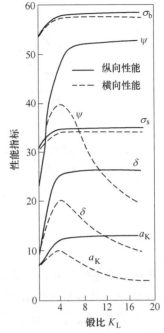

图 3 – 34　碳素钢钢锭拔长
锻比对力学性能的影响

3.4.3　提高大型锻件质量的工艺措施

大型锻件的质量取决于钢锭的冶金质量和锻造工艺。因此，在冶炼浇铸时，应最大限度地提高钢锭的质量。在锻造过程中，改进锻造工艺，如采取改变钢锭锭型、坯料形状、工具结构、操作方法以及利用坯料不均匀温度场等工艺措施，以造成有力的应力状态和变形状态，使锻件能充分锻透，内部缺陷得到焊合，从而达到提高其质量的目的。

3.4.3.1　改变钢锭的锭型

对大冒口、大锥度、高径比小、多棱角形的钢锭进行锻造时，由于其高径比小而使得拔长锻比大，这对一般轴类锻件锻造，如锻比达到锻件要求，便可消除中间镦粗，直接采用拔长成型。

采用空心钢锭锻造空心锻件时，加热火次减少，锻造操作时间缩短 1/2～1/3，金属材料节省 20%～30%，并且还能提高锻件质量，如横向力学性能将明显提高。

三瓣九角形钢锭在铸锭凝固时，具有良好的均匀结晶条件，因而可有效地改善钢锭内部的组织状况。并且在锻造时，心部变形大，有利于焊合钢锭的内部缺陷，表面不易出现裂纹。

3.4.3.2　改变坯料的形状

在镦粗时，为了使钢锭长度方向变形均匀，钢锭倒棱后可将冒口端压成凹形，这样镦粗不仅可以减小侧面产生鼓形，而且还能相应增加其变形程度（图 3 – 35a）。对于短粗钢锭，可在钢锭倒棱后把锭身中部压成凹形，然后镦粗，也能获得上述效果（图 3 – 35b）。

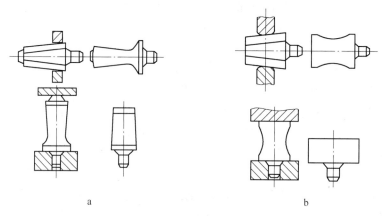

图 3 - 35　钢锭预先压成凹形而后镦粗

a—普通钢锭；b—短粗钢锭

3.4.3.3　改变工具的结构

采用以下几种结构的砧子，可以改善锻件内部质量。

（1）凸弧形砧子（图 3 - 36）：采用这种砧子拔长，可以获得大压下量，从而提高对钢锭内部缺陷的焊合效果。

（2）带斜度砧子（图 3 - 37）：这种砧子在送进入口端做成 α 角斜度。拔长时，由于压下量沿轴向方向逐渐增加，可以减小变形区和刚端交界面的剪切，从而避免裂纹产生。

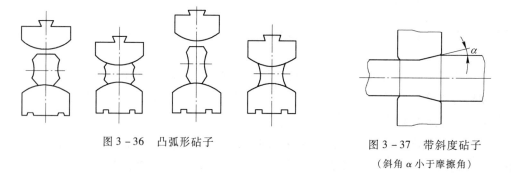

图 3 - 36　凸弧形砧子

图 3 - 37　带斜度砧子

（斜角 α 小于摩擦角）

3.4.3.4　表面降温锻造法

表面降温锻造法又称为中心压实法、硬壳锻造法、JTS 锻造法。它是 1962 年由日本制钢所馆野万吉和鹿野昭一首先提出的工艺方法。其特点是利用坯料不均匀温度场，造成有力的应力状态和变形状态，使锻件能充分锻透。

具体方法是：将钢锭倒棱后，锻成方形截面的锻坯，然后再加热到始锻温度保温后从炉中取出，采用空冷、吹风或喷雾对钢坯进行强制冷却，当钢坯表面温度降低到 700 ~ 800℃ 时便立即快速锻造。这时心部温度仍然很高，内外温差为 250 ~ 350℃。钢锭表层形成一层"硬壳"，温度低、变形抗力大，不易变形；而被硬壳包围的心部，温度高、变形抗力小，易变形。因此，当对锻坯沿其轴线方向进行锻造时，心部处在强烈的三向压应力作用下，孔隙性缺陷易于被锻合。

表面降温锻造的变形方式有三种：上小砧下平台单面局部纵压、上下小砧双面局部纵压、上下平砧拔长，如图 3-38 所示。其中对于前面两种变形方式，小砧沿坯料纵向只压坯料宽度中部，一般小砧的宽度为坯料宽度的 70%，即 $B = 0.7b_0$，砧长 $L = (3 \sim 4)B$，单面压下量为 7% ~8%，双面压时为 13% 左右。

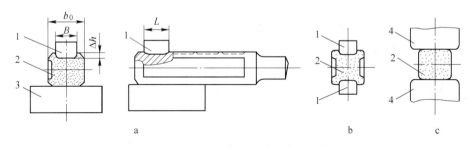

图 3-38 表面降温锻造法变形方式

a—上小砧下平台单面局部纵压；b—上下小砧双面局部纵压；c—上下平砧拔长

1—小砧；2—锻坯；3—平台；4—平砧；b_0—坯料宽度；B—小砧宽度；L—小砧长度

实践表明，用这种工艺，采用小锻比可明显压实坯料中心的孔洞类缺陷，而且可以采用较小吨位的水压机。目前，国内生产的大型转子、轴辊类锻件，已广泛采用了这一工艺方法。

3.4.3.5 FM 锻造法

FM 锻造法（Free from Mannesmann），也叫免除曼内斯曼效应锻造法，即中心无拉应力锻造法。它与一般平砧拔长的不同点在于下砧为宽砧，上砧为窄砧，如图 3-39 所示。坯料在不对称的平砧间变形。下平台对锻件的摩擦阻力较大，变形由上到下逐步进行，使拉应力移到了变形体与下平台接触面附近，增加了锻件心部压应力。这种方法对锻合钢锭内部孔洞类缺陷很有效果。当砧宽比为 0.3 ~

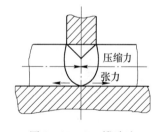

图 3-39 FM 锻造法

0.6 时，轴向不产生拉应力，此时，锻合锻件心部孔洞的能力与普通平砧锻造法砧宽比为 0.9 时大致相当。FM 锻造法的最佳工艺参数为砧宽比为 0.6，压下率为 14% ~15%。

3.4.3.6 WHF 锻造法

WHF 锻造法也称为宽砧高温强压法（Wide Die Heavy Blow Forging），它是一种以增宽的平砧在高温下对坯料进行大压下量的锻造方法，是使钢锭中的缺陷锻合的有效工艺方法。坯料在变形时，砧下刚性区大，心部变形量大且变形均匀，锻透性好。因此，锻件心部的轴向和横向应力均为压应力，提高了心部的三向压应力水平，具备了高温、大变形和三向压应力的孔洞焊合热力学条件，有利于心部缺陷锻合。

实施 WHF 时，坯料应加热至高温，并均匀热透，出炉后及时锻造。使用宽平砧并满砧送进（送进量不小于砧宽的 90%）。生产中该方法的操作规程大致为：砧宽比为 0.6 ~0.9，压下率控制在 20% ~30%。

在用 WHF 拔长时，为使砧子外缘处坯料内孔洞压实锻合，两次压缩中间应有不小于10% 砧宽的搭接量，而且翻料时要错砧，以达到坯料全部均匀压实的目的。

复习思考题

1. 简述自由锻件的分类。
2. 简述自由锻工序及其特点。
3. 简述自由锻工艺规程包括的内容及其制订方法。
4. 简述大型锻件的锻造特点。
5. 简述锻造对钢锭组织性能的影响。
6. 简述提高大型锻件质量的工艺措施。

4　模锻工艺

本章要点：模锻是锻造生产的主要工艺，因具有生产率高、锻件尺寸稳定、材料利用率高等特点，而普遍用于中小型锻件的成批和大量生产。本章以模锻工艺为主要内容，首先概述了有关模锻的概念、模锻工艺的分类、模锻生产的工艺流程；在此基础上，介绍了锤上模锻、热模锻压力机上模锻、摩擦压力机上模锻及平锻机上模锻的工艺特点、模锻件分类、模锻件图设计、模锻工步及其模膛，以及锻模结构形式等内容。同时，又对切边、冲孔、校正工序进行了说明。

模锻是利用专用工具（模具－锻模）使坯料变形而获得锻件的锻造方法。模锻时，将加热金属坯料放入固定于模锻设备上的锻模模膛内，施加压力，迫使金属坯料沿模膛流动，直至充满模膛，从而得到所要求的形状和尺寸的模锻件。它具有下列特点：

（1）生产效率较高。

（2）锻件形状复杂程度和尺寸精度高，表面粗糙度较小。

（3）锻件的机械加工余量小，材料利用率高。

（4）锻件流线清晰，分布合理。

（5）易于实现工艺过程的机械化和自动化，生产操作方便，劳动强度小。

（6）锻件成本较低。

但是，模锻设备投资比自由锻的大，生产准备及制模周期较长，锻模寿命较低，工艺灵活性不如自由锻等。因此，模锻适合于锻件的大批量生产。

模锻方法各式各样，但实质上都是通过塑性变形迫使坯料在锻模模膛内成型。模锻按使用的设备可以分为锤上模锻、热模锻压力机上模锻、摩擦压力机上模锻、平锻机上模锻等。按锻件成型特点，模锻也可分为开式模锻和闭式模锻：开式模锻是带飞边的模锻，模锻后要进行切边；闭式模锻是不带飞边的模锻，模锻后只需打磨毛刺。

模锻工艺过程是指坯料经过一系列变形工序制成模锻件的整个生产过程。模锻件的生产过程一般包括以下工序：（1）下料，即将坯料（钢材或钢坯）切断至一定尺寸；（2）加热坯料；（3）模锻；（4）切边或冲孔；（5）热校正；（6）锻件模锻后的冷却；（7）打磨毛刺；（8）锻件热处理；（9）锻件清理；（10）冷校正（或精压）；（11）检验等。上述工艺过程，并非所有的模锻件都必须全部采用，除（1）～（4）以及（11）为任何模锻过程所不可缺少的环节外，其余工序的采用，则应按锻件的具体要求而定。

模锻工序是整个模锻工艺过程中最关键的组成部分，它关系到采用哪些工步来锻制所需的锻件。模锻工序包括三类工步：

（1）模锻工步，包括预锻和终锻。

（2）制坯工步，包括镦粗、拔长、滚挤、卡压、弯曲、成型等。

（3）切断工步。

各个工步的变形是靠用模膛来实现的。模膛的名称和相应工步的名称是一致的，即：

（1）模锻模膛，包括预锻模膛和终锻模膛。

（2）制坯模膛，包括镦粗、拔长、滚挤、卡压、弯曲、成型等模膛。

（3）切断模膛。

4.1　锤上模锻

锤上模锻历史悠久，因其工艺适应性广、生产效率高、设备造价低等特点而在锻造行业中一直占有非常重要的地位。

4.1.1　锤上模锻的工艺特点

锤上模锻是以模锻锤为设备，金属坯料在模膛中的变形是在锤头的多次打击下完成的。模锻锤的打击能量可在操作中调节，实现轻重缓急打击，坯料在不同能量的多次锤击下，经过镦粗、拔长、滚挤、弯曲、卡压、成型、预锻和终锻等工步，达到锻件成型的目的。

锤锻模由上、下两个模块组成，模块借助燕尾、楔铁和键紧固在锤头和下模座的燕尾槽中，如图 4 - 1 所示。模块上开有一个供锻件成型的模膛，此种方式称为单模膛模锻（图 4 - 1）。一般情况下，在一副锻模上开设有多个模膛，坯料在锻模上按照一定的次序，连续地在各个模膛中被打击，逐步变形为锻件的形状，此种方式称为多模膛模锻，如图 4 - 2 所示。

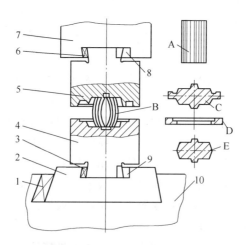

图 4 - 1　锤锻模结构

1，8，9—定位键；2—下模座；3，6—楔铁；4—下模块；5—上模块；7—锤头；10—砧座

A—坯料；B—模锻中的坯料；C—带飞边锻件；D—飞边；E—切除飞边的锻件

根据模锻锤的设备特点，锤上模锻的工艺特点如下：

（1）模锻锤锤头的打击速度较快（一般为 7～9m/s），靠冲击力使金属在各模膛中成

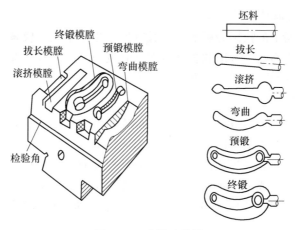

图 4 - 2　多模膛模锻

型，因此，可以利用金属的流动惯性来充填模膛。上模充填效果比下模好得多，于是一般将锻件的复杂部分设在上模成型。

（2）在锤上可实现多种模锻工步，特别是对长轴类锻件进行拔长、滚挤等制坯非常方便。

（3）由于导向精度不太高、工作时的冲击性质和锤头行程不固定等，因而锻件的尺寸精度不高。

（4）模块一般采用整体结构，给制模带来一定的困难。

（5）无顶出装置，模锻斜度较大。

（6）由于可以实现多种模锻工步和单位时间内的多次打击，因此生产率高。

4.1.2　锤上模锻件的分类

模锻件按照锻件主轴线与其他两个方向的尺寸关系分为圆饼类锻件和长轴类锻件（表4-1）。

表 4 -1　模锻件分类

类别	组别	锻件简图	类别	组别	锻件简图
圆饼类锻件	简单形状		长轴类锻件	直长轴类锻件	
	较复杂形状			弯曲轴类锻件	
				枝芽类锻件	
	复杂形状			叉类锻件	

4.1.2.1　圆饼类锻件

这类锻件在分模面上的投影为圆形或其长宽尺寸相差不大。模锻时，坯料轴线方向与锤击方向相同，金属沿高度、宽度和长度方向同时流动。该类锻件按其形状复杂的程度通常分为三组，即简单形状、较复杂形状、复杂形状。

4.1.2.2　长轴类锻件

这类锻件的轴线较长，即锻件的长度与宽度或高度的尺寸比较大。模锻时，坯料轴线方向与打击方向垂直，金属主要沿高度和宽度方向流动，沿长度方向流动很小，可以近似认为是平面应变状态。对此，当锻件沿长度方向其截面面积变化较大时，必须考虑采用有效的制坯工步，如卡压、成型、拔长、滚挤、弯曲工步等，以保证锻件饱满成型。长轴类锻件按锻件外形、主轴线、分模线的特征可分为四组，即直长轴类锻件、弯曲轴类锻件、枝芽类锻件和叉类锻件。

4.1.3　模锻件图的设计

模锻件图是确定模锻工艺和设计锻模的依据，是组织模锻生产和检验锻件的主要技术文件。它根据零件图设计，分为冷锻件图和热锻件图两种。冷锻件图用于最终锻件检验和热锻件图设计；热锻件图用于锻模设计和加工制造。一般将冷锻件图称为锻件图，设计锻件图时，一般应考虑解决下列问题。

4.1.3.1　分模位置

锻模模腔通常由两块或两块以上的模块所组成，各模块的分界面，即分模位置的合适与否，关系到锻件成型、锻件出模和材料利用率等一系列问题。分模位置的确定原则是：保证锻件形状尽可能与零件形状相同，锻件容易从锻模模腔中取出。此外，应争取获得镦粗充填成型的良好效果。为此，锻件分模位置应选在具有最大的水平投影尺寸的位置上。

分模形式视零件和模锻工艺的需要，可以是平面分模、对称分模和不对称弯曲分模，如图 4-3 所示。

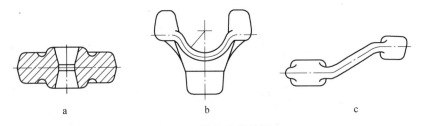

图 4-3　锻件分模位置
a—平面分模；b—对称分模；c—不对称弯曲分模

4.1.3.2　锻件公差及机械加工余量

由于受到各种工艺因素的影响，锻件的实际尺寸都会与锻件的公称尺寸有偏差，因而对锻件应规定允许的尺寸偏差范围，即锻件公差。同时，对于模锻后需要机械加工的锻件，还应在加工部位给予机械加工余量。

锻件的公差及机械加工余量的大小，与锻件的复杂程度、零件的精度要求、锻件材质、模锻设备、工艺条件、热处理的变形量、校正的难易程度、机械加工的工艺及设备等诸多因素有关。因此，要合理确定锻件的公差及机械加工余量。目前，主要按国家标准、部颁标准或企业标准来选用锻件公差及机械加工余量。例如，对于模锻锤、热模锻压力机、摩擦压力机和平锻机等锻压设备生产的质量小于或等于250kg、长度（最大尺寸）小于或等于2500mm的结构钢锻件，其公差及机械加工余量，按国家标准《钢质模锻件公差及机械加工余量》（GB/T 12362）选用。在该标准中，模锻件公差根据锻件基本尺寸、质量、形状复杂系数以及材质系数来确定。模锻件的机械加工余量根据锻件质量、零件表面粗糙度及形状复杂系数选取。各选取因素的确定方法如下：

（1）钢质模锻件公差等级。该标准中公差分为两级：普通级和精密级。普通级公差适用于一般模锻工艺能够达到技术要求的锻件。而精密级公差适用于有较高技术要求，但需要采取附加制造工艺才能达到的锻件。精密级公差可用于某一锻件的全部尺寸，也可用于局部尺寸。

（2）锻件质量 m_f。锻件质量的估算按下列程序进行：零件图基本尺寸→估计机械加工余量→绘制锻件图→估算锻件质量。

（3）锻件形状复杂系数 S。锻件形状复杂系数是锻件质量 m_f 与相应的锻件外廓包容体质量 m_N 之比，即：

$$S = m_f/m_N \tag{4-1}$$

锻件外廓包容体质量 m_N 为以包容锻件最大轮廓的圆柱体或长方体作为实体的计算质量，按式4-2或式4-3计算。

对于圆形锻件（图4-4）：

$$m_N = 0.25\pi d^2 h\rho \tag{4-2}$$

式中　ρ——钢材密度（7.85g/cm³）。

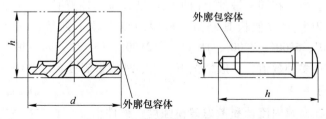

图4-4　圆形锻件的外廓包容体

对于非圆形锻件（图4-5）：

$$m_N = lbh\rho \tag{4-3}$$

根据 S 值的大小，锻件形状复杂系数分为4级：

S_1 级（简单）：$0.63 < S \leq 1.0$；

S_2 级（一般）：$0.32 < S \leq 0.63$；

S_3 级（较复杂）：$0.16 < S \leq 0.32$；

S_4 级（复杂）：$0 < S \leq 0.16$。

（4）锻件材质系数 M。锻件材质系数分为 M_1 和 M_2 两级。M_1 级是指最高碳含量小于0.65%的碳素钢或合金元素总含量小于3%的合金钢。M_2 级则指最高碳含量大于或等于0.65%的碳素钢或合金元素总含量大于或等于3%的合金钢。

（5）零件表面粗糙度。零件表面粗糙度是确定锻件加工余量的重要参数。该标准按轮

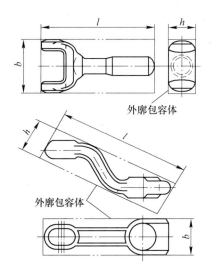

图 4 – 5   非圆形锻件的外廓包容体

廓算数平均偏差 R_a 数值大小分为 $R_a \geq 1.6\mu m$、$R_a < 1.6\mu m$ 两类。

4.1.3.3   模锻斜度

模锻斜度是为使锻件成型后能从模腔内顺利取出，而在锻件上与分模面垂直的平面或曲面所附加的斜度或固有的斜度（图 4 – 6）。但是，加上模锻斜度后会增加金属消耗和机械加工工时，因此应尽量选用最小值。

锻件外壁上的斜度称为外模锻斜度，用 α 表示，在冷却收缩时该部分趋向于离开模壁。锻件内壁上的斜度称为内模锻斜度，用 β 表示，在冷却收缩时该部分趋向于贴紧模壁，阻碍锻件出模。所以在同一锻件上内模锻斜度 β 应比外模锻斜度 α 大。

为了采用标准刀具而方便模具制造，模锻斜度可按下列数值选用：$0°15'$、$0°30'$、$1°00'$、$1°30'$、$3°00'$、$5°00'$、$7°00'$、$10°00'$、$12°00'$、$15°00'$。同一锻件上的外模锻斜度或内模锻斜度不宜用多种数值，一般情况下，内、外模锻斜度各取其统一数值。

4.1.3.4   圆角半径

为了便于金属在模腔内流动和考虑锻模强度，锻件上凸起和凹下的部位都不允许呈锐角状，应设计成适当的圆角，如图 4 – 6 所示。模锻生产中，把锻件上的凸圆角半径称为外圆角半径，用 r 表示；凹圆角半径称内圆角半径，用 R 表示。外圆角半径的作用是避免锻模在热处理和模锻过程中因应力集中导致开裂，内圆角半径的作用是使金属易于流动充填模腔，防止模锻件产生折叠，防止模腔过早被压塌。

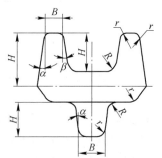

图 4 – 6   模锻斜度和圆角半径

为了保证锻件外圆角半径处有必要的加工余量，外圆角半径 r 按下式确定：

$$r = 余量 + 零件相应位置的半径或倒角 \qquad (4-4)$$

内圆角半径 R 应比外圆角半径 r 大，一般取：

$$R = (2 \sim 3)r \qquad (4-5)$$

为便于选用标准刀具，圆角半径应按标准值选用，如 1mm、1.5mm、2mm、3mm、

4mm、5mm、6mm、8mm、10mm、12mm、15mm、20mm、25mm、30mm 等。应当指出，在同一锻件上选定的圆角半径不宜过多。

4.1.3.5 冲孔连皮

模锻时不能直接锻出的透孔，必须在孔内保留一层较薄的金属，称为连皮。然后在切边压力机上冲除。连皮厚度 s 应适当，若过薄，锻件容易发生锻不足和要求较大的打击力，从而导致模膛凸出部分加速磨损或打塌；若连皮太厚，虽然有助于克服上述现象，但是冲除连皮困难，容易使锻件形状走样，而且浪费金属。常用的冲孔连皮形式有平底连皮、斜底连皮、带仓连皮、拱底连皮。各种冲孔连皮形式、尺寸及其特点列于表 4 – 2。

表 4 – 2　冲孔连皮的形式、尺寸及其特点　　　　　　　　　　（mm）

连皮形式		连皮尺寸及特点
平底连皮		连皮尺寸： $s = 0.45 \sqrt{d - 0.25h - 5} + 0.6 \sqrt{hR_1} = R + 0.1h + 2$ 特点：常用的连皮形式
斜底连皮		连皮尺寸： $s_{max} = 1.35s$；$s_{min} = 0.65s$ $d_1 = (0.25 \sim 0.3)d$ 特点：斜底连皮周边的厚度大，既有助于排出多余金属，又可避免形成折叠。但切除连皮时容易引起锻件形状走样。常用于预锻模膛（$d > 2.5h$ 或 $d > 60mm$）
带仓连皮		连皮尺寸： 厚度 s 和宽度 b，按飞边槽桥部高度 $h_飞$ 和桥部宽度 $b_飞$ 确定。 特点：带仓连皮周边较薄，易于冲除，且锻件形状不走样。常用于预锻时采用斜底连皮的终锻模膛
拱底连皮		连皮尺寸： $s = 0.4 \sqrt{d}$；$R_1 = 5h$；R_2 由作图确定。 特点：拱底连皮可以容纳较多的金属，并且冲切省力。常用于内孔很大（$d > 15h$）而高度又很小的锻件

对孔径小于 25mm 锻件，例如连杆小头的内孔，不是锻出连皮，而改用压凹形式，如图 4 – 7 所示。其目的不在于节省金属，而是通过压凹使连杆小头部分饱满成型。

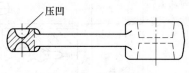

图 4 – 7　锻件压凹

4.1.3.6 模锻锻件图及锻件技术条件

上述各参数确定后，便可绘制锻件图。为了便于了解各处的加工余量是否满足要求，在锻件图中锻件轮廓线用粗实线表示；零件轮廓线用双点划线表示；锻件分模线用点划线表示。锻件的公称尺寸与公差注在尺寸线上面，而零件的公称尺寸注在尺寸线下面的括号内。

锻件图上无法用绘图语言表示的有关锻件质量及其检验要求的内容，均应在锻件图的技术条件中加以说明。技术条件一般包含如下内容：

　　（1）未注模锻斜度；

　　（2）未注圆角半径；

　　（3）表面缺陷深度的允许值，必要时应分别注明锻件的加工面和非加工面的表面缺陷允许值；

　　（4）分模面错差的允许值；

　　（5）残留飞边与切入深度的允许值；

　　（6）锻件的热处理方法及硬度值；

　　（7）表面清理方法；

　　（8）锻件的检验。

　　锻件技术要求的允许值，除特殊要求外，均按照 GB/T 1236 的规定确定。技术要求的顺序，原则上按照锻件生产过程中检验的先后进行排列。

4.1.4　锤上模锻工序

　　锤上模锻工序包括模锻（包括预锻和终锻工步）、制坯（包括镦粗、拔长、滚挤、卡压、成型、弯曲等工步）和切断三类工步。各种工步的特征和用途列于表4-3。

表4-3　各种模锻工步的特征和作用

分　类	工步名称	简　图	特征和用途
制坯工步	镦粗	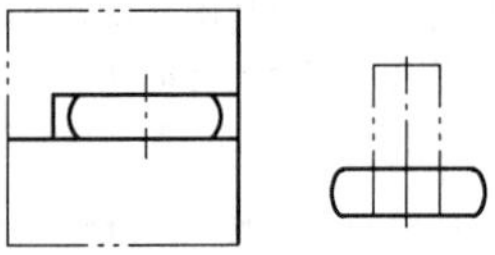	镦粗坯料，使坯料高度减小、直径增大。用于圆饼类锻件的制坯工步，其作用是清除氧化铁皮，有助于终锻时提高成型质量
	压扁	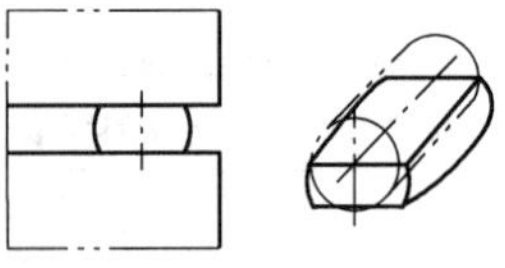	压扁坯料，用来增大水平面尺寸。多用于外形扁宽的锻件制坯
	拔长	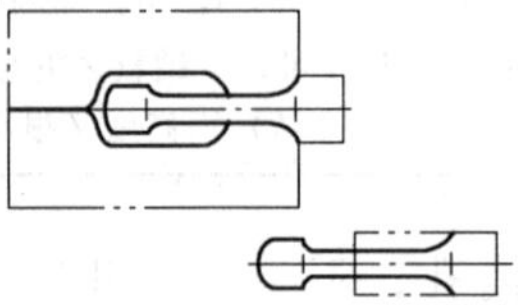	使坯料局部断面面积减小而增大其长度，从而使坯料的体积沿轴线重新分配。操作时，坯料绕坯料轴线作90°翻转并沿轴线向模膛进给
	滚挤	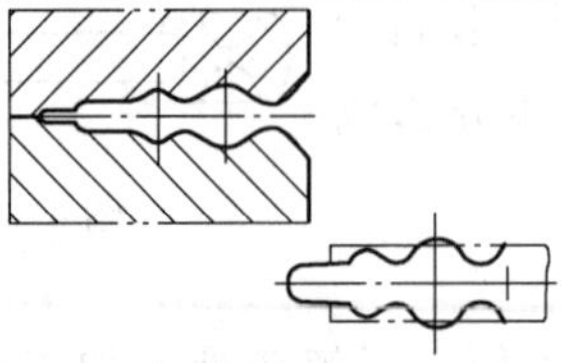	使坯料局部断面面积减小，而另一部位断面面积增大。经过滚挤制坯后，坯料沿轴线准确分配体积，表面光滑。操作时，坯料轴线作90°翻转，不作进给
	卡压	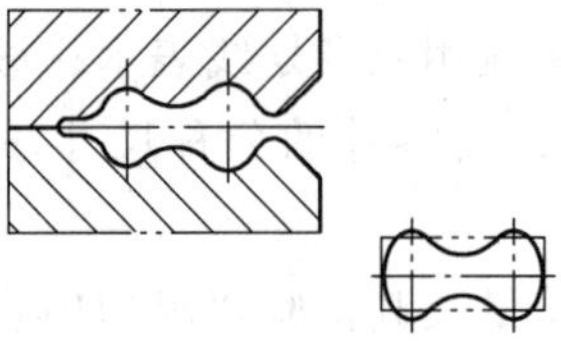	金属轴向流动不大，坯料局部聚积，局部压扁。操作时，坯料不翻转

分　类	工步名称	简　图	特征和用途
制坯工步	弯曲		使坯料轴线弯曲，获得与锻件水平投影图形相近的形状，以适应轴线弯曲的锻件终锻成型要求
	成型		与弯曲作用相似，但坯料的弯曲程度较小，且金属在模膛的垂直方向上有转移，以便使锻件形状与终锻模膛的投影形状相吻合。适用于带枝芽锻件的制坯
模锻工步	预锻		通过预锻获得与终锻接近的形状，以利锻件在终锻时的最终成型。能改善金属流动条件，有利于终锻的充满，避免终锻产生折叠并提高终锻模膛寿命
	终锻		通过终锻获得最终的锻件形状，所有的锻件都必须经过终锻。终锻模膛周围有飞边槽，用以容纳多余的金属
切断工步	切断		用来切断棒料上锻成的锻件，以便实现连续模锻，或一料多次模锻

4.1.4.1　圆饼类锻件的模锻工序选择

按圆饼类锻件成型的难易程度，模锻工序的选择分为以下三种情况：

（1）普通锻件。采用工步为：镦粗、终锻。这类锻件如齿轮、法兰、十字轴等，形状较为简单。

（2）高轮毂深孔锻件。采用工步为：镦粗、成型镦粗、终锻。为了保证锻件充填成型，并便于坯料在终锻模膛中的定位，而增加了成型镦粗工步，预先锻出凹孔，翻转180°后进行终锻，其模锻顺序如图4-8所示。

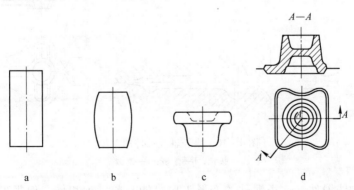

图 4 - 8　高轮毂大凸缘锻件的模锻（采用成型镦粗工步）

a—坯料；b—镦粗；c—成型镦粗；d—终锻（未绘出飞边）

（3）高肋薄壁复杂锻件。采用工步为：镦粗、预锻、终锻。为了保证锻件充填成型或避免产生折叠，需改善金属流动条件而采用预锻工步。图4-9为具有窄而高的突肋锻件的模锻工艺，凸起部分置于上模以利于充满，锻件下部中心位置增加长圆形的工艺凸台A，用于锻件在下模中的准确定位。

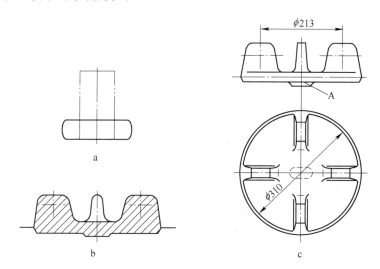

图4-9 带窄而高突肋锻件的模锻（采用预锻工步）

a—镦粗；b—预锻；c—终锻（未绘出飞边）

4.1.4.2 长轴类锻件的模锻工序选择

长轴类模锻件有直长轴线、弯曲轴线、枝芽类和叉类锻件等。由于形状的需要，长轴类模锻件的模锻工序由拔长或滚挤、弯曲、卡压、成型等制坯工步，以及预锻、终锻和切断工步所组成。

（1）直长轴线锻件：此类锻件的轴线较长，截面沿轴线往往有较大变化。所用坯料的长度较之锻件要短，一般需用拔长或滚挤、卡压、成型等制坯工步，预锻工步和终锻工步。其中预锻的选择视具体情况而定。图4-10所示锻件的两端截面较大，中间截面小，采用的工步是：拔长、滚挤、终锻。

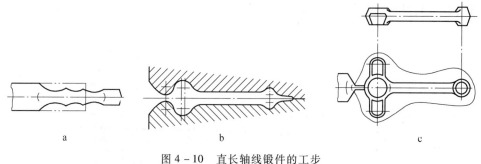

图4-10 直长轴线锻件的工步

a—拔长；b—滚挤；c—终锻

（2）弯曲轴线锻件：这类锻件的变形工序可能与前一种相同，但需增加一道弯曲工步，如图4-11所示。

（3）枝芽类锻件：这类锻件的特点是在锻件轴线中部一侧有凸出的枝芽，在这里金属沿轴线的分布是不对称的。模锻时重点要解决枝芽部分的充满问题，为此，往往采用成型制坯工步，同时还采用预锻工步，如图 4 - 12 所示。

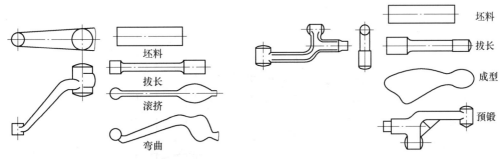

图 4 - 11　弯曲轴线锻件的工步　　　　　　图 4 - 12　枝芽类锻件的工步

（4）叉类锻件：这类锻件的变形工序除具有前三类锻件的特点外，还要用到弯曲工步或预锻工步，以劈开叉形部位达到成型的目的，如图 4 - 13 所示。

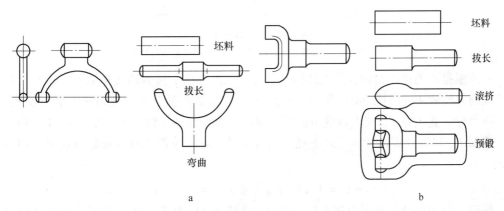

图 4 - 13　叉类锻件的工步

a—叉部较宽的锻件；b—叉部较窄的锻件

长轴类模锻件制坯工步是根据锻件轴向横截面面积变化的特点，为了使坯料的金属分布与锻件的要求相符而选定的。而锻件轴向横截面面积的变化情况通常用计算毛坯来描述。

计算毛坯是根据长轴类锻件在模锻时平面应变状态的假设来计算并修正得到的，如图 4 - 14 所示。由此可以确定，计算毛坯的长度与锻件相等，轴向横截面面积与锻件上相应截面面积和飞边截面面积之和相等，即：

$$F_{i计} = F_{i锻} + 2\eta F_{i飞} \tag{4-6}$$

式中　$F_{i计}$——计算毛坯上第 i 个截面的面积；

　　　　$F_{i锻}$——锻件上第 i 个截面的面积；

　　　　$F_{i飞}$——锻件上第 i 个截面处飞边的面积；

　　　　η——充满系数，形状简单的锻件取 0.3 ~ 0.5，形状复杂的取 0.5 ~ 0.8，常取 0.7。

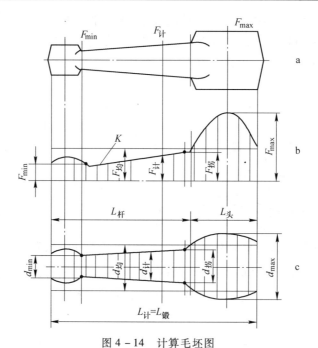

图 4 - 14 计算毛坯图

a—锻件；b—计算毛坯截面面积图；c—计算毛坯直径图

一般根据冷锻件图绘制计算毛坯图。首先，从锻件图上沿其轴线选取若干个具有代表性的截面，按式 4-6 计算出各截面的 $F_{i计}$；然后，以锻件的公称长度为横坐标，以 $F_{i计}$ 为各点纵坐标，连接各 $F_{i计}$ 端点成光滑曲线，即得计算毛坯截面面积图，如图 4 - 14b 所示。

根据 $F_{i计}$ 可以计算出计算毛坯上任一截面的直径 $d_{i计}$（若选取方形截面坯料，则为边长 $a_{i计}$）：

$$d_{i计} = 1.13 \sqrt{F_{i计}} \ (\text{或} \ a_{i计} = \sqrt{F_{i计}}) \qquad (4-7)$$

同样，以锻件公称长度为横坐标，以 $d_{i计}$（或 $a_{i计}$）为纵坐标，即可绘制出计算毛坯直径图，如图 4 - 14c 所示。

计算毛坯的截面面积代表计算毛坯的体积，即截面图曲线下的整个面积 $F_{计}$ 就是计算毛坯的体积 $V_{计}$，即 $V_{计} = F_{计}$。由此可以计算出平均截面面积 $F_{均}$ 和平均直径 $d_{均}$。

平均截面面积为：

$$F_{均} = \frac{V_{计}}{L_{计}} = \frac{V_{锻} + V_{飞}}{L_{计}} \qquad (4-8)$$

平均直径为：

$$d_{均} = 1.13 \sqrt{F_{均}} \qquad (4-9)$$

式中 $L_{计}$——计算毛坯长度，$L_{计} = L_{锻}$。

通常将平均截面面积 $F_{均}$ 在截面图上用虚线绘出，这样便把截面图分成两部分，凡大于虚线的部分称为头部，小于虚线的部分称为杆部。同样，平均直径 $d_{均}$ 在直径图上也用虚线表示出来，对于 $d_{计} > d_{均}$ 的部分，称为头部，$d_{计} < d_{均}$ 的部分，则称为杆部。

如果选用的坯料直径恰与计算毛坯的平均直径相等，并且直接进行模锻，不难设想，头部金属不足而杆部金属有余，是无法使锻件符合要求的。为了使锻件顺利成型，必须选择合适的坯料直径和制坯工步。

因此，计算毛坯的用途有两个：一是长轴类锻件选择制坯工步及其模膛的依据；二是确定坯料尺寸的依据。

制坯工步选择，取决于下列几项繁重系数：

$$\alpha = \frac{d_{\max}}{d_{均}} \qquad (4-10)$$

$$\beta = \frac{L_{计}}{d_{均}} \qquad (4-11)$$

$$K = \frac{d_{拐} - d_{\min}}{L_{计}} \qquad (4-12)$$

式中　α——金属流向头部的繁重系数；

　　　β——金属沿轴向流动的繁重系数；

　　　K——杆部锥度；

　　　$d_{\max}$——计算毛坯的最大直径；

　　　$d_{\min}$——计算毛坯的最小直径；

　　　$d_{拐}$——杆部与头部转接处的直径，又称为拐点处直径。

拐点处直径按照杆部体积守恒转化成锥体的大头直径，在数值上可根据下式计算：

$$d_{拐} = \sqrt{\frac{3.82 V_{杆}}{L_{杆}} - 0.75 d_{\min}^2} - 0.5 d_{\min} \qquad (4-13)$$

式中　$V_{杆}$——计算毛坯杆部体积；

　　　$L_{杆}$——计算毛坯杆部长度。

图 4-15 是根据生产经验的总结而绘制的图表，可将计算得到的工艺繁重系数代入查对，从中得出制坯初步方案。此方案应当做参考用，对具体情况经分析后作出修改。

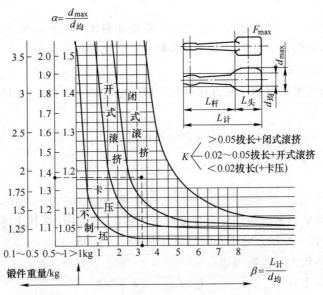

图 4-15 长轴类锻件制坯工步选用范围图表

图 4 – 14 表示的是一个头部和一个杆部的简单计算毛坯图。当计算毛坯超过一头一杆时，则属于复杂的计算毛坯，如图 4 – 16 所示。对于复杂计算毛坯，则应先按体积相等的原则将它转变成简单计算毛坯，即从一端开始，使杆部多余的金属 $U_{1杆}$ 与头部缺少的金属 $U_{1头}$（图 4 – 16a）相等，或头部缺少的金属 $U_{1头}$ 与杆部多余的金属 $U_{1杆}$（图 4 – 16b）相等，从而找出两个简单计算毛坯的划分线 $f—f$。然后分别确定每一个简单计算毛坯所需的制坯工步方案，并从中选择效率高的工步方案作为整个锻件的制坯工步方案。

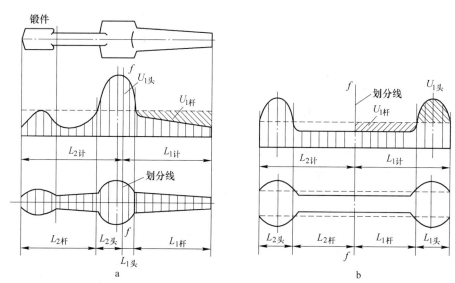

图 4 – 16　复杂计算毛坯

a—两杆一头；b—两头一杆

4.1.5　锤上模锻坯料尺寸

计算坯料尺寸时，一般根据模锻方法先计算出坯料体积和截面尺寸，然后再确定下料长度。坯料体积包括锻件、飞边、连皮、钳料头和氧化铁皮等部分。

4.1.5.1　圆饼类锻件

这类锻件一般用镦粗制坯，所以坯料尺寸以镦粗变形为依据进行计算。

坯料体积 $V_{坯}$ 为：

$$V_{坯} = (1 + k)V_{锻} \tag{4 – 14}$$

坯料计算直径 $d'_{坯}$ 为：

$$d'_{坯} = 1.08 \sqrt[3]{\frac{(1 + k)V_{锻}}{m}} \tag{4 – 15}$$

式中　k——宽裕系数，考虑锻件复杂程度对飞边的影响，并计算其火耗，对于圆形锻件 $k = 0.12 \sim 0.25$，对于非圆形锻件 $k = 0.2 \sim 0.35$；

$V_{锻}$——锻件体积，不包括飞边；

m——坯料高度与直径之比，一般取 $m = 1.8 \sim 2.2$。

初步确定坯料直径 $d'_{坯}$ 后，再按国家标准 GB/T 702 选用材料的标准直径 $d_{坯}$。

坯料长度为：

$$L_{坯} = \frac{V_{坯}}{F_{坯}} = 1.27 \frac{V_{坯}}{d_{坯}^2} \qquad (4-16)$$

4.1.5.2 长轴类锻件

这类锻件的坯料尺寸以计算毛坯截面图上的平均截面面积为依据，并根据不同制坯的需要，计算出各种模锻方法所需的坯料截面面积，具体计算方法见表 4-4。

表 4-4 长轴类锻件的坯料尺寸

制 坯 方 法	坯料计算截面面积	符 号 说 明
不用制坯工步	$F'_{坯} = (1.02 \sim 1.05) F_{均}$	$F_{均}$ 为计算毛坯图上的平均截面面积；
卡压或成型制坯	$F'_{坯} = (1.05 \sim 1.3) F_{均}$	$V_{头}$ 为锻件头部的体积，包括氧化铁皮
滚挤制坯	$F'_{坯} = F_{滚} = (1.05 \sim 1.2) F_{均}$	在内；
拔长制坯	$F'_{坯} = F_{拔} = \dfrac{V_{头}}{L_{头}}$	$L_{头}$ 为锻件头部长度；
拔长与滚挤制坯	$F'_{坯} = F_{拔} - K(F_{拔} - F_{滚})$	K 为计算毛坯直径图杆部的锥度

求得坯料计算截面面积 $F'_{坯}$ 后，再按照材料规格选用钢材的标准截面面积 $F_{坯}$，并由此来确定坯料长度 $L_{坯}$：

$$L_{坯} = \frac{V_{坯}}{F_{坯}} + l_{钳} \qquad (4-17)$$

式中　$V_{坯}$——坯料体积（包括锻件、飞边和连皮），$V_{坯} = (V_{件} + V_{飞} + V_{连皮})(1 + \delta\%)$，其中 δ 为火耗；

$\qquad l_{钳}$——钳夹头长度。

4.1.6 模锻锤吨位

锻锤吨位的合理选择是获得优质锻件、保证工艺过程顺利进行的重要保证。由于模锻过程受到诸多因素的影响，这些因素不仅相互作用，而且具有随机特征，因此关于模锻变形力的计算，尽管有理论计算方法，但要全部考虑这些因素是不现实的。在生产上为方便起见，多用经验公式选择所需的锻锤吨位。例如，对于低、中碳结构钢和低碳低合金结构锻件，计算模锻锤吨位的经验公式为：

$$G = 4A \qquad (4-18)$$

式中　G——模锻锤落下部分的质量；

$\qquad A$——锻件和飞边（按 50% 计算）在水平面上的投影面积。

4.1.7 锤上模锻工步及其模膛

模锻工步的主要作用是使坯料按照所用模膛的形状形成锻件或基本形成锻件，这种工步所用模膛称为模锻模膛，有预锻、终锻两种。任何锻件的模锻工艺都必须有终锻，而预锻则不一定都需要，根据具体情况采用。

4.1.7.1 终锻工步及其模膛

终锻工步用来完成锻件的最终成型。终锻模膛根据热锻件图设计与制造。对于开式模锻，其终锻模膛的周边设有飞边槽。

A   热锻件图

热锻件图是终锻模膛的设计依据。将冷锻件图的每个尺寸加上收缩量，便可绘制出热锻件图。热锻件尺寸 L 按下式计算：

$$L = l(1 + \delta) \tag{4-19}$$

式中 l——冷锻件尺寸；

　　　　δ——终锻温度下金属的收缩率。

为了能得到要求的锻件，终锻模膛尺寸应与热锻件图相同。但有时为保证锻件成型质量，根据锤上模锻的工艺特点，将模膛尺寸作适当的改变。例如：

（1）对终锻模膛易磨损处，可在锻件负公差范围内预先增加一层磨损量，使它在磨损一定量后仍能得到合格的锻件，借此来提高锻模寿命。如图 4-17 所示齿轮锻件，其模膛在轮辐 A 处容易受到磨损，因此，终锻模膛尺寸 A 比热锻件图上的相应尺寸减小 0.5~0.8mm。

（2）下模模膛局部较深的底部易积聚氧化铁皮，导致锻件表面压坑。如图 4-18 所示的曲轴锻件，为避免局部压坑，终锻模膛在曲柄端头加厚 2mm。

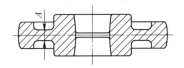

图 4-17　齿轮锻件

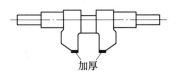

图 4-18　需局部加厚的锻件

（3）对于不对称的锻件，应考虑坯料在下模膛的定位。图4-19 所示的高筋锻件，上半部分形状复杂，下半部分形状简单，是圆形的平面，不易定位。在锤击过程中，可能因转动而导致锻件报废。因此，在下模膛增设了方形定位余块。

（4）当设备吨位偏小，发生锻不足或欠压现象时，应将模膛的高度尺寸适当减小，以抵消欠压的影响。相反情况下，锻锤吨位偏大，上、下模承击面容易被打塌，应将模膛的高度尺寸适当加大。无论是减小还是加大高度尺寸，均应在锻件尺寸的公差范围内。

此外，应当注意锻锤模锻时金属的流动特点，由于惯性作用，上模充填效果比下模好得多，所以应把锻件的复杂部分尽可能在上模成型。

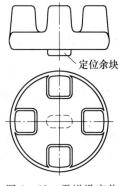

图 4-19　需增设定位余块的锻件

B   飞边槽

开式模锻的终锻模膛周边设有飞边槽，其形式及尺寸大小是否合适对锻件成型影响很大。所以，设计终锻模膛的另一个重要任务便是确定飞边槽的形式及有关尺寸。

飞边槽一般由桥部和仓部组成。桥部的主要作用是阻止金属外流，迫使金属充满模膛，同时使飞边厚度减薄，以便于切除；仓部的主要作用是容纳多余的金属。另外，飞边如同垫片能够缓冲锤击，从而防止分模面过早压陷或崩裂。为此，飞边槽的桥部高度应小些，宽度大些；仓部的高度和宽度都应适当。

目前，锻件常用的飞边槽的结构形式有四种，见表 4-5。

（1）标准型飞边（表 4-5 中 a）：这是最常用的一种结构形式，其桥部设在上模块，与坯料接触时间短，吸收热量少，因而温升小，能减轻桥部磨损或避免压塌。

（2）倒置型飞边（表4-5中b）：飞边桥部设在下模块，适用于高度方向上形状不对称的锻件。因复杂部分在上模，为简化切边冲头形状，常将锻件翻转180°，故桥部设在下模，切边时锻件也容易定位。另外，当锻件全靠下模成型时，为简化上模而加工成平面状，也应采用这种形式的飞边槽。

（3）双仓型飞边（表4-5中c）：该结构形式适用于形状复杂和坯料体积难免偏多的锻件，在这样的条件下，不得不增大仓部的容积，以便容纳更多的金属。

（4）带阻尼沟型飞边（表4-5中d）：该结构形式只用于锻模局部。桥部增设阻尼沟，增加金属向仓部流动的阻力，迫使金属流向模腔深处或枝芽处。

飞边槽尺寸可以按照锻锤吨位来确定，见表4-5。飞边槽的主要尺寸是桥部高度 h、宽度 b 及入口圆角半径 R_1。如果 h 太小或 b 太大，会产生过大的水平面方向的阻力，导致锻不足，并使锻模过早磨损或压塌。如果 h 太大或 b 太小，模腔不易充满，产生大的飞边，同时，由于桥部强度差而易于压塌变形。入口处圆角半径 R_1 太小，容易压塌内陷，影响锻件出模；如果 R_1 太大，则影响切边质量。

表4-5　飞边槽基本结构形式及其尺寸

锻锤吨位/t	h/mm	b/mm	h_1/mm	b_1/mm	R_1/mm
1	1.0~1.6	8	4	22~25	1.0
2	1.8~2.2	10	4	25~30	1.5
3	2.5~3.0	12	5	30~40	1.5
5	3.0~4.0	12~14	6	40~50	2.0
10	4.0~6.0	14~16	8	50~60	2.5
16	6.0~9.0	16~18	10	60~80	3.0

4.1.7.2　预锻工步及其模腔

在模锻生产过程中，预锻的作用是使制坯后的坯料进一步变形，以便更合理地分配坯料各部分的金属体积，以保证终锻时获得成型饱满，无折叠、裂纹或其他缺陷的优质锻件；同时也有助于减少终锻模腔的磨损。值得注意的是，并非所有的锻件都需要预锻工步。这是因为预锻会带来一些不良影响，如增大锻模平面尺寸、降低生产效率；特别是锻模中心不能与模膛中心重合，导致错移量增加，降低锻件尺寸精度，而且使锻模燕尾和锤杆受力状态更趋恶化，影响工作寿命。所以，只有在锻件形状复杂，如连杆、拨叉、叶片等成型困难，且生产批量较大的情况下，采用预锻才是合理的。

预锻模膛是以终锻模膛或热锻件图为基础进行设计的，预锻模膛周边通常不设飞边槽，其特点如下。

A 模膛的宽与高

预锻模膛虽与终锻模膛差异不大，但应尽可能做到预锻后的坯料在终锻模膛中以镦粗成型为主。因此，预锻模膛的高度应比终锻模膛的大 $2 \sim 5mm$；宽度则比终锻模膛的小 $1 \sim 2mm$；横截面面积等于终锻模膛横截面面积与飞边槽横截面面积之和。两种模膛相互间区别的特征如图 4 - 20 所示。

B 模锻斜度

预锻模膛的模锻斜度一般与终锻模膛的相同。如对于图 4 - 21 所示的筋部结构，预锻模膛筋部高度略小于终锻模膛相应部位的高度，即 $h' = (0.8 \sim 0.9)h$，在筋的顶部宽度相同（即 $a' = a$）和模锻斜度均相等的条件下，则筋的底部宽度将是 $c' < c$。鉴于预锻后坯料筋部的横截面面积小于终锻的相应面积，因此，为了使终锻时筋部顺利成型，而适当加大底部的圆角半径 R'。由这样的模膛预锻出的坯料放到终锻模膛中，由于模壁与坯料间无阻力，筋部的最终成型和应力状态都比较有利，且可避免转角处产生折叠。显然，终锻模膛的寿命也因此而有所提高。

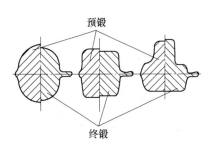

图 4 - 20 预锻形状与终锻形状的差别

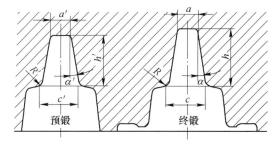

图 4 - 21 预锻与终锻的尺寸关系

C 圆角半径

预锻模膛内的圆角半径应比终锻模膛的大，其目的是减小金属流动的阻力，促进筋部的预锻成型，同时可防止产生折叠。

预锻模膛在水平面上拐角处的圆角半径应适当增大，使坯料变形逐渐过渡，以防止预锻和终锻时产生折叠，如图 4 - 22 所示。

D 枝芽锻件

如果锻件上带有枝芽，应尽量简化枝芽的形状，使金属易于充满模膛。为了便于金属流入枝芽处，应将枝芽设计成如图 4 - 23 所示的喇叭形，其端部保持原来的尺寸，与枝芽连接处的圆角半径适当增大，在一般情况下 $R_1 = (2 \sim 5)R$。必要时可以考虑在分模面上增设阻尼沟以加大预锻时金属流向分模面的阻力。

E 叉形锻件

当锻件叉间距离不大时，其叉部需使用预锻模膛中的劈料台将金属分开。劈料台一般

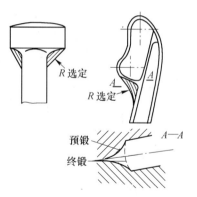

图 4-22　预锻模膛水平面上拐角处的圆角形式

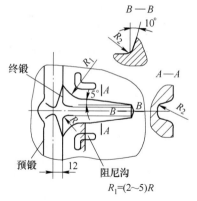

图 4-23　枝芽锻件的预锻模膛

形式如图 4-24a 所示,有关尺寸按下式确定:

$$A = 0.25B \qquad (8 < A < 30)$$

$$h = (0.4 \sim 0.7)H$$

$$\alpha = 10° \sim 45°$$

当 $\alpha > 45°$ 时,建议使用图 4-24b 所示的形式。

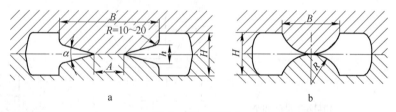

图 4-24　劈料台

F　带工字形截面的锻件

对于工字形截面锻件,一般根据截面形状和尺寸,采取适当的预锻形式。

(1) 当工字形截面的中间以较大的圆弧连接时 (图 4-25a),可将预锻模膛的相应截面设计成椭圆形截面,使预锻模膛的截面面积 F_2 等于终锻模膛的截面面积 F_1,即 $F_1 = F_2$。

(2) 当工字形截面尺寸 $h < 2b$ 时 (图 4-25b),预锻模膛的横截面设计成梯形,其宽度 $B_2 = B_1 - (2 \sim 6)$ mm,高度 H_2 根据预锻模膛的横截面面积等于终锻模膛横截面面积与飞边截面面积之和以及其宽度 B_2 来确定。

(3) 当工字形截面尺寸 $h \geqslant 2b$ 时 (图 4-25c),预锻模膛的横截面设计成圆滑的工字形截面。其宽度 $B_2 = B_1 - (1 \sim 2)$ mm,工字形断面的中间腹板厚度,通常设计成和终锻模膛一样厚。

4.1.7.3　钳口

终锻模膛和预锻模膛前端的特制凹腔,一般称为钳口 (图 4-26a)。钳口主要用来容纳夹持坯料的夹钳和便于锻件从模膛中取出。制造锻模时,钳口还用作浇注铅或金属盐的浇口,以复制模膛的形状,作检验用。钳口与模膛间的沟槽称为钳口颈,其作用不仅是为了浇铅水或金属盐,同时也是为了增加锻件与钳夹头连接的刚度,便于操作。图 4-26b 是常用的钳口形式。

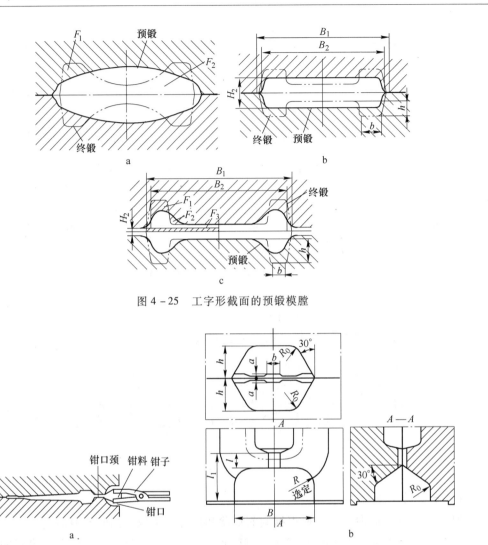

图 4 – 25 工字形截面的预锻模膛

图 4 – 26 常用的钳口形式

4.1.8 锤上制坯工步及其模膛

制坯工步的主要作用是分配坯料体积或改变坯料轴线形状，使坯料沿轴线的截面面积与锻件大致相适应。它包括镦粗、压扁、拔长、滚挤、成型、弯曲、卡压等工步。制坯工步所使用模膛称为制坯模膛。

4.1.8.1 拔长工步及其模膛

拔长工步用来减小坯料的截面面积，增加其长度，具有分配金属的作用。若拔长工步为变形工步中的第一道，还兼有清除氧化铁皮的作用。拔长工步所使用的模膛称为拔长模膛，其位置一般设置在锻模的边缘，由坎部、仓部和钳口三部分组成。其中，坎部是使坯料变形用的工作部分，仓部用来容纳拔长后的坯料。拔长模膛按截面形状分为开式和闭式两种。

（1）开式拔长模膛：其拔长坎部断面呈矩形，如图 4 – 27a 所示。这种形式结构简单，制造方便，应用较广。

（2）闭式拔长模膛：其拔长坎部断面呈椭圆形，如图 4-27b 所示。这种形式的拔长效率较高，而且坯料光滑。

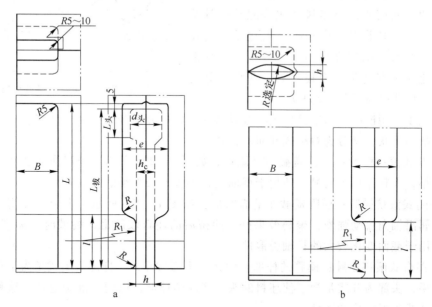

图 4-27 拔长模膛
a—开式；b—闭式

拔长模膛以计算毛坯为依据进行设计，主要是确定拔长坎部高度 h、宽度 B、长度 l 等尺寸，其计算方法见表 4-6。

表 4-6 拔长模膛尺寸 （mm）

项　目	计算公式				符号说明
拔长坎部高度 h	用拔长制坯工步时：$h = k_1 d_{\min}$				$d_{\min}$ 为计算毛坯的最小直径；$V_{杆}$ 为计算毛坯的杆部体积；$L_{杆}$ 为计算毛坯的杆部长度；$d_{坯}$ 为坯料直径；$L_{坯}$ 为坯料长度
	拔长、滚挤联合制坯时：$h = k_2 \sqrt{V_{杆}/L_{杆}}$				
	$L_{杆}$	<200	200~500	>500	
	k_1	0.80	0.75	0.70	
	k_2	0.90	0.85	0.80	
拔长坎部长度 l	$l = k_3 d_{坯}$				
	$L_{坯}/d_{坯}$	1.2~1.5	1.5~3	3~4	
	k_3	1.1	1.3	1.5	
模膛宽度（直排）B	$B = k_4 d_{坯} + (10~20)$				
	$d_{坯}$	<40	40~80	>80	
	k_4	1.5	1.3~1.4	1.2~1.3	
模膛深度 e	拔长后为一光杆：$e = 2h$				
	拔长后端部有一小头部：$e = 1.2d_{小头} \geq 2h$				
圆角半径	$R = 0.25l$，$R_1 = 2.5l$				
拔长模膛长度 L	$L = L_{拔} + (5~10)$				

4.1.8.2　滚挤工步及其模膛

滚挤工步用来减小坯料局部截面面积，以增大另一部分的截面面积，使坯料体积分配符合计算毛坯的要求，同时兼有滚光和去除氧化铁皮的作用。滚挤时金属流动特点如图 4－28 所示，杆部多余金属流入头部使头部聚集，为了获得良好的聚积效果，操作时应反复转动 90°。

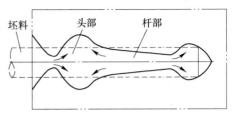

图 4－28　滚挤时金属流动情况

滚挤工步所用模膛称为滚挤模膛，按其截面形状可分为开式、闭式和混合式三种；按模膛的纵断面形状，又分为对称式和非对称式。

（1）开式滚挤模膛：模膛横截面呈矩形，如图 4－29a 所示。金属横向展宽较大，轴向流动较小，聚料作用不明显，适用于截面变化不大的长轴类锻件。

（2）闭式滚挤模膛：模膛横截面呈椭圆形，如图 4－29b 所示。由于模膛侧壁的阻碍作用，金属沿轴向流动强烈，聚料效果好，滚挤后的坯料较圆滑，终锻时不易产生折叠，所以广泛用于截面变化较大的长轴类锻件。

（3）混合式滚挤模膛：模膛的杆部是闭式，头部为开式。杆部为闭式是为了获得较高的滚挤效果，头部为开式是为了使坯料的头部变成圆柱形，以便于准确定位。这种模膛用于头部有孔或叉形结构的锻件。

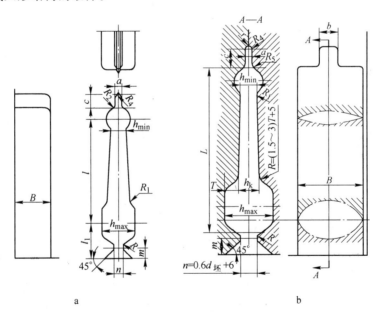

图 4－29　滚挤模膛

a—开式；b—闭式

（4）非对称滚挤模膛：这种模膛上、下深度不等，兼有滚挤与成型功能，适用于不对称轴类锻件。设计时应考虑到锻件的非对称程度，如图 4－30 所示，$h_1/h_2 < 1.5$ 时适用。

滚挤模膛由钳口、本体、毛刺槽三部分组成，钳口不仅为了容纳头钳，同时也是用来卡细坯料，减少料头消耗。毛刺槽用来容纳滚挤时产生的端部毛刺，本体使坯料变形。

同拔长模膛一样，滚挤模膛也是以计算毛坯为依据进行设计的，主要是确定模膛高度

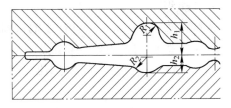

图 4 – 30　非对称滚挤模膛

h，宽度 B 及其他一些有关尺寸，其计算方法见表 4 – 7。

表 4 – 7　滚挤模膛尺寸　　　　　　　　　　　　　　（mm）

项　目	计算公式或数据					符　号　说　明
模膛高度 h	$h = \mu d_{计}$，系数 μ 按下表选取					
	$d_{坯}$	杆部		头部	拐点	
		闭式	开式			
	<30	0.80	0.75	1.15	1.00	
	30～60	0.75	0.70	1.10	0.95	
	>60	0.70	0.65	1.05	0.90	
模膛宽度 B	坯料形式	闭式	开式			
	原坯料	$1.7d_{坯}$（或 $1.9a_{坯}$）$> B > 1.15 \dfrac{F_{坯}}{h_{min}}$，但 $B > 1.1 d_{max}$	$1.7a_{坯}$（或 $1.5d_{坯}$）$+ 10 \geqslant B \geqslant \dfrac{F_{坯}}{h_{min}} + 10$，但 $B > d_{max} + 10$			$d_{计}$ 为计算毛坯相应处的直径；$d_{坯}$ 为坯料直径；$F_{坯}$ 为坯料截面面积；h_{min} 为模膛最小深度；d_{max} 为计算毛坯的最大直径；$a_{坯}$ 为方坯边长；$F_{杆均}$ 为计算毛坯杆部平均截面面积；δ 为收缩率
	经过拔长的坯料	$(1.4～1.6)d_{坯} > B > 1.25 \dfrac{F_{杆均}}{h_{min}}$，但 $B > 1.1 d_{max}$	$(1.4～1.6)d_{坯} + 10 > B > \dfrac{F_{杆均}}{h_{min}} + 10$，但 $B > d_{max} + 10$			
模膛长度 L	$L = L_{计}(1 + \delta)$					
模膛钳口尺寸	$n = 0.2d_{坯} + 6$ $m = (1～2)n$ $R = 0.1d_{坯} + 6$					
毛刺槽尺寸	有无切断模膛	$d_{坯}$	a	b	c	R_3	R_4
	无	<30	4	20	20	5	4
		30～60	6	30	25	6	6
		60～100	8	40	30	10	8
		>100	10	50	35	10	10
	有	<30	6	25	25	5	6
		>30	8	30	30	5	8

注：表中毛刺槽尺寸 b 仅适用于闭式滚挤模膛。

4.1.8.3 卡压工步及其模膛

卡压工步用来略微减小坯料高度而增大宽度，并使头部得到少量聚料，从而改善终锻成型效果。卡压工步所用模膛称为卡压模膛（又称压肩模膛），如图 4 - 31 所示。坯料在模膛中一般只锤击 1~2 次，不需翻转即直接将其移入预锻或终锻模膛。卡压模膛分开式和闭式两种，开式的应用较广。

卡压模膛的杆部向头部过渡区要做成 3°~5°的斜度，有助于金属流向头部，以提高卡压效果。卡压模膛同样是以计算毛坯图为依据进行设计，其尺寸计算见表 4 - 8。

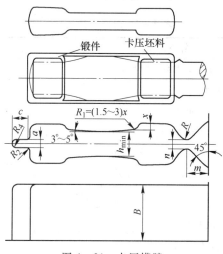

图 4 - 31 卡压模膛

表 4 - 8 卡压模膛尺寸   （mm）

项　目	计算公式或数据				符号说明
模膛高度 h	$h = kd_{计}$				
	$d_{坯}$	< 30	30 ~ 60	> 60	
	杆部	0.75	0.65	0.60	
	头部	1.00	1.05	1.10	
模膛宽度 B	$B = \dfrac{F_{坯}}{h_{min}} + (5 \sim 10)$				$d_{计}$ 为计算毛坯直径；$d_{坯}$ 为坯料直径；$F_{坯}$ 为坯料截面面积；h_{min} 为模膛最小深度
	$L_{坯}/d_{坯}$	1.2 ~ 1.5	1.5 ~ 3	3 ~ 4	
	k_3	1.1	1.3	1.5	
其余部分尺寸	$R = 0.2d_{坯} + 5$ $n = (0.2 \sim 0.3)d_{坯}$ $m = (1 \sim 2)n$ $a = 0.1d_{坯} + 3$ $c = 0.3d_{坯} + 15$				

4.1.8.4 成型工步及其模膛

成型工步用来使坯料获得近似锻件在水平面上的投影形状，它是通过局部金属转移来获得所需形状。成型工步是枝芽锻件采用的主要制坯方式。成型工步所用模膛称为成型模膛。操作时一般只锤击一次，坯料经过成型制坯后，需翻转90°送入预锻或终锻模膛。

成型模膛按其纵断面的形状分为对称式和不对称式两种（图 4 – 32），常用的为不对称式模膛。

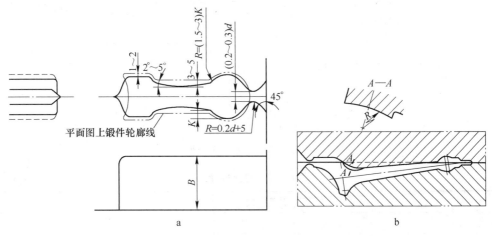

图 4 – 32 成型模膛

a—对称式；b—不对称式

成型模膛的纵剖面形状及尺寸应根据锻件水平面投影设计。为了便于操作，模膛高度尺寸应比锻件在水平面上的投影相应宽度小一些。头部每边小 1～2mm，杆部每边小 3～5mm。杆部向头部过渡区应做成 2°～5°的斜度，以利金属流动。模膛主要尺寸见表 4 – 9。

表 4 – 9　成型模膛主要尺寸　　　　　　　　　　　　　　　　(mm)

项　目	计　算　公　式	符 号 说 明
模膛高度 h	头部：$h = b_{锻} - (1～2)$ 杆部：$h = b_{锻} - (3～5)$	$b_{锻}$ 为锻件平面图相应处的尺寸； $F_{坯}$ 为坯料截面面积； h_{min} 为模膛最小高度
模膛宽度 B	$B = \dfrac{F_{坯}}{h_{min}} + (10～20)$	

4.1.8.5　弯曲工步及其模膛

与成型工步相似，弯曲工步也是用来使坯料获得与锻件水平面投影相似的形状，但它是通过将坯料压弯来获得所需的形状，变形程度比成型工步大得多，且没有聚料作用。弯曲工步所用模膛称为弯曲模膛，坯料在弯曲模膛制坯后，需翻转90°放在预锻或终锻模膛中。

根据弯曲时坯料拉长的情况，弯曲模膛可分为自由弯曲和夹紧弯曲两种。自由弯曲时，坯料没有明显的拉长现象，适用于圆浑弯曲的锻件，一般只有一个弯角，如图 4 – 33a 所示。而夹紧弯曲时，坯料在模膛内除了弯曲成型外，还要有拉伸，这种弯曲适用于具有多个急突弯曲形状的锻件，如图 4 – 33b 所示。

弯曲模膛的纵剖面形状按锻件水平面投影设计，即模膛各处高度尺寸与锻件宽度相应尺寸有关，有关尺寸的计算方法见表 4 – 10。

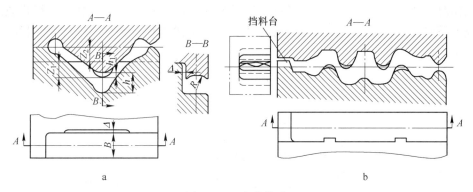

图 4 – 33　弯曲模膛

a—自由弯曲；b—夹紧弯曲

表 4 – 10　弯曲模膛尺寸　　　　　　　　　　　　　（mm）

项　目	计算公式							符号说明
模膛高度 h	$h = b_{锻} - (2 \sim 10)$							$b_{锻}$ 为锻件平面图相应处的尺寸； $F_{坯}$ 为坯料截面面积； h_{min} 为模膛最小深度
模膛宽度 B	$B = \dfrac{F_{坯}}{h_{min}} + (10 \sim 20)$							
上、下模间隙 Δ	锻锤吨位/t	1	2	3	5	10	16	
	Δ	4	6	6	7	9	9	
凹面深度 h_1	$h_1 = (0.1 \sim 0.2)h$							

4.1.8.6　镦粗工步及镦粗台

镦粗工步适用于圆饼类锻件，对应的模具结构为镦粗台（图 4 – 34）。该平台的作用是减小坯料高度尺寸、增大水平尺寸，以便在锤击变形前将终锻模膛覆盖，从而防止锻件折叠，并起到去除氧化铁皮的作用。

镦粗台一般安排在锻模的左前角上，平台边缘应倒圆，以防镦粗时在坯料上产生压痕，给锻件带来形成折叠的可能性。为了节省锻模材料，镦粗台可占用部分飞边槽仓部。

镦粗台的尺寸一般根据镦粗后的坯料直径 d 来选择。镦粗台的高度 h 为：

$$h = 4V/(\pi d^2) \qquad (4 - 20)$$

式中　V——坯料体积。

镦粗台的宽度应较镦粗后的坯料直径 d 大出 20 ~ 40mm，即镦粗台距边缘之间的距离 $c = 10 \sim 20$mm，如图 4 – 34 所示。

4.1.8.7　压扁工步及压扁台

压扁工步适用于锻件平面图近似矩形的情况，对应的模具结构为压扁台（图 4 – 35）。其作用与镦粗台一样，都是减小坯料高度尺寸、增大水平尺寸。

压扁台一般安排在锻模的左边，为了节省锻模材料，也可占用部分飞边槽仓部。压扁台有关尺寸如下：

压扁台宽度为：

$$B = (1.2 \sim 1.5)d_0 \qquad (4 - 21)$$

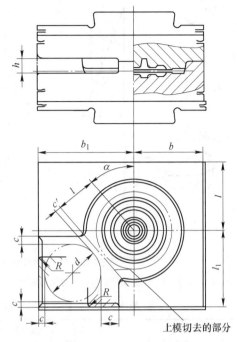

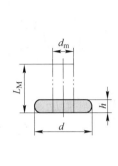

图 4 - 34 镦粗台

压扁台长度为：

$$L = L_0 + (20 \sim 40) \qquad (4-22)$$

式中　d_0，L_0——分别为坯料压扁后宽度和长度。

4.1.8.8 切断工步及其模膛

切断工步用来切断棒料上锻成的锻件，以便实现连续模锻或一棒多次模锻，一般用于小型模锻件。切断工步所用模膛为切断模膛，根据其在锻模的位置不同可分为前切刀（图 4 - 36a）和后切刀（图 4 - 36b）两种形式。前切刀位于锻模的右前角或左前角，采用前切刀操作方便，但切下的锻件易堆积在锤的立柱旁。后切刀位于锻模的左后角，被切下的锻件直接落到锻锤后边的传送带上，送到下一工位。为了操作方便和合理布排，切断模膛一般与燕尾中心线交叉成一个角度 α，通常取

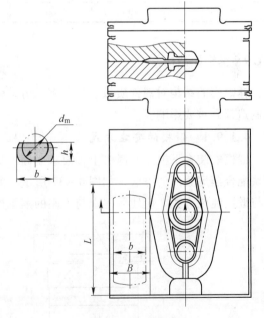

图 4 - 35 压扁台

15°、20°、25°、30°等，视锻模上其他模膛位置安排情况而定。

切断模膛的尺寸（深度和宽度）应以方便锻件切下为原则来确定。其值可按表 4 - 11 来选取。

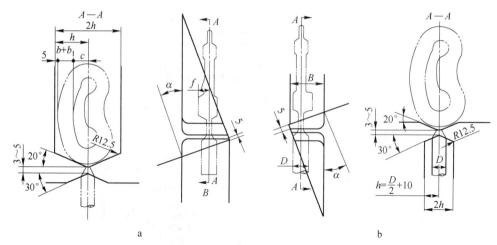

图 4 - 36　切断模膛

a—前切刀；b—后切刀

α—切刀斜度；h—切刀高度；b—飞边宽度；b_1—锻件外形距切刀中心的最大距离（高度方向）；D—坯料直径

表 4 - 11　切断模膛的深度和宽度　　　　　　　　（mm）

锻件尺寸（c 或 f）	深度 h	宽度 B	锻件尺寸（c 或 f）	深度 h	宽度 B
10	50	50	30 ~ 40	80	70
10 ~ 20	60	50	40 ~ 50	90	80
20 ~ 30	70	60			

4.1.9　锤锻模结构

锤锻模的结构对锻件质量、生产率、劳动强度、锻模和锻锤的使用寿命以及锻模的加工制造都有重要影响。

4.1.9.1　锻模的安装方式

锻模安装在下模座和锤头上，要求紧固可靠且安装调试方便。目前，普遍采用楔铁和键块配合燕尾紧固的方法，如图 4 - 37 所示。锻模安装有关尺寸如图 4 - 38 所示，燕尾尺寸与锻锤吨位有关。应使燕尾端与模座的燕尾槽相接触，否则，容易在燕尾根部圆角处产

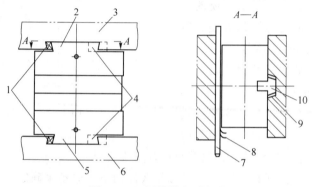

图 4 - 37　锤锻模紧固方法

1，7—楔铁；2，5—燕尾；3—锤头；4，10—定位键；6—砧座；8，9—垫片

生交变弯曲应力，导致疲劳破坏，如图 4 - 39 所示。为此，锻模两肩与模座或锤头应保持一定间隙，一般按锻锤吨位在 0.5 ~ 1.5mm 范围内，根部圆角半径至少应大于 5mm。

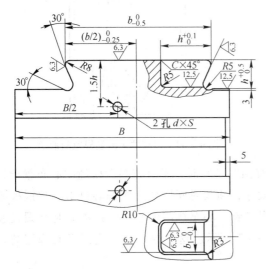

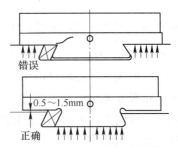

图 4 - 38 锻模安装有关尺寸　　　　图 4 - 39 锻模燕尾配合要求

4.1.9.2 模膛布置

模锻时，锻件的成型往往需要采用多个工步来实现。因此，需要布置各模膛在锻模分模面上的位置。根据模膛数及各模膛的作用以及方便操作，模膛布置分为以下三种情况：

（1）仅有终锻模膛的单模膛模锻时：单模膛模锻时，为防止产生锤击偏心力，应尽量使模膛中心（模膛承受锻件反作用力的合力中心）与锻模中心（燕尾中心线与键槽中心线的交点）重合，以便锤击力与锻件反作用力处于同一垂直线上，如图 4 - 40 所示。

（2）设有制坯模膛时：

1）只有一个制坯模膛。此时，锻模上有两个模膛：制坯模膛和终锻模膛。对于这种多模膛模锻来讲，偏心打击实际上是不可避免的，只能设法减轻其程度。为此应控制终锻模膛的中心线与燕尾中心线的偏移距离 e，使其小于模块宽度的 10%，即 $e < 10\%B$，如图 4 - 41 所示。

2）设有两个制坯模膛。这时，锻模上有三个模膛，即两个制坯模膛和终锻模膛。布置模膛时，应以终锻模膛为中心，左右对称布置两个制坯模膛，并尽可能使终锻模膛中心与锤击中心重合，如图 4 - 42 所示。

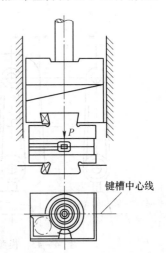

图 4 - 40 正中锤击

3）设有三个以上制坯模膛。根据制坯模膛的奇偶数，分别按有一个制坯模膛和两个制坯模膛的情况布置模膛。此外，对设有多个制坯模膛的情况，模膛布置应与加热炉、切边机位置相适应，并按工步顺序布置。操作时一般只允许改变一次方向，以减少坯料往返次数。

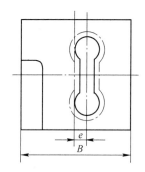

图 4 - 41　设有一个制坯模腔的锻模

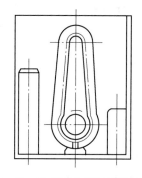

图 4 - 42　设有两个制坯模腔的锻模

（3）设有预锻模腔时：当锻模上设有预锻模腔时，不宜将终锻模腔中心布置于打击中心上，因为预锻模腔中心离打击中心若太远，预锻时同样会造成偏心打击。预锻模腔和终锻模腔通常布置在燕尾中心线两侧，终锻模腔中心至燕尾中心线的距离 a 是预锻模腔中心线至燕尾中心线间距离 b 的 1/2，如图 4 - 43 所示。这主要是根据生产经验确定的，终锻锤击力约为预锻的两倍。

4.1.9.3　模腔壁厚

由模腔至模块边缘的距离，或模腔之间的距离都称为模腔壁厚，如图 4 - 44 所示。模腔壁厚应保证足够的强度和刚度，同时又要尽可能减小模块尺寸。

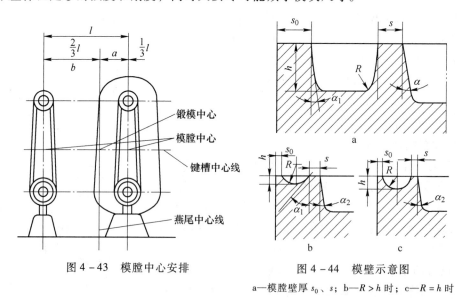

图 4 - 43　模腔中心安排

图 4 - 44　模壁示意图

a—模腔壁厚 s_0、s；b—$R > h$ 时；c—$R = h$ 时

制坯模腔受力小，其壁厚一般可减小到 5～10mm。终锻模腔和预锻模腔受力大，模腔壁厚与模腔深度、底部圆角半径、模锻斜度有关。其尺寸可按图 4 - 45 确定。

（1）s_1 线用于 $R < 0.5h$、$\alpha_1 < 20°$ 时模腔与模块边缘间的壁厚 s_0。当 $R = (0.5～1.0)h$ 或 $\alpha_1 \geqslant 20°$ 时，对应的壁厚 s_0 可适当减小。

（2）s_2 线用于下述两种情况：

1）$R \geqslant h$ 时，模腔与模块边缘间的壁厚 s_0（图 4 - 44 中 b、c 左侧模腔外壁）；

2）$R < 0.5h$、$\alpha < 20°$时，模腔间的壁厚 s。

当 $R \geq h$ 时，模腔间壁厚 $s = (0.8 \sim 0.9)s_2$；

多件模锻的模腔间壁厚 $s = 0.5s_2$；

模腔至钳口的壁厚 $s = 0.7s_2$。

4.1.9.4 错移力平衡

错移力是指模锻时引起上、下模错移的水平分力，其产生原因主要是锻件的分模面为斜面、曲面或锻模中心与模腔中心的偏移量较大。锻模错移不仅影响锻件尺寸精度和加工余量，而且加速锻锤导轨磨损和锤杆过早折断。所以要设法采用适当的锻模结构形式来平衡错移力。

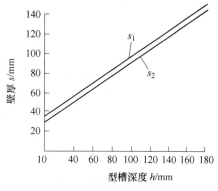

图 4-45　确定模腔壁厚曲线

（1）当锻件分模面落差 H 不大（$< 15\text{mm}$）时，可把锻件倾斜摆放，使模腔两端分模面处于同一高度，产生方向相反、大小相等的水平分力，达到自然消除锻模错移的目的，如图 4-46 所示。

（2）当锻件分模面落差 H 较大（$> 15\text{mm}$）时，可在锻模模块上设置锁扣，其作用是在锤击过程中使上、下模块互相锁住，从而克服或消除错移，如图 4-47 所示。锁扣高度 h 应与锻件分模面落差 H 相等，即 $h = H$；锁扣厚度 $b > 1.5H$；锁扣斜度 β 不能太小，否则，锤击时锁扣可能相互撞击而损坏，太大又失去平衡作用，β 值一般根据分模面落差 H 大小确定，即当 $H = 15 \sim 30\text{mm}$ 时，取 $\beta = 5°$；当 $H = 30 \sim 60\text{mm}$ 时，取 $\beta = 3°$。

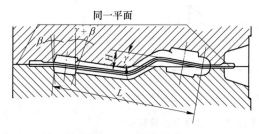

图 4-46　锻件斜置

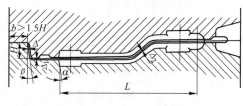

图 4-47　带锁扣的锻模

（3）当锻件分模面落差 $H > 50\text{mm}$ 时，为了减小锁扣高度和节省锻模材料，可把锻件斜放，并设置锁扣。锻件斜度不应大于模锻斜度，以免影响锻件出模。锁扣高度 h 可相应小些，如图 4-48 所示。

（4）对于小型锻件，可考虑成对锻造，模腔相对排列。此时，错移力可以自然抵消，如图 4-49 所示。

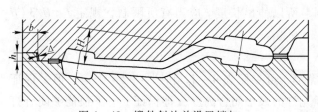

图 4-48　锻件斜放并设置锁扣

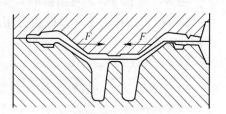

图 4-49　锻件模腔成对布置

4.1.9.5　模块的结构

A　承击面面积

承击面面积是指锻锤空击时，上、下模块实际接触的面积（图4-50中影线部分）。因此，承击面面积应为模块在分模平面上的面积减去各模腔、飞边槽、锁扣和钳口所占面积。承击面不能太小，否则容易压塌分模平面。承击面过大则会增加模具材料的消耗。根据生产经验，允许的最小承击面面积 $F_承$ 可按下式确定：

$$F_承 = (300 \sim 400)G \tag{4-23}$$

式中　G——锻锤吨位。

随着锻锤吨位的增大，承击面面积并非线性增加，系数相应减小。

B　锻模中心与模块中心

锻模中心是燕尾中心线与键槽中心线的交点（即打击中心），而模块中心是对角线的交点。由于模腔及其布置的非对称性，锻模中心与模块中心一般不会重合，存在偏移量，但这个偏移量不能太大，否则，模块本体重量将使锤杆承受大的弯曲应力，不但对锻件精度不利，而且锻锤也受损害。偏移量应限制在横向偏移量 $a \leqslant 0.1A$ 和纵向偏移量 $b \leqslant 0.1B$ 的范围内，见图4-51。

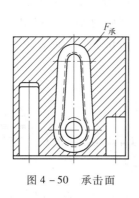

图4-50　承击面　　　　　　　　图4-51　锻模中心偏移范围

C　锻模宽度

为保证锻模不与锻锤的导轨相碰，锻模最大宽度应保证模块边缘与导轨之间的间隙大于20mm，如图4-52所示。锻模的最小宽度也有要求，至少超出燕尾边缘10mm，或者燕尾中心线到锻模边缘的最小尺寸为 $B_1 \geqslant B/2 + 20\text{mm}$。

D　锻模长度

当锻件较长时，相应锻模的长度增加而伸到模座和锤头之外，两端呈悬空状态，如图4-53所示。这种状况对锻模受力不利，所以伸出长度 f 应当有所限制，规定 $f < H/3$（H 为模块高度）。

E　锻模高度

锻模高度根据终锻模腔最大深度确定，可参照表4-12和图4-54确定，但要保证上、下模块的最小闭合高度不小于锻锤允许的最小闭合高度（即保证上、下模能够闭合打靠）。考虑到锻模翻修的需要，锻模闭合高度是锻锤最小闭合高度的1.35~1.45倍。

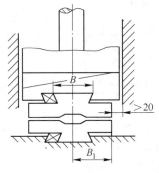

图 4 – 52 锻模宽度

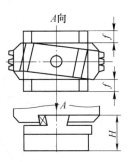

图 4 – 53 锻模长度

表 4 – 12 模块高度与上模块最大质量

锻锤吨位/t	1	2	3	5	10	16
模块最小高度/mm	170	220	260	290	330	360
模块最大高度/mm	240	290	330	370	420	460
上模块最大质量/kg	350	700	1050	1750	3500	5250

F 模块质量

为保证锤头的运动性能，上模块质量应有所限制，最大质量不得超过锻锤吨位的 35%。具体数值可参见表 4 – 12。

G 检验角和检验面

为了给制造锻模时的划线作基准并作为上、下模对齐的基准，锻模上设有检验角。检验角是锻模上两个加工侧面所构成的 90°角。构成检验角的表面即为检验面，见图 4 – 55。检验角可以设在模块左边或右边，检验面要求刨平，刨进深度 5mm。

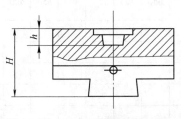

图 4 – 54 模块高度

图 4 – 55 检验面与检验角

H 纤维方向

锻模寿命与其纤维方向密切相关。任何锻模的纤维方向都不允许与打击方向平行。否则，在分模面上不仅流线末端外露，加剧应力腐蚀，大大降低模具寿命，而且在打击力作用下，分模面上模膛两侧的金属将有沿纤维方向劈开或撕裂的危险，轻者也将造成分模面塌陷或使模壁金属剥落。

锻模纤维方向正确安排方式应该是：对于长轴类锻件，当磨损为影响锻模寿命的主要原因时，锻模纤维方向应与锻件轴线方向一致，如图 4 – 56a 所示，这样被切断的金属纤维少；当开裂是影响锻模寿命的主要原因时，不论是圆饼类锻件，还是长轴类锻件，锻模纤维方向均应与键槽中心线方向一致，如图 4-56b、c 所示。

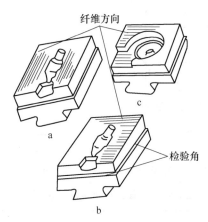

图 4-56　锻模上的检验角及纤维方向

I　模块规格

模块尺寸标准化，可减少模块品种，缩短模块准备周期。因此，设计锻模时应尽可能按标准模块来确定锻模的轮廓尺寸。表 4-13 为 GB/T 11880 模块标准规定的模块尺寸 H 和 B。模块长度尺寸在订货时自行规定。

表 4-13　标准规定的模块尺寸

高度 H/mm ＼ 宽度 B/m	250	300	350	400	450	500	550	600	650	700	750	800	850	900	950	1000
250																
275																
300																
325																
350																
375																
400																
425																
450																
475																

注：1. 粗框线内为钢厂可供应的规格，应优先选用。

2. 表中所列尺寸为模块的高度尺寸 H 与模块宽度尺寸 B。模块长度尺寸由各用户向钢厂订货时提出要求。

3. 模块高度与宽度尺寸的公差规定如下：小于 600mm 时为 $^{+4\%}_{-1\%}$；大于 600mm 时为 $^{+3\%}_{-1\%}$。

4. 模块高度方向的加工余量为 20mm（即 $H+20$mm 作为钢厂供应的模块高度尺寸）。

4.2　热模锻压力机上模锻

热模锻压力机是与现代工业发展相适应的发展较快的模锻通用设备。目前，对于中、小型模锻件，越来越多地应用热模锻压力机进行生产。

4.2.1　热模锻压力机上模锻的工艺特点

在热模锻压力机上模锻时，金属变形是在一次行程内完成的。由于压力机滑块的运动速度低，惯性力小，金属在高度方向的流动充填能力较差，而在水平方向的流动较为强烈，容易产生较大的飞边，因此，该模锻方法尤其适用于以镦粗方式冲填成型的锻件。对一些主要靠压入方式成型的锻件，需要采用预锻工步。另外，模锻时金属在模膛内流动较缓慢，这对变形速度敏感的低塑性合金的成型十分有利。某些不适宜在锤上模锻的耐热合金、镁合金等可在热模锻压力机上进行锻造。

热模锻压力机由于采用整体床身或预应力框架式的床身而具有较大的刚性，所以模锻时，锻模闭合高度稳定，锻件高度方向尺寸精确。另外，由于采用宽偏心轴曲柄或斜楔机构，而使滑块导向可靠且精度高，同时，锻模又可以采用导柱、导套，保证了上、下模对准，所以锻件水平方向尺寸也精确；此外，由于压力机带有顶料机构，能从模膛中自动顶出锻件，故锻件可以采用较小的模锻斜度。在个别情况下，甚至可以锻出不带模锻斜度的锻件，因此也常用来进行精锻。

在热模锻压力机上进行拔长或滚挤操作困难，解决这一问题最合适的办法是将拔长和滚挤作为单独工序在其他设备上进行。

4.2.2　热模锻压力机上模锻件的分类

根据模锻件形状及其模锻工艺特点，归纳起来可分为如下三类（表4－14）。

表4－14　热模锻压力机上模锻件分类

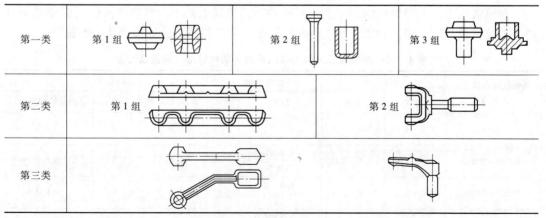

第一类：平面图上为圆形、方形或近似这种形状的锻件。根据其成型特点，这类锻件又分为3组：

第1组：以镦粗方式为主，压入方式为辅助成型的锻件，例如齿轮坯；

第2组：以挤压方式为主，镦粗方式为辅助成型的锻件，例如气门，其杆部以挤压方式成型，头部以镦粗方式成型；

第3组：以挤压、压入和镦粗方式或其中两者均占相当比例成型的锻件。

第二类：平面图上主轴线较长的锻件（即长轴类锻件），其分模线是直线或折线。根据沿主轴线的截面面积的差别程度，这类锻件又分为2组：

第1组：沿主轴线的截面面积差别不大的锻件；

第2组：沿主轴线的截面面积差别较大的锻件，需要采用较完备的制坯工步。

第三类：平面图上的主轴线较长，且呈曲线或折线状的锻件（即弯曲类锻件），其分模线是直线或折线。

4.2.3   热模锻压力机上的模锻件图

热模锻压力机上的模锻件图的设计过程和设计原则与锤上的相同。但考虑到压力机的结构及模锻工艺特点，在参数的选择及某些具体问题上有其不同之处。

4.2.3.1   分模位置

热模锻压力机和锤上模锻件的分模位置，在多数情况下是相同的，而且仅有一个分模面位置。但是，热模锻压力机上有顶料机构，能从模膛中自动顶出锻件。因此，对某些形状的锻件，热模锻压力机与锤上分模面的位置则有很大的不同。例如对于图4-57所示的带有

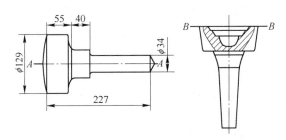

图4-57   杆形件的两种分模方法

粗大头部的杆形锻件，在锤上模锻时分模面为 $A—A$，即坯料平放在模膛中，此时内孔无法锻出，飞边体积较多，金属耗费大。若在热模锻压力机上模锻，则可选取 $B—B$ 分模面，将坯料立放在模膛中，局部镦粗并冲出内孔，模锻后可用顶料杆将锻件顶出。

4.2.3.2   加工余量和锻件公差

热模锻压力机上模锻件的加工余量与锻件公差比锤上的小。可参照国标《钢质模锻件的公差及机械加工余量》（GB 12361）确定，或参考经验图表，如按表4-15选取。

表4-15   热模锻压力机上模锻件的单边机械加工余量及公差

热模锻压力机公称压力/kN	余量/mm		公差/mm		技术条件		
	高度	水平	高度	水平	错移/mm	残余毛刺/mm	表面缺陷深度/mm
≤10000	1.0~1.5	1.0~1.5	+0.8~1.0 -0.5	锻件自由公差	≤0.8	≤0.6	≤0.8
16000~20000	1.5~2.0	1.5~2.0	+1.0~1.5 -0.5		≤1.0	≤0.8	≤1.0
25000~31500	2.0~2.5	2.0~2.5	+1.5~1.8 -0.5		≤1.0	≤1.0	≤1.0
40000~63000	2.0~2.5	2.0~3.0	+1.5~2.0 -0.8		≤1.2	≤1.0	≤1.2
80000~120000	2.0~3.0	2.0~3.0	+2.0 -1.0		≤1.5	≤1.5	≤1.5

4.2.3.3 模锻斜度

由于热模锻压力机上模锻时，采用顶料机构将锻件顶出，因此锻件可以选取较小的模锻斜度。一般比锤上模锻减小 2°~3°，或参考经验图表，如按表 4 – 16 选取。

表 4 – 16　热模锻压力机上模锻件的模锻斜度　　　　　　　　　（mm）

l/b ＼ h/b	≤1	1~3	3~4.5	4.5~6.5	6.5~8	>8
≤1.5	2	3	5	6	7	10
>1.5	2	2	3	5	6	7

4.2.4　热模锻压力机上的变形工步及工步图

4.2.4.1　变形工步种类

热模锻压力机上的模锻变形工步分为模锻和制坯两类。模锻工步有预锻和终锻；制坯工步主要有镦粗、成型、卡压、弯曲等。挤压既可作为制坯工步，也可作为模锻工步。

4.2.4.2　变形工步的选择

A　第一类模锻件变形工步的选择

第 1 组锻件：这类锻件常用的变形工步为镦粗、挤压、预锻、终锻。当锻件形状简单、各部分的高度差别不大、轮廓线光滑过渡时，可直接将坯料终锻或镦粗后终锻（图 4 – 58a、b）。当锻件形状比较复杂时，如对轮缘和轮辐高度相差较大的齿轮坯锻件或有较高轮毂的锻件，其变形工步为镦粗、终锻或镦粗、预锻、终锻（图 4 – 58c、d）。

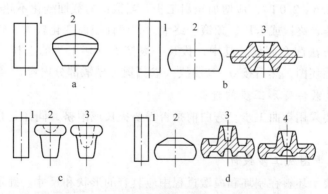

图 4 – 58　第一类第 1 组锻件的变形工步

a：1—坯料，2—终锻；b：1—坯料，2—镦粗，3—终锻；c：1—坯料，2—成型镦粗，3—终锻；
d：1—坯料，2—镦粗，3—预锻，4—终锻

第 2 组锻件：主要采用挤压方法模锻。例如气阀锻件用正挤压得到阀杆，杯形锻件则用反挤压得到直立的周壁。根据锻件形状特点及复杂程度，其变形工步为挤压、终锻或镦粗、挤压（一次或两次）、终锻（图 4 – 59）。

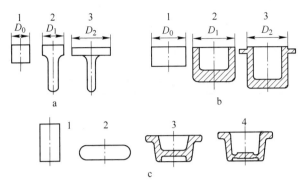

图 4 - 59　第一类第 2 组锻件的变形工步

a：1—坯料，2—正挤压，3—终锻；b：1—坯料，2—反挤压，3—终锻；

c：1—坯料，2—镦粗，3—挤压，4—终锻

第 3 组锻件：主要将坯料预先反挤压后翻转 180°，再用镦粗或压入方法模锻。根据锻件形状的复杂程度，其变形工步为挤压、终锻或挤压、预锻、终锻（图 4 - 60）。

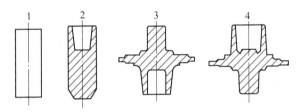

图 4 - 60　第一类第 3 组锻件的变形工步

1—坯料；2—挤压；3—预锻；4—终锻

B　第二类模锻件变形工步的选择

对于沿主轴线截面变化不大的锻件，一般不需制坯，可直接模锻，但当锻件宽度与坯料直径之比大于 1.6 ~ 2.0 时，应增加压扁工步。当锻件的截面变化不超过 10% ~ 15% 时，其变形工步为卡压、终锻或卡压、预锻、终锻。若锻件截面变化较大，需用拔长或滚挤制坯时，宜用辊锻方法配合制坯。其中，拔长、滚挤等制坯工步的选择，与锤上模锻件一样，是根据计算毛坯图，然后按 $\alpha - \beta$ 曲线（参阅锤上模锻部分内容）确定。

C　第三类模锻件变形工步的选择

这类锻件需要采用弯曲工步。弯曲前是否需要拔长或滚挤，同样是根据计算毛坯图和 $\alpha - \beta$ 曲线来确定。

4.2.4.3　工步图及工步设计

工步图用来表示坯料在制坯和模锻过程中应具有的形状和尺寸。确定这些工步图的过程称为工步设计。工步图是热模锻压力机上模锻模膛的设计依据。

A　终锻工步设计

终锻工步设计主要是设计热锻件图和确定飞边槽形式及尺寸，其设计原则与锤上模锻基本相同。不同的是，热模锻压力机上模锻由于采用了较完备的制坯工步，金属在终锻模膛内的变形主要以镦粗方式进行，飞边的阻力作用不像锤上模锻时那么重要，而更多地是起着容纳多余金属的作用。因此，飞边槽的桥部及仓部高度比锤上的相应大一些，其结构

形式及尺寸见表4-17。其中形式 I 应用较普遍，形式 II 用于锻件形状比较简单的情况。

表4-17 飞边槽结构及尺寸

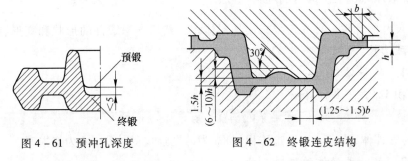

公称压力/MN	10	16	20	25	31.5	40	63	80	120
h/mm	3	3	4	5	6	6	7	7	9
b/mm	10	10	10	12	15	15	20	20	24
B/mm	10	10	10	10	10	10	10	12	18
L/mm	40	40	40	50	50	50	60	60	60
r_1/mm	1.5	1.5	2.0	2.0	3.0	3.0	3.5	3.5	4.0
r_2/mm	2	2	2	2	3	3	4	4	4

B 预锻工步设计

预锻工步图根据终锻工步图设计，其设计原则是使预锻后的坯料在终锻模膛里尽可能以镦粗方式成型。具体考虑以下几点：

（1）预锻工步图的高度比终锻工步图相应大 2~5mm，而宽度适当减小，并使预锻件的横截面面积稍大于终锻件相应的横截面面积。

（2）若终锻件的横截面呈圆形，则相应的预锻件横截面应为椭圆形，横截面的椭圆度为终锻件相应截面直径的 4%~5%。

（3）合理分配预锻件各部分的体积，使终锻时多余金属能合理流动，避免产生金属回流、折叠等缺陷。例如需冲孔的锻件，孔径不大时，预锻件与终锻件的内孔深度之差应小于 5mm（图4-61），以免终锻时内孔有较多的金属径向流动形成折叠。齿轮的轮毂部分，预锻工步的坯料体积可比终锻工步大 1%~6%。当孔径较大时，还必须将终锻模膛的连皮设计成如图4-62所示的结构，以容纳连皮处多余的金属。

图4-61 预冲孔深度   图4-62 终锻连皮结构

（4）预锻件在终锻模膛中应该能够方便而准确地定位。为此，预锻件上与定位有关部位的形状和尺寸应与终锻件基本吻合。

（5）形状简单的锻件，预锻模膛可以不设飞边槽。若设置飞边槽，桥部高度应比终锻模膛相应大 30%~60%，而桥部宽度和仓部高度可适当减小。

（6）对于金属终锻是以压入方式充填成型的情况，预锻件的形状与终锻件可以存在差别，使预锻后坯料的侧面在终锻模膛中刚开始变形就与模壁接触，以限制金属径向剧烈流动，而迫使流向模膛深处，如图4-63所示预锻件与终锻件的88.9mm处。

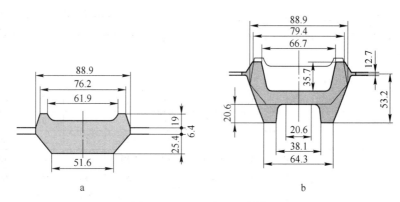

图4-63　压入成型（终锻）

a—预锻；b—终锻

C　镦粗工步设计

第一类锻件常采用镦粗工步。镦粗工步按其作用可分为两种：一是上、下平板间自由镦粗（图4-64a），其目的是减小坯料高度、增大直径，以利于定位，同时去除坯料的氧化铁皮；二是上、下型砧内成型镦粗（图4-64b）。形状复杂的第一类第1组锻件，预锻前需将坯料成型镦粗，使之接近预锻件形状。坯料在镦粗模膛内的流动受到模壁的限制，不能自由地向水平方向流动。

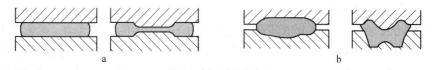

图4-64　镦粗工步

a—自由镦粗；b—成型镦粗

4.2.5　热模锻压力机上模锻时的坯料尺寸

对坯料尺寸的计算，首先需要求出坯料体积，然后根据锻件的形状和变形特点，确定坯料的直径或边长。

4.2.5.1　坯料体积

坯料体积 $V_坯$ 按下式计算：

$$V_坯 = (V_锻 + V_飞 + V_冲)(1 + \delta) \qquad (4-24)$$

式中，$V_锻$ 为锻件体积；$V_飞$ 为飞边体积；$V_冲$ 为冲孔连皮的体积；δ 为烧损率。

4.2.5.2　第一类锻件的坯料尺寸

对于第1组锻件，其成型方式主要为镦粗，坯料的长度 $L_坯$ 和直径 $D_坯$ 之比应该在1.8~2.2范围内。据此条件，坯料直径为：

$$D_坯 = (0.8 \sim 0.9)\sqrt[3]{V_坯} \qquad (4-25)$$

对于第 2 组锻件，其成型方式主要为挤压，求出坯料体积后（不考虑飞边体积），可按 $L_坯/D_坯 = 1.5 \sim 2.0$ 关系，确定坯料直径 $D_坯$。

对于正挤压成型的锻件（图 4-59a），实际采用的坯料直径 $D_坯$ 应符合下列尺寸关系：

$$D_坯 = (0.8 \sim 0.9)D_1 \tag{4-26}$$

其中，D_1 不小于 $0.7D_2$。

若计算出来的坯料直径 $D_坯$ 较小，不能满足上述关系时，应在挤压前将坯料在封闭的凹模内镦粗至所需尺寸。

对于第 3 组锻件，坯料体积需要考虑飞边体积来确定。挤压常常是该组锻件的第一道变形工步，所以确定坯料直径 $D_坯$ 的原则与第一类第 2 组锻件相同。

4.2.5.3　第二、三类锻件的坯料尺寸

对于这类锻件，其坯料直径 $D_坯$（或边长 $a_坯$）是根据计算毛坯确定的。首先根据计算毛坯的最大截面面积 F_{max} 确定坯料的计算直径 $D'_坯$（或边长 $a'_坯$），即：

$$D'_坯 = 1.13\sqrt{F_{max}} \tag{4-27}$$

$$a'_坯 = \sqrt{F_{max}} \tag{4-28}$$

根据计算的 $D'_坯$（或边长 $a'_坯$）值，按国家标准（GB/T 702）选取标准的圆钢直径 $D_坯$ 或标准的方钢边长 $a_坯$，然后根据坯料体积 $V_坯$，计算坯料的长度 $L_坯$：

圆钢

$$L_坯 = V_坯 \bigg/ \left(\frac{\pi}{4}D_坯^2\right) \tag{4-29}$$

方钢

$$L_坯 = V_坯 / A_坯^2 \tag{4-30}$$

由上述方法确定的坯料尺寸还需经实际调试后，才能最终确定合理尺寸。

4.2.6　热模锻压力机吨位的选择

热模锻压力机的吨位用公称压力表示。当锻件的最大变形力超过公称压力时，常会发生闷车，引起设备事故。所以，设备的公称压力应稍大于锻件的最大变形力。模锻所需变形力 P 可按下列经验公式进行计算：

$$P = (64 \sim 73)kF \tag{4-31}$$

式中　k——钢种系数，一般取 $0.9 \sim 1.25$；

　　　F——锻件在平面图上包括飞边桥部在内的投影面积。

式中系数 $64 \sim 73$，对于锻件形状简单、过渡圆角较大、外圆角较大、壁厚较厚、肋低而厚的可取小值，如第一类中的轴对称锻件；对于形状复杂、壁厚窄而深、外圆角小的锻件应取大值。

4.2.7　热模锻压力机上锻模的结构形式

热模锻压力机由于靠静压力使金属变形，工作速度低、工作平稳，而且模锻时上、下模闭合后留有间隙，不发生接触，所以多数是采用在通用模座架内安装模块的结构形式。

4.2.7.1　模架

模架主要由上模座、下模座、导柱、导套、垫板、压板、调节件、顶出机构等零件组成。模架的上、下模座分别用螺栓紧固在压力机滑块和工作台面上。按照模块在模架中紧

固方法的不同，模架主要有压板紧固和键紧固两种形式。

（1）压板紧固式模架：压板紧固式模架采用斜面压板来压紧模块，具有紧固刚性大、结构简单、允许模块多次翻新使用的特点。但是受模座限制，模块的长度和宽度尺寸不允许过大，压紧斜面的加工要求较高，模块拆装调整不方便。因此，该类型适用于大批量锻件的生产。

图4-65所示为矩形模块用斜面压板紧固的模架结构。上、下模块放置在经过淬火处理的垫板上（如图中模块1与下模座5之间的垫板2），其作用是防止模座支撑面压凹。后挡板6设计成7°斜面，用螺钉紧固在上、下模座上；前斜面压板4设计成10°斜面；后挡板6与前斜面压板4位于模块1的前后端面，当拧紧螺钉3时，模块1即被前后紧固。侧墙板7和螺钉8用于模块1的侧向紧固和调整。

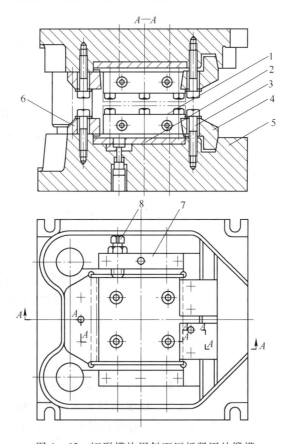

图4-65 矩形模块用斜面压板紧固的锻模

1—模块；2—垫板；3，8—螺钉；4—前斜面压板；5—下模座；6—后挡板；7—侧墙板

（2）键紧固式模架：键紧固式模架是利用键结构紧固模块，即在模块的底部开有十字形布置的键槽，用键定位，再用压板压紧。图4-66所示为键紧固式模架结构。底层垫板用螺钉紧固在上、下模座上（如图中的底层垫板4固定在下模座上），上、下模块直接用压板压紧在底层垫板上（如图中模块1直接用压板2压紧在底层垫板4上）。模块、各层垫板、模座之间都用十字形布置的定位键6进行前后左右的定位和调整，模块的上下方向用压板压紧。

键紧固式模架的主要优点是模块安装、更换、调整比较方便，并具有通用性，可以适应各种不同尺寸的锻件及不同形状（圆形或矩形）的模块；但是对垫板、键和键槽等的加工精度要求较高，模块紧固的刚性较差。

除上述两种模架结构形式外，还可按工艺要求，设计其他形式的模架。

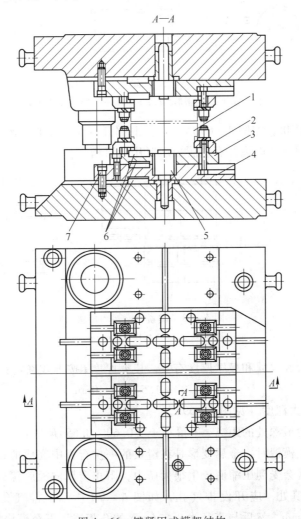

图 4 - 66　键紧固式模架结构

1—模块；2—压板；3—中间垫板；4—底层垫板；5—顶料杆；6—定位键；7—螺钉

4.2.7.2　模块

热模锻压力机用模块主要有圆形和矩形两种。圆形模块加工方便，节省模具材料，但水平方向的错移不能调整，适用于回转体锻件。矩形模块可以用于任何形状的锻件，但主要适用于长轴类锻件。

（1）用压板紧固的模块，如图 4 - 67a、b 所示。通常，圆形模块的圆柱面制出凸肩，每边宽 5 ~ 10mm，供压板压紧用，底部或侧面开有防止模块转动的键槽。矩形模块前后端制成 7° ~ 10°的斜面，以便与斜面压板相配合。镦粗工步也常采用带有模柄的圆形模块，并用螺钉紧固于模座上，如图 4 - 67c 所示。

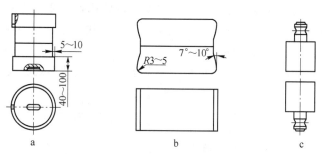

图 4 - 67   压板紧固式模架用模块

a—矩形模块；b—圆形模块；c—制坯（镦粗工步）模块

（2）键紧固的模块，如图 4 - 68 所示。其底部开有十字形的键槽或者空位孔。矩形模块的前后端和圆形模块的周边开有供压板压紧用的直槽。

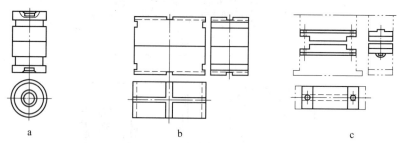

图 4 - 68   键紧固模架用模块

a—圆形模块；b—矩形模块；c—制坯模块

模块的尺寸与模腔尺寸和模壁厚度有关。模壁厚度 t 按下式确定：

$$t = (1.0 \sim 1.5)h \geqslant 40\text{mm} \tag{4 - 32}$$

式中　h——模腔最大深度（见图 4 - 69）。

模块底面距模腔最深处的距离 s 不得小于 $(0.60 \sim 0.65)h$。

热模锻压力机上模锻时，金属变形是在滑块的一次行程中完成的，聚积在模腔内的空气如果无法逸出，就会受到压缩而产生很大压力，阻止金属向模腔深处充填。因此，在模腔深腔金属最后充填处，应开设排气孔，如图 4 - 70 所示。排气孔的孔径 d 为 1.2 ～ 2.0mm，孔深 5 ～ 15mm，然后与直径为 8 ～ 16mm 的孔相连，直至模块底部。

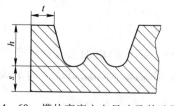

图 4 - 69   模块高度方向尺寸及其壁厚

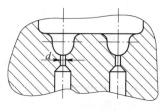

图 4 - 70   排气孔

4.2.7.3　顶出器

模块里设有顶出器，它在模架中的顶出装置推动下将锻件顶出。一般情况下，顶出器的位置按照锻件的形状和尺寸确定，如图 4 - 71 所示。顶出器可以顶在飞边上（图 4 -

71a)，也可以顶在冲孔连皮上（当锻件具有较大的冲孔连皮时，见图4-71b)，还可以顶在锻件本体上（此时则尽可能顶在加工面上，见图4-71c)。

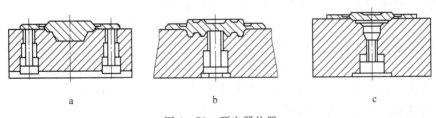

图4-71 顶出器位置

a—顶在飞边上；b—顶在连皮上；c—顶在锻件本体上

4.2.7.4 导向装置

锻模的导向装置由导柱、导套组成，如图4-72所示。一般采用双导柱，设置在模座后面或侧面。导柱、导套分别与上、下模座之间采用紧配合，导柱和导套之间则保证0.25~0.50mm的间隙。导柱长度应保证：滑块在上止点位置时导柱不能脱离导套，在下止点位置时不会穿出上模座。

4.2.7.5 闭合高度

锻模的轮廓形状和尺寸，根据热模锻压力机的工作空间尺寸及模块尺寸设计。滑块在最上位置时，上、下模块之间的开口高度应大于坯料放入模腔以及从模腔中顺利取出锻件所需的操作空间高度。

模具闭合高度 H 应满足下式要求：

$$H = H_{min} + 0.5a \qquad (4-33)$$

式中　　H_{min}——热模锻压力机最小闭合高度；

　　　　a——工作台最大调节量。

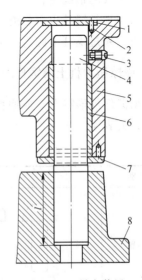

图4-72 导向装置

1—盖板；2—螺钉；3—螺塞；4—导柱；
5—上模座；6—导套；7—端盖；8—下模座

4.3 摩擦压力机上模锻

摩擦压力机是主要的锻压设备之一，兼有锤类设备和曲柄压力机类设备的优点，能满足各种主要模锻工序的力学性能要求，通用性强，生产的模锻件品种多。

4.3.1 摩擦压力机上模锻的工艺特点

摩擦压力机上模锻的工艺特点是：

（1）摩擦压力机具有锤类设备和曲柄压力机类设备的双重特性，使金属坯料在一个模腔内可以进行多次打击变形，从而可进行大变形工序，如镦粗或挤压；同时也可为小变形工序，如终锻、精压等提供较大的变形力。因此，它能实现各种主要模锻工序，应用较为广泛。

（2）由于行程不固定，所以锻件精度不受设备弹性变形的影响，适宜用于精密锻造

（如精锻齿轮、叶片等）和闭式模锻。

（3）摩擦压力机设有顶出装置，它不仅可以模锻带有长杆的进排气阀、长螺钉件，而且可以实现小模锻斜度（甚至无模锻斜度）锻件的生产。

（4）由于每分钟打击次数少，打击速度较模锻锤低，因而金属变形过程中的再结晶过程能够进行得充分一些，适宜模锻再结晶速度较低的低塑性合金钢和有色金属材料。

（5）由于打击速度低，冲击作用小，虽可采用整体模，但多半采用组合式的镶块模。这样，便于模具标准化，从而缩短了制模周期，节省了模具钢，降低了成本。

（6）压力机做螺旋运动的螺杆和做往复直线运动的滑块间为非刚性连接，所以承受偏心载荷的能力较差，在一般情况下，只进行单模腔锻造，用锻锤、辊锻机等设备制坯。在偏心载荷不大的情况下，也可以布置两个模腔，如在终锻模腔一边布置弯曲或镦粗、压扁模腔；对于细长锻件也可将终锻和预锻模腔布置在一个模块上，这时，两模腔中心线之间的距离不应超过螺杆节圆直径的一半。打击力不易调节，生产率较低。

4.3.2　摩擦压力机上模锻件的分类

根据锻件外形特点、成型特点和所用模具形式的不同，摩擦压力机上模锻的锻件可分为四类，见表 4 - 18。

表 4 - 18　模锻件分类

类　别	锻　件　简　图
第一类	顶镦类锻件　　　　杯盘齿轮类锻件
第二类	长轴类锻件
第三类	用组合凹模锻出的在两个方向有凹坑的锻件
第四类	精密锻件

第一类锻件：主要为带粗大头部的长杆型顶镦类锻件（如螺栓、铆钉等）和杯形、罩盖状等杯盘齿轮类锻件。对于顶镦类锻件，其头部采用局部镦粗成型，杆部不变形，多用开式模具结构，进行小飞边模锻。对于杯盘齿轮类锻件，主要采用整体镦粗、挤压成型，多采用闭式模具结构，进行的是无飞边模锻。

第二类锻件：形状较为复杂的锻件（但不宜有薄肋或其他不易充满的形状），相当于锤上模锻的长轴类锻件，又可分为直线主轴、弯轴、叉杆、带枝芽类锻件及十字轴类锻件。其成型时一般只用终锻模膛，或除终锻模锻外，还要采用卡压或成型模膛。多采用开式模具结构，进行有飞边模锻。

第三类锻件：该类锻件有两个方向的凹腔，为了保证锻件能从模膛中取出，需要两个或两个以上的分模面。此时利用摩擦压力机模锻生产该类锻件比其他模锻设备方便，采用组合凹模，可得到在两个方向有凹坑、凹挡的锻件，如法兰、三通阀体等。

第四类锻件：是在摩擦压力机上实现的少无切削加工工艺，例如带齿的锥齿轮精锻、带齿形花键及凹槽的齿环精锻和扭曲叶片的精锻等。

4.3.3 摩擦压力机上的模锻件图

模锻件图的设计过程和设计原则与锤上模锻相同，但考虑到摩擦压力机的结构及模锻工艺特点，在参数的选择及某些具体问题上与锤上模锻件有所不同，具体体现在以下几个方面。

4.3.3.1 分模位置的选择

由于摩擦压力机带有顶出装置，可顶出锻件或凹模，所以分模位置可以有一个或多个。对于无飞边的模锻件（如第一类和第三类锻件），上、下模的分模位置基本固定，一般设在金属最后充满处，且凹模多为组合式结构。对于有飞边的锻件（如第二类锻件），分模位置的选择与锤上模锻相同。表4－19为同一锻件在采用有飞边模锻和无飞边模锻两种工艺时的分模位置。由于摩擦压力机上开式模锻多为无钳口模锻，当不采用顶杆装置时，应特别注意减小模膛深度方向的尺寸，以利于锻件出模。

表4－19 分模位置选择

模锻工艺	模 锻 件					备 注
有飞边						一般选择在对称轴线上
无飞边						一般选择在最大截面处

4.3.3.2 锻件机械加工余量和公差

由于摩擦压力机上模锻多为无钳口的单模膛模锻，坯料放入模膛前其表面氧化铁皮去除不净，模锻过程中也不易从模膛中吹去氧化铁皮，所以锻件表面粗糙度值较锤上模锻高；复杂件要两火以上才能锻成，氧化铁皮厚，脱碳层深。因此，在一般情况下，模锻件的机械加工余量和公差比锤上模锻要大一些，见表4－20。

表 4 - 20   锻件单边余量和公差值

设备吨位/kN	<630	1000	1600	2500	4000	6300	8000	>10000
余量/mm	0.8 ~ 1.0	1.2	1.5	1.8	2.0	2.2	2.5	2.8
公差/mm	< +0.4	+0.6	+0.8	+1.0	+1.2	+1.5	+2.0	+2.5
锻件自由公差（水平方向）								
锻件水平方向尺寸/mm	3 ~ 6	6 ~ 18	18 ~ 50	50 ~ 120	120 ~ 260	260 ~ 500	500 ~ 1000	
公差/mm	±0.5	±0.7	±1.0	±1.4	±2.0	±2.5	±3.0	

4.3.3.3　模锻斜度

模锻斜度的大小，主要取决于有无顶出装置，同时也受锻件尺寸比（h/d、h/b 等）和材料的影响。一般来说，有顶出装置时模锻斜度约为无顶出装置时的 1/2 或更小。锻件尺寸 h/d（或 h/b）较大时，其斜度也相应加大；有色金属锻件较钢质锻件的模锻斜度小，见表 4 - 21。

表 4 - 21   模锻斜度

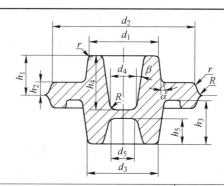

高度与直径（宽度）之比	外模锻斜度 α				内模锻斜度 β			
	钢		有色金属		钢		有色金属	
	有顶杆	无顶杆	有顶杆	无顶杆	有顶杆	无顶杆	有顶杆	无顶杆
<1	1°00′	3°00′	0°30′	1°30′	1°30′	5°00′	1°00′	1°30′
1 ~ 2	1°30′	5°00′	1°00′	3°00′	3°00′	7°00′	1°30′	3°00′
2 ~ 4	3°00′	7°00′	1°30′	5°00′	5°00′	10°00′	2°00′	5°00′
>4	5°00′	10°00′	3°00′	7°00′	7°00′	12°00′	3°00′	7°00′

注：高度与直径（宽度）之比，即图中 h_1/d_1、h_2/d_2、h_3/d_3、h_4/d_4、h_5/d_5 等。

4.3.3.4　圆角半径

圆角半径主要取决于锻件材质和锻件高度尺寸，有色金属锻件较钢质锻件的圆角半径小，见表 4 - 22。

4.3.3.5　冲孔连皮

摩擦压力机上模锻带有透孔的模锻件时，其冲孔连皮形式的选择与锤上模锻相同。对于有不透孔的模锻件，孔的尺寸可以按照表 4 - 23 确定。

表 4 – 22　圆角半径　　　　　　　　　　　　（mm）

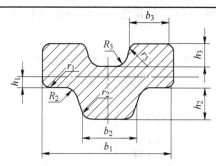

高度 h	内圆角半径 R		外圆角半径 r	
	钢	有色金属	钢	有色金属
< 10	1.0 ~ 1.5	1.0	1.0 ~ 1.5	1.5
10 ~ 15	2.0	1.5	1.5	1.5
15 ~ 20	2.5	1.5 ~ 2.0	2.0	1.5
20 ~ 35	2.5 ~ 3.0	2.5	2.0 ~ 2.5	2.0
30 ~ 40	3.0 ~ 5.0	2.5	2.5 ~ 3.5	2.0
> 40	> 5.0	> 3.0	> 3.5	> 2.0

表 4 – 23　模锻件上不透孔的尺寸　　　　　　　（mm）

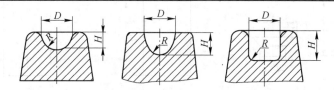

D		H	R
钢	有色金属		
< 20	< 10	D	D
20 ~ 50	10 ~ 40	D	D
> 50	> 40	< D	< D

4.3.4　摩擦压力机上的模锻工艺

在摩擦压力机上模锻时，常用的模锻变形工步有制坯工步（如镦粗、聚料、弯曲、成型、压扁等）和模锻工步（预锻和终锻）。另外，在摩擦压力机上还可以实现精压、校正（校平）、切边、冲连皮等多种模锻后续工步。

4.3.4.1　第一类锻件的模锻工艺

该类锻件有顶镦件和杯盘齿轮件两种。顶镦件的工艺特点是锻件头部局部镦粗成型，杆部不参与塑性变形。因此，为了避免坯料在顶镦过程中产生纵向弯曲而在锻件上形成折叠缺陷，应限制坯料变形部分的长度和直径的比值（见表 4 – 24）。若头部过大，不能满足表中所规定的一次镦粗成型条件，则应选用两次以上的顶镦。另外，为了减少模具套数和简化其结构，可选用较粗的坯料，和其他制坯设备组成机组，采用先镦头后拔杆或先拔杆后镦粗的工艺过程。

表 4 - 24　一次行程的顶镦条件

$l \leqslant 2.3d$	$d_1 > 1.5d$、$l_1 \geqslant d$ 时，$l \leqslant 2.5d$	$d_1 < 1.5d$、$l_1 \leqslant d$ 时，$l \leqslant 4.0d$
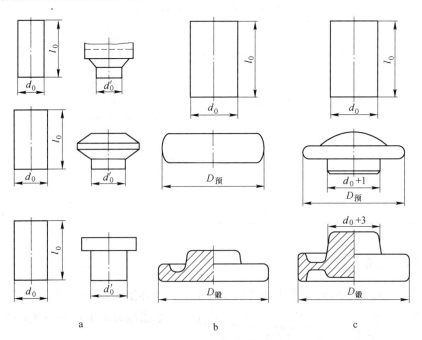		

杯盘齿轮件，多采用无飞边模锻。形状简单的锻件，可采用将坯料直接在终锻模腔中模锻成型的工艺（见图 4 - 73a）。对于形状复杂的锻件，特别是带孔、小凸台的锻件，为使金属流动合理，防止产生折叠缺陷，必须采用预锻工步（见图 4 - 73b），预锻后坯料直径 $D_{预} = D_{锻} - (3 \sim 5)$mm，式中，$D_{锻}$ 为锻件直径。对于形状特别复杂的锻件，还要采用成型预锻工步（见图 4 - 73c）。

摩擦压力机打击速度较模锻锤低，坯料容易冷却，故其成型能力较差。为此应尽可能选择以镦粗为主的充填成型方式。

图 4 - 73　杯盘类件的模锻工艺过程

4.3.4.2　第二类锻件的模锻工艺

该类锻件相当于锤上模锻的长轴类锻件，与锤上模锻一样，变形工艺方案的选择依据是计算毛坯图。由于摩擦压力机适合单模腔锻造，因此，应力求选用将坯料在终锻模腔中直接成型的工艺。若锻件形状较复杂，必须预先制坯时，也可在摩擦压力机上进行多模膛模锻。但是，由于摩擦压力机每分钟打击次数少，打击速度慢，所以模膛数目不宜超过两个，且在制坯模膛里的打击次数也应有所限制（不超过2~3次）。否则，终锻时金属温度低，影响成型能力和终锻模膛寿命。另外，摩擦压力机可进行弯曲、成型、卡压、压扁等单次打击的制坯工步，也可进行打击次数为2~3次的简单滚挤制坯。若锻件截面面积相差较大，必须采用拔长-滚挤；或需要打击次数较多的滚挤制坯工步时，可以考虑采用自由锻、胎模锻或辊锻机等专用设备上制坯等方案，这时，只在摩擦压力机上进行终锻成型。

4.3.4.3 第三类锻件的模锻工艺

该类锻件往往有两个凸缘（法兰），或有两个方向的凸起、凹坑。为了保证锻件能从模膛中取出，除上、下分模面外，还需将凹模做成可分的，即凹模必须是组合的。模锻后利用顶杆将组合凹模顶出后取件。该类锻件的工艺差别较大，例如，双凸缘（法兰）锻件的成型采用的是两次局部镦粗；螺纹堵头锻件的成型则相当于多向模锻，如图4-74所示。

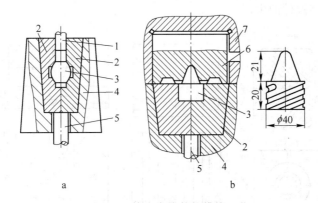

图4-74 第三类锻件的模锻工艺

a—闭式模锻；b—开式模锻

1—凸模；2—组合凹模；3—锻件；4—下模座；5—顶杆；6—上模块；7—上模座

4.3.4.4 第四类锻件的模锻工艺

对于该类锻件，按精锻工艺要求处理。

4.3.5 摩擦压力机吨位的选择

在摩擦压力机上进行模锻时，所需的压力 P 可按下式计算：

$$P = \alpha \left(2 + 0.1 \frac{F_{锻} \sqrt{F_{锻}}}{V_{锻}} \right) \sigma_s F_{锻} \tag{4-34}$$

式中　α——与锻模形式有关的系数，对于开式模锻 $\alpha = 4$，对于闭式模锻 $\alpha = 5$；

　　$F_{锻}$——锻件在平面图上的投影面积（开式模锻时包括飞边桥部面积）；

　　$V_{锻}$——锻件体积；

　　σ_s——终锻时金属的屈服强度。

在选择摩擦压力机时，在其主要技术规格和性能参数中，除按滑块最大打击力的一半表示其公称压力（规格）外，还注明每次打击所具有的最大打击能量。

4.3.6　摩擦压力机上锻模的结构形式

4.3.6.1　锻模结构

由于摩擦压力机具有锤类设备和曲柄压力机类设备的工作特点，因此其模具结构形式既可采用锤锻模的结构形式，也可采用压力机锻模的结构形式。图4-75a、d为整体式和镶块式的锤锻模结构；图4-75b、c、e、f为整体式和组合式的压力机锻模结构。

整体式锻模的上、下模块是整体结构，如图4-75a、b所示，大多用于公称压力较大的摩擦压力机。镶块式锻模由可更换的镶块与具有通用性的模座两部分组成，因摩擦压力机是冲击载荷，滑块与螺杆是柔性接合，承受偏载能力差，所以模座上往往设有锁扣，如图4-75d所示。组合式锻模是在镶块模基础上发展起来的一种装配式锻模，大多用于直轴类锻件和旋转体或近似旋转体型的中、小锻件。组合模由多个零件装配组合而成，可以具有两个或两个以上的分模面，下模多设有顶出装置，如图4-75c、e、f所示。组合式、镶块式锻模可节省模具钢，缩短制模周期，便于模具零件标准化，降低模具成本，适于多品种、中小批量小型锻件的生产。

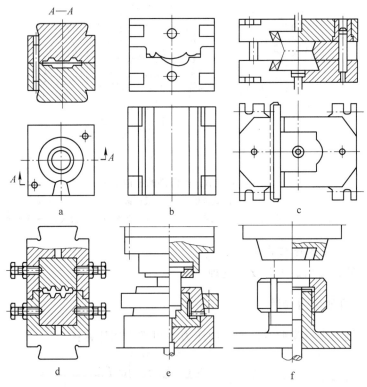

图4-75　摩擦压力机常用锻模结构形式

与热模锻压力机一样，摩擦压力机用模块同样分为圆形和矩形两种。圆形模块主要用于圆形锻件或不太长的小型锻件，矩形模块主要用于长轴类锻件。图4-75c所示的通用模座，既可安装圆形模块，又可安装矩形模块，便于生产管理。为了便于调节上、下模块之间的相对位置，模块和模座孔之间应留有间隙。对于圆形模块，间隙为0.1~0.2mm；

对于矩形模块，间隙为 $1.0 \sim 1.5\,mm$。

锻模的导向装置有导柱和导套、锁扣等形式。导柱和导套与热模锻压力机上模锻相同，它们通常是设置在模座上，与上、下模座一起组成模架，导向性能好，用于生产批量较大、精度要求较高的情况。锁扣与锤锻模相同，用于大型摩擦压力机上的开式模锻。

4.3.6.2 开式锻模

摩擦压力机上的开式锻模结构基本上与锤上开式锻模相同，如终锻模腔周边设有飞边槽、模腔尺寸按热锻件图设计等，但考虑摩擦压力机上模锻工艺特点，还有以下一些特点：

（1）飞边槽：飞边槽的形式与锤上模锻基本一样。飞边槽尺寸根据压力机公称压力确定，见表 4 - 25。形式 Ⅰ 适用于各种形状的锻件；形式 Ⅱ 适用于小飞边模锻件和有预锻及预切边工步的终锻模腔；形式 Ⅲ 适用于复杂形状的锻件或锻件的复杂部分。

表 4 - 25　飞边槽尺寸

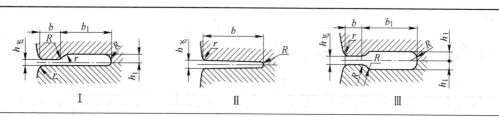

Ⅰ			Ⅱ			Ⅲ

钢 质 锻 件						
公称压力/kN	$h_飞$/mm	h_1/mm	b/mm	b_1/mm	r/mm	R/mm
≤1600	1.5	4	8	16	1.5	4
1600 ~ 4000	2.5	4	10	20	2.0	4
4000 ~ 6300	3.0	5	10	20	2.0	5
6300 ~ 10000	3.5	6	12	25	2.5	6
10000 ~ 25000	4.0	7	15	30	3.5	7

有 色 金 属 锻 件						
公称压力/kN	$h_飞$/mm	h_1/mm	b/mm	b_1/mm	r/mm	R/mm
≤1600	1.2	4	6	25	1.5	4
1600 ~ 4000	1.5	4	8	30	2.0	4
4000 ~ 6300	2.0	5	8	35	2.0	5
6300 ~ 10000	2.5	6	10	35	2.5	6
10000 ~ 25000	3.0	7	12	40	3.5	7

（2）模腔布置：由于摩擦压力机每分钟行程次数少，坯料温降大，螺杆受偏心载荷的能力较差，因此，模腔在模块上的布置应尽量减小和避免偏心打击，同时要方便操作。例如，对于锻模上只有一个模腔时，模腔中心应与压力机主螺杆中心重合。当有两个模腔时，应将两模腔布置在主螺杆中心的两侧，且使两模腔中心至主螺杆中心的距离为 $a/b \leqslant 0.5$，$a + b \leqslant D$（D 为主螺杆直径），如图 4 - 76 所示。

（3）模壁厚度：模壁厚度可根据模腔深度 h、圆角半径 R 和模锻斜度来确定。

模腔最小外壁厚度 t_0（含预锻模腔与终锻模腔间壁厚，见图 4 - 77a）可根据下式

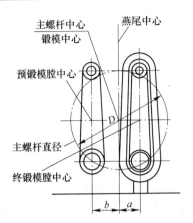

图 4 - 76   模腔中心的布置

确定：

$$t_0 = K_0 h \tag{4-35}$$

式中 K_0——系数，按表 4 - 26 选取。

表 4 - 26   系数 K_0 值

模腔深度 h/mm	< 20	20 ~ 30	30 ~ 40	40 ~ 55	55 ~ 70	70 ~ 90	90 ~ 120	>120
K_0	2.0	1.7	1.5	1.3	1.2	1.1	1.0	0.8

模腔间壁厚 t_1（见图 4 - 77b）可根据下式确定：

$$t_1 = K_1 h \tag{4-36}$$

式中 K_1——系数，按表 4 - 27 选取。

表 4 - 27   系数 K_1 值

模腔深度 h/mm	< 30	30 ~ 40	40 ~ 70	70 ~ 100	>100
K_1	1.5	1.3	1.1	1.0	0.8

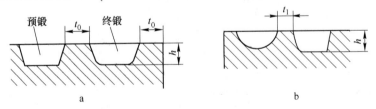

图 4 - 77   模腔模壁厚度

a—模腔最小外壁厚度（含预锻模腔与终锻模腔间壁厚）；b—模腔间壁厚

另外，对于模腔比较深、形状比较复杂的部位，应开排气孔，以利于金属的充填成型。摩擦压力机通常只设有下顶出装置，所以，宜将锻件的复杂部分安排在下模成型，以便于脱模。摩擦压力机行程速度低，模具受力条件较好，所以锻模模块的承击面积一般可取锤锻模的 1/3。

4.3.6.3   闭式锻模

对轴对称或近似轴对称变形的锻件，适宜采用闭式锻模。凸模和凹模之间、顶杆和凹模之间要有适当的间隙。间隙过大会形成纵向毛刺，加速模具磨损和造成顶杆顶件困难；间隙过小，会造成凸凹模之间、顶杆和凹模之间相对运动困难。通常，顶杆和凹模之间采用 H8/f8 的动配合。凸模和凹模之间的双边间隙值按表 4-28 选取。

表 4-28　凸模和凹模间隙值　　　　　　　　　（mm）

凸模直径	间隙值	凸模直径	间隙值
< 20	0.05	60 ~ 120	0.10 ~ 0.15
20 ~ 40	0.05 ~ 0.08	120 ~ 200	0.15 ~ 0.20
40 ~ 60	0.08 ~ 0.10	> 200	0.20 ~ 0.30

对于闭式模锻来讲，凸模是锻模的薄弱环节。为避免凸模损坏，设计模具时还应保证凸模有必要的截面面积，必要时应在锻模上考虑设置承击面。

4.4　平锻机上模锻

模锻锤、热模锻压力机、摩擦压力机等模锻设备的工作部分（锤头或滑块）是作垂直往复运动的。而平锻机的工作部分却是作水平往复运动，故此得名水平锻机，简称平锻机。平锻机可以生产一些在模锻锤或热模锻压力机上难以生产的某些形状复杂的锻件，尤其适合锻造带有粗大头部的长杆类锻件，连续锻造带有透孔或不透孔的环形锻件。

4.4.1　平锻机上模锻的工艺特点

4.4.1.1　平锻机上的模锻过程

平锻机是曲轴类设备，同样具有热模锻压力机的某些工作特点，即工作时是静压力，而且由机架本身承受，滑块行程一定，有良好的导向装置等。平锻机与其他曲柄压力机区别的主要标志是：平锻机有主滑块和侧滑块，主滑块带动凸模沿水平方向运动，完成镦锻工步，侧滑块带动活动凹模垂直于主滑块的运动方向运动，起夹紧棒料的作用。因此，平锻机上的锻模可以有两个互相垂直的分模面。主分模面在冲头凸模和凹模之间，另一个分模面在可分的两半凹模之间（凹模采用组合式结构，由固定凹模和活动凹模组成）。其模锻过程如图 4-78 所示。

模锻时，将加热好的棒料放在固定凹模 6 的模腔中，并由前挡料板 4 定位，以确定棒料的变形部分长度 l_0（图 4-78a）。平锻机的主滑块 2 和侧滑块 8 同时运动，侧滑块驱动活动凹模 7，当棒料 L_p 部分被活动凹模 7 夹紧后（图 4-78b），前挡料板 4 退去，主滑块 2 继续运动。冲头凸模 3 在主滑块作用下与坯料接触，并使其产生塑性变形直至充满模腔为止（图 4-78c）。

4.4.1.2　模锻工艺特点

平锻机在模锻工艺上有如下特点：

（1）锻造过程中坯料水平放置，其长度不受设备工作空间的限制，可锻出立式锻压设备难以锻造的长杆类锻件，也可用长棒料逐件连续锻造。

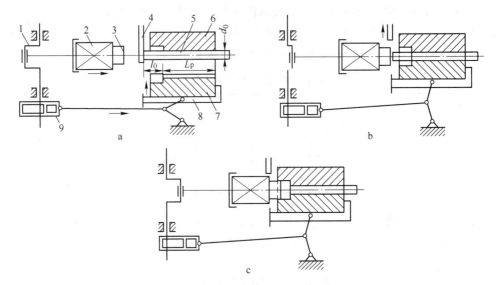

图 4 - 78　平锻机模锻过程示意图

1—曲柄；2—主滑块；3—冲头凸模；4—前挡料板；5—坯料；6—固定凹模；

7—活动凹模；8，9—侧滑块

（2）由于有两个分模面，因而可以锻出一般立式锻压设备难以锻造的、在两个方向上有凹挡、凹孔的锻件，例如双凸缘轴套。所以锻件形状与零件形状更加接近。

（3）由于平锻机滑块行程固定、导向性好，因此，锻件的余量和公差均比锤上模锻时小。

（4）平锻机可进行开式和闭式模锻，可进行聚积、冲孔、穿孔、翻边、切边、弯曲、压扁、切断、预锻、终锻等工步。

（5）生产效率高，一般不需要配备切边、校正、精整等辅助设备。采用水平分模的平锻机时，操作方便，易于实现机械化和自动化。

但是，平锻机是模锻设备中结构最复杂的一种，价格贵，投资大，适宜模锻对称锻件。

4.4.2　平锻机上模锻件的分类

平锻机模锻的锻件种类很多，尺寸范围较广，为了便于进行工艺设计，根据锻件形状和工艺特点，平锻机上模锻件可以分为四类，即杆类、穿孔类、管类和联合模锻类，见表 4 - 29。

表 4 - 29　平锻件分类

锻件类别	锻件简图	工艺特点
第一类：杆类		（1）坯料直径按锻件杆部选定； （2）大多数单件模锻（一坯一件），后挡板定位； （3）模膛采用：顶镦、预成型、终锻

锻件类别	锻件简图	工艺特点
第二类：穿孔类		(1) 坯料直径尽量按孔径选定； (2) 多件模锻（一坯数件），前挡板定位； (3) 模膛采用：顶镦、预成型、终锻、穿孔
第三类：管类		(1) 坯料直径按锻件杆部选定； (2) 多采用后挡板定位； (3) 加热长度应超过变形长度，但不能太多； (4) 应先增加壁厚再镦粗成型； (5) 模膛采用：顶镦、预成型、终锻
第四类：联合模锻类		采用一种以上模锻设备成型复杂锻件，如曲轴锻件曲拐部分锤上模锻、法兰部分平锻

4.4.3 平锻机上的模锻件图

根据平锻机结构上的特点，平锻件图设计主要解决分模位置、余量和公差、模锻斜度、圆角半径等四个问题。

4.4.3.1 分模位置

平锻模有两个互相垂直的分模面。两半凹模间的分模位置容易确定，一般设在锻件纵轴剖面上；凸、凹模之间的分模位置，一般选择在锻件最大轮廓处。图 4-79 所示 Ⅰ、Ⅱ、Ⅲ 分别为凸、凹模之间的分模面选在锻件最大轮廓的前端面、中间和后端面的三种形式。形式 Ⅰ 的锻件全部在凹模内成型，不需设模锻斜度，此时凸模结构简单，容易保证头部和杆部的同轴度，但切边时容易产生纵向毛刺；形式 Ⅱ 受锻件形状限制，分模位置只能设在凸肩中部，但当凸、凹模调整不好时，容易产生错移；形式 Ⅲ 的锻件全部在凸模内成型，能获得内外径和前后台阶（若锻件形状要求）同轴度较好的锻件，但要有模锻斜度。锻件在切边模膛不容易定位，并且锻件聚集处和杆部之间容易产生错移。

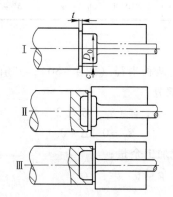

图 4-79 凸、凹模之间的分模位置

c—飞边宽度；t—飞边厚度

4.4.3.2 机械加工余量和公差

平锻件形状不同，变形特点也不同。例如，第一类平锻件为局部变形，第二类平锻件为整体变形，其机械加工余量和公差也略有不同。设计时可查阅有关文献，或按工厂标准确定。表 4 - 30 是根据设备大小来确定锻件余量和公差。

表 4 - 30　平锻机模锻件余量和公差

公称压力/kN	单边余量/mm		公差/mm		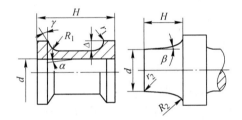
	H	D	H	D	
5000	1.25 ~ 2.0	1.25 ~ 2.0	+ (1.0 ~ 1.5) - 0.5	+ (0.8 ~ 1.5) - (0.5 ~ 1.0)	
8000	1.5 ~ 2.5	1.5 ~ 2.5	+ 1.5 - 0.5	+ 1.5 - (0.5 ~ 1.0)	
12000	2.0 ~ 2.5	2.0 ~ 2.5	+ (1.0 ~ 2.0) - (1.0 ~ 1.5)	+ (1.5 ~ 2.0) - (0.5 ~ 2.0)	

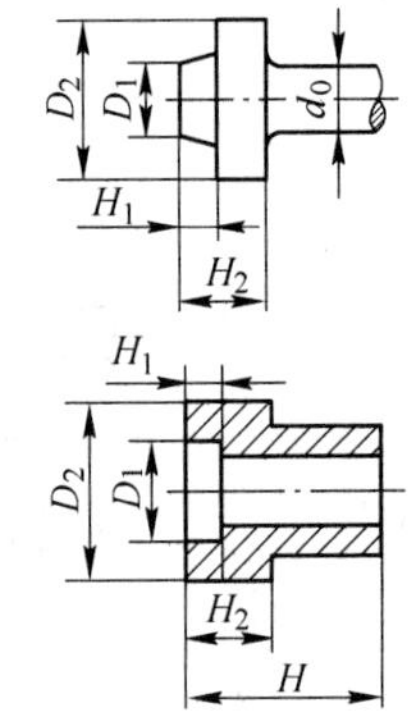

4.4.3.3　模锻斜度

模锻斜度的选择主要根据平锻工艺确定。例如，为了保证凸模回程时，锻件内孔不被凸模"拉毛"，内孔应有模锻斜度 α，其值按 H/d 选定；锻件在凸模内成型的部分，也应有模锻斜度 β；带双凸缘的锻件，在内侧壁上应设有模锻斜度 γ，其值取决于凸缘高度 Δ。各模锻斜度如图 4 - 80 所示，其值按表 4 - 31 选取。

图 4 - 80　平锻件的模锻斜度和圆角半径

表 4 - 31　平锻件模锻斜度

H/d	< 1	1 ~ 5	> 5	Δ/mm	< 10	10 ~ 20	20 ~ 30
α/β	15′ ~ 30′/15′	30′ ~ 1°30′/30′	1°30′/1°	γ	5° ~ 7°	7° ~ 10°	10° ~ 12°

4.4.3.4　圆角半径

圆角半径分外圆角和内圆角两种半径（图 4 - 80），其值与平锻工艺有关。

（1）对于在凹模中成型的部分：

外圆角半径为：$$r_1 = (\delta_1 + \delta_2)/2 + a$$

内圆角半径为：$$R_1 = 0.2\Delta + 0.1$$

式中　δ_1——锻件高度方向机械加工余量；

δ_2——锻件径向机械加工余量；

a——倒角高度值；

Δ——凸缘高度。

（2）对于在凸模中成型的部分：

外圆角半径为：$$r_2 = 0.1H + 1.0$$

内圆角半径为：$$R_2 = 0.2H + 1.0$$

4.4.4 平锻机上的模锻工艺

4.4.4.1 平锻机上的模锻工步

平锻机模锻的主要工步是顶镦（聚料、聚集），其他还有冲孔、成型、切边、穿孔、切断、压扁和弯曲等。有时也用到挤压，在一些制坯工步中还可以附带完成局部卡细或胀粗。

（1）顶镦（聚料、聚集）工步：坯料在端部进行局部镦粗，它是平锻机模锻的基本工步。

（2）冲孔工步：使坯料获得带有芯料（或称连皮）的不穿透的孔腔（盲孔）。

（3）成型工步：使锻件本体预锻成型或终锻成型。

（4）切边工步：切除锻件上的飞边。切边冲头固定在主滑块凸模上，切边凹模做成镶块形式并分成两半，一半紧固在固定凹模上，另一半紧固在活动凹模上。

（5）穿孔工步：在锻件上冲穿内孔，并使锻件与棒料分离，从而获得通孔锻件。

（6）切断工步：切除穿孔后棒料上遗留的芯料（即剪切芯料料头）或由棒料上切掉锻件，为下一个锻件的锻造做好准备。切断模腔主要由固定刀片（安装于固定凹模）和活动刀片（紧固于活动凹模）所组成。

4.4.4.2 平锻机上的模锻工艺设计

平锻件的类别不同，其锻造工艺是不一样的，例如：第一类的杆类锻件，其基本变形工步是顶镦（聚集）；第二类的穿孔类锻件，其主要变形工步是顶镦、冲孔等；第三类的管类锻件，其主要变形工步是管料的顶镦；至于第四类锻件即联合模锻件，其成型工艺过程可以是先在平锻机上制坯，再在其他设备上成型，也可以是先在其他设备上制坯，再在平锻机上成型，其主要变形工步都是顶镦和冲孔。

A 第一类平锻件的变形工艺

第一类平锻件的基本变形工步是顶镦（聚集），它的优劣直接影响锻件的成型和质量。平锻机上的顶镦，与立式锻压设备上的一些局部镦粗工步的根本区别在于，棒料并非自由放入模腔，而是在局部夹紧的情况下产生金属变形的，所以它具有更大的稳定性。聚集方式一般有三种，即自由聚集、凹模内聚集和冲头凸模内锥形模腔的聚集，如图 4-81 所示。后两种为模腔内的局部镦粗。

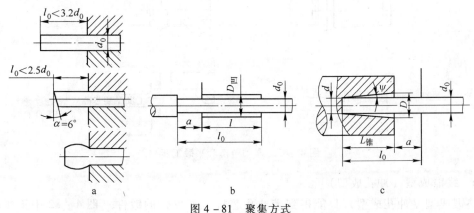

图 4-81 聚集方式
a—自由聚集；b—凹模内聚集；c—凸模内聚集

对于自由聚集方式，当坯料变形部分的长径比 $l_0/d_0 \leqslant 3.2$ 时，可在平锻机一次行程中自由镦粗到任意尺寸而不产生纵向弯曲，简称一次行程镦粗条件或局部镦粗第一规则（图4-81a）。否则在一次行程中自由镦粗将出现折叠缺陷。但是，在生产条件下，当坯料端面不平整且又与轴线不垂直时，坯料变形部分的长径比 l_0/d_0 的允许值 $\psi_{允许}$ 小于3.2。其值随着坯料直径的减小、端面斜度的增大而减小。此外，还与冲头凸模形状有关，见表4-32。

表4-32　一次行程局部镦粗条件

冲头凸模形状	一次行程局部镦粗条件	说　　明
平冲头	$\psi_{允许} = \dfrac{l_0}{d_0} = 2 + 0.01d_0$	坯料端面斜度 $\alpha < 2°$
	$\psi_{允许} = \dfrac{l_0}{d_0} = 1.5 + 0.01d_0$	坯料端面斜度 $\alpha = 2° \sim 6°$
带凸台冲头	$\psi_{允许} = \dfrac{l_0}{d_0} = 1.5 + 0.01d_0$	坯料端面斜度 $\alpha < 2°$
	$\psi_{允许} = \dfrac{l_0}{d_0} = 1.0 + 0.01d_0$	坯料端面斜度 $\alpha = 2° \sim 6°$

在凹模内聚集时，当凹模直径与坯料直径之比 $D_凹/d_0 = 1.5$、坯料露在凹模外面的长度 $a \leqslant d_0$ 或 $D_凹/d_0 = 1.25$、$a \leqslant 1.5d_0$ 时，即使局部镦粗部分的长径比超过允许值，也可进行正常的局部镦粗，称为局部镦粗第二规则（图4-81b）。通常，$D_凹/d_0 = 1.5$，适用于 $l_0/d_0 < 10$ 的情况；$D_凹/d_0 = 1.25$，适用于 $l_0/d_0 > 10$ 的情况。

在冲头凸模的锥形模膛中聚集时，当 $D/d_0 = 1.5$、$a \leqslant 2d_0$ 或 $D/d_0 = 1.25$、$a \leqslant 3d_0$ 时，也可进行正常局部镦粗而不产生折叠缺陷，称为局部镦粗第三规则（图4-81c）。

B　第二类平锻件的变形工艺（冲孔成型特点）

第二类锻件是穿孔类锻件的环形件和杯形件。该类锻件的典型工艺是聚料、冲孔（1～4次）、穿孔、切断，如图4-82所示。制定工艺时，首先应确定终锻成型（冲孔成型），并且在此基础上确定冲孔次数、冲孔尺寸及坯料尺寸等。

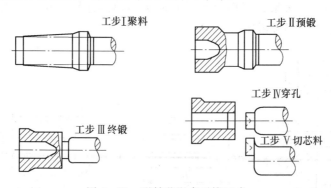

工步Ⅰ聚料　　工步Ⅱ预锻

工步Ⅲ终锻　　工步Ⅳ穿孔　　工步Ⅴ切芯料

图4-82　联轴节滑套平锻工步

a　终锻成型（冲孔成型）

终锻成型（冲孔成型）只能得到带冲孔芯料（连皮）的锻件（图4-82中工步Ⅲ），经穿孔工步后才能得到透孔锻件。冲孔芯料（连皮）不能太厚，否则冲穿费力，凸模寿命降低。由于冲穿力大，当锻件支承面积较小时，可能引起锻件底面压皱变形。若芯料太薄，在冲头凸模回程时，可能将芯料拉断而将锻件带走，并可能增加冲孔次数。为此，要对冲孔芯料的尺寸进行合理设计，一般根据冲头凸模形状，按照经验公式确定，见表4-33。

表4-33 终锻（冲孔）成型时冲孔芯料尺寸

冲头凸模形状	计算公式	说　明
 尖冲头	$l_0 = Kd$ $c = 0.5L$ $R_1 = 0.2d$ $R_2 = 0.4d < a$	K 为芯料厚度系数，当 $H/d = 0.4$ 时，$K = 0.2$；当 $H/d = 0.8$ 时，$K = 0.4$；当 $H/d \geqslant 1.2$ 时，$K = 0.5$； α 常取 $60°$、$75°$、$90°$、$110°$、$120°$ 等
 平冲头	$l_0 = 2 \sim 8mm$ $R_1 = (0.8 \sim 1.8)d$ $R_2 = (0.1 \sim 0.15)d$	

对于平凸模，因其具有一定程度的反挤压成型性质，需较大的变形力，且易造成锻件的壁厚差。但冲穿省力，切断面质量好，凸模寿命长，该形式凸模适用于 $H/d \leqslant 1$ 的浅孔类环形件。

对于尖形凸模，情况相反，即冲孔省力、壁厚均匀，但冲穿费力、凸模寿命短。因此，该形式凸模适用于 $H/d > 1$ 的深孔类环形件。对于多次冲孔的深孔锻件，前面工步采用小角度尖形凸模，便于分流金属。

b　冲孔次数

对于浅孔锻件，其孔通常可以在终锻时一次冲出。对于深孔锻件，为了防止坯料和冲头凸模的弯曲与冲偏，应控制平锻机一次行程的冲孔深度。不仅如此，若在一次行程中完成的冲孔深度过大，则需要很大的变形功。当平锻机及其飞轮储存的动能不足时，将引起平锻机飞轮转速急剧降低，甚至停车。生产中，平锻机一次行程的冲孔深度常取为 $(1 \sim 1.5)d$。冲孔次数取决于冲孔深度 $l_{深}$（其值等于表4-33中尺寸 a 和 c 之和）和冲孔直径的比值，一般，当 $l_{深}/d < 1.5$ 时，需1次冲孔；当 $l_{深}/d = 1.5 \sim 3.0$ 时，需2次冲孔；当 $l_{深}/d = 3.0 \sim 5.0$ 时，需3次冲孔。多次冲孔时，除第一次冲孔深度较浅外，其余各次的冲孔深度应基本相等。

c 冲孔坯料尺寸

为了保证冲孔质量，冲头直径和坯料直径应有适当的比值，否则，冲孔过程中坯料畸变严重。例如，当冲孔直径和坯料直径相等时，先产生镦粗变形，而后是反挤变形。这样，金属急剧地反复流动，加速了模具的磨损，降低了模具寿命。实践证明，当冲孔直径和坯料直径之比等于或小于 0.5 ~ 0.7 时，在冲孔过程中凸模对坯料起分流作用，这才符合设计要求。

根据上述原理，为保证凸模对坯料仅起分流作用，而无明显的轴向流动，要求有一个合适的冲孔坯料，它是按照计算毛坯设计的。计算毛坯的长度与锻件长度相等，各个截面面积与相应的锻件截面面积相等。绘制计算毛坯图时，首先将终锻工步图依其几何图形特征分为三部分，见图 4 - 83。第 I 部分为简单圆筒（忽略内壁斜度），第 II 部分为锥形空心体，第 III 部分为圆柱体。这样划分后，第 III 部分保持不变，第 II 部分为过渡区，所以，绘制计算毛坯图的关键是第 I 部分。计算毛坯直径 $d_{计}$ 按下式确定：

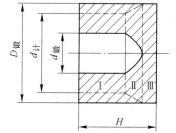

图 4 - 83   由终锻工步图确定的计算毛坯图

$$d_{计} = \sqrt{D_锻^2 - d_锻^2} \tag{4 - 37}$$

式中 $D_锻$——锻件外径；

$d_锻$——锻件孔径。

对于带孔锻件，在选择坯料直径时应遵循的原则是：

当 $d_{计}/d_锻 = 1.0 ~ 1.2$ 时，取 $d_坯 = (0.82 ~ 1.0)d_{计}$，则有：

$$d_坯 = (0.82 ~ 1.0)(1.0 ~ 1.2)d_锻 \approx d_锻 \tag{4 - 38}$$

这样可以省去卡细、胀粗及切芯料工步，大大简化了平锻工艺和模具结构。

当 $d_{计}/d_锻 > 1.2$ 时，为了减少顶镦工步次数，此时选用坯料直径的原则是，在不增加顶镦工步次数的前提下，应采用坯料直径 $d_坯 > d_锻$。为了减少坯料卡细程度和减少料头损耗，应力求用较小的棒料直径。

当 $d_{计}/d_锻 < 1.0$ 时，若采用 $d_坯 \approx d_锻$，则冲头凸模直径大于坯料直径，金属冲孔过程中先镦粗后挤压，倒流现象严重，此时应用较细的棒料直径，使 $d_坯 < d_锻$，但是坯料需胀粗。

根据上述确定的坯料直径，再按照国家标准（GB/T 702）选取标准直径，据此来决定每一锻件所需坯料长度 $l_坯$：

$$l_坯 = \frac{1.27V_坯}{d_坯^2} \tag{4 - 39}$$

式中 $V_坯$——包括锻件名义尺寸正公差之半所计算的锻件体积、火耗、飞边、冲孔芯料等项目的坯料体积。

C   第三类平锻件的变形工艺

在平锻机上可以非常方便地对管坯进行顶镦成型。用管坯顶镦（局部镦粗）成型的锻件有以下几种情况（图 4 - 84）：管坯内、外径同时增大，壁厚基本不变（图 4 - 84a）；管坯外径增大，内径不变（图 4 - 84b）；管坯内径减小，外径不变（图 4 - 84c）；管坯内径减小，外径增大（图 4 - 84d）；管坯外侧变为锥面，内径不变（图 4 - 84e）。

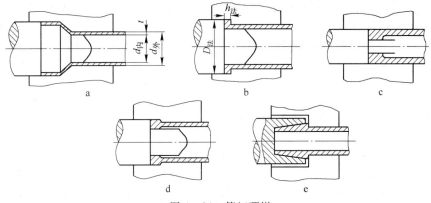

图 4 – 84　管坯顶镦

由于锻件形状不同，管坯顶镦既可在凹模中进行，也可在凸模中进行。管坯顶镦要避免因管壁失稳而产生纵向弯曲和形成折叠。实践证明，产生弯曲的方向向外。因此，管坯镦粗主要受外径限制，而锻件孔径一般可不加限制。

管坯顶镦时，同样要满足局部镦粗规则，不过基本参数有所不同。

当 $l_{镦}/t \leqslant 3.0$ 时，可在一次行程中自由镦粗到任意形状和尺寸。当 $l_{镦}/t > 3.0$ 时，应进行多次聚集。其中 $l_{镦}$ 为管坯变形部分长度；t 为管坯壁厚。

壁厚 t 的变化规则为：

$$t_n = (1.5 \sim 1.3) t_{n-1} \tag{4-40}$$

式中　t_n——第 n 次聚集时的管壁厚度；

t_{n-1}——第 $n-1$ 次聚集时的管壁厚度。

管坯镦粗工艺也可以按以下方法进行计算：

当 $h_{法} = (0.25 \sim 0.5) t$ 时，在一次行程中可镦粗到 $D_{法} = (2.0 \sim 2.5) d_{外}$ 的锻件尺寸。

当 $h_{法} \leqslant 0.75 d_{外}$、$D_{法} \leqslant \sqrt{d_{外}^2 - 0.75 d_{内}^2}$ 时，可用两道工步。第一道内径缩小，外径不变，缩小量不大于原管坯内径的 1/2；第二道外径增加到要求的尺寸。

当 $h_{法} > 0.75 d_{外}$、$D_{法} \leqslant \sqrt{d_{外}^2 - 0.75 d_{内}^2}$ 时，可用三道或更多道工步。因管坯镦粗易产生向外弯曲，引起锻件折皱，所以在锻件形状允许时，可考虑先进行缩小内径的聚集，然后再进行增大外径的聚集，这样安排工步顺序可以减少聚集次数。

4.4.5　平锻机吨位的选择

常用的平锻机规格表示法有两种：一是用所能锻制的棒料直径表示；二是以主滑块所能产生的力 $P_{平}$ 表示。根据锻件的平锻力 P 选择，一般要求 $P_{平} > P$。

平锻力 P（即模锻力）可按经验公式确定：

$$P = 57.5 KF \tag{4-41}$$

式中　F——锻件最大投影面积（包括飞边）；

K——钢种系数，对于中碳钢和低合金钢，如 45、20Cr，取 $K = 1$；对于高碳钢及中碳合金钢，如 60、45Cr、45CrNi，取 $K = 1.15$；对高合金钢，如 GCr15、45CrNiMo，取 $K = 1.3$。

根据上式计算所得的模锻力，初步选择相近的平锻机。在考虑下列情况进行修正后确定所选用的平锻机规格：

（1）当锻件是薄壁及复杂形状的锻件时，应选用较大规格的平锻机；

（2）当进行单模膛单件模锻时，因锻造温度较高，可选用较小规格的平锻机；

（3）当锻件精度要求较高时，可选用偏大规格的平锻机。

4.4.6 平锻机上模锻的锻模结构形式（平锻模）

4.4.6.1 平锻模结构

平锻机上的锻模与立式锻压设备上的锻模在结构上有所不同。平锻模有两个分模面，主要由凸模（冲头）和凹模（分为活动凹模和固定凹模两部分）等零部件组成。图4-85为平锻模结构示意图，冲头凸模通过夹持器7固定在主滑块的凹槽内，它的后面是调节斜楔1。斜楔通过螺钉3调节模具的前后闭合长度。凹模9分别安装在固定凹模座和活动凹模座上。前后方向由键8保证；左右方向通过压板10和螺钉11、12调整。凹模是可分的，分为活动凹模和固定凹模，工作时，活动凹模间歇地往复运动，一般用于夹持坯料的杆部。

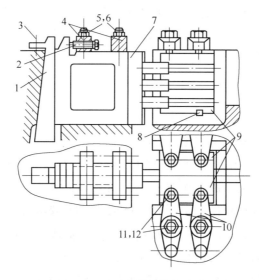

图4-85 平锻模结构示意图

1—调节斜楔；2，3，5，6，11，12—螺钉；4，10—压板；7—夹持器；8—键；9—凹模

凸模结构分为工作部分和固定部分（图4-86）。其中，凸模固定部分的结构形式多样，如图4-86d所示的固定部分有两个凸肩，前边的凸肩A承受坯料塑性变形时产生的压力，后面的凸肩B承受回程时的卸料力。在凸肩A处还要加工出一小平面s，用于防止工作时发生凸模转动。图4-86c所示的固定部分为轴头式，它只有一个凸肩，用螺钉顶紧A处，以防止凸模转动和避免回程时凸模与夹持器分离。

凸模的工作部分可与固定部分整体制造（图4-86a、b），也可以设计成组合式（图4-86c~h）。整体式多用于锥形聚集的凸模，组合式由于可节省模具钢、降低模具成本而应用广泛。图4-86c所示结构适用于$D=80\sim150\,\text{mm}$的冲孔成型凸模；图4-86d所示结

构适用于 $D \leqslant 80mm$ 的成型、穿孔、切边凸模；图 4 – 86e ~ g 所示结构适用于大直径锻件用凸模；图 4 – 86h 所示结构为滑动凸模，适用于头部尺寸 H 较大的锻件。

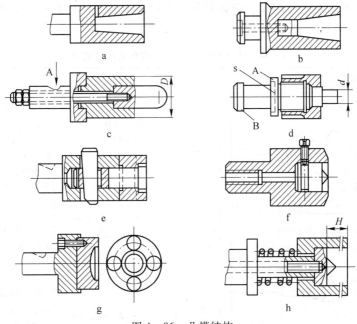

图 4 – 86　凸模结构

　　凹模多采用组合式结构，模体材质为结构钢（45、40Cr），模腔部分为镶块式，用热作模具钢制造。凹模镶块多制成半圆形，也有制成矩形的，见图 4 – 87。根据模腔各部分磨损情况的不同，模腔可全部采用镶块，也可局部采用镶块。镶块尺寸根据受力情况而定，主要需保证镶块有足够的支承面积，以免在工作过程中模体产生压皱变形。镶块与模体采用螺钉紧固连接。

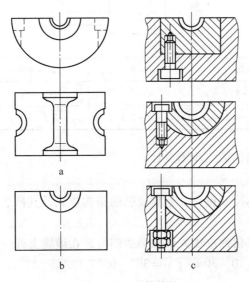

图 4 – 87　凹模镶块

a—半圆形镶块；b—方形镶块；c—镶块固定法

4.4.6.2 模膛结构

A 终锻模膛

终锻模膛的形状和尺寸取决于热锻件图，其结构形式和凹模直径、凸模直径及其长度的计算方法见表 4 - 34。

表 4 - 34 终锻模膛的凹、凸模有关尺寸的计算

终锻模膛结构图		计算公式	参数说明
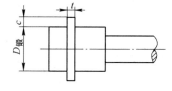	凹模直径	闭式模锻：$D_凹 = D_锻$ 开式模锻：$D_凹 = D_锻 + kc$	$D_锻$ 为热锻件图直径；c 为飞边宽度（表 4 - 35）；k 为系数，当采用前挡料装置时，$k = 2.0 \sim 2.5$；当采用后挡料装置时，$k = 2.5 \sim 3.0$；c 为飞边宽度（见表 4 - 35）
	凸模直径	$D_凸 = D_凹 - 2\delta$	δ 为凸凹模间隙，$\delta = 0.2 \sim 0.75\text{mm}$，大吨位取大值
	凸模长度	$L_凸 = L_闭 - (L_夹 + L_锻 + t)$	$L_闭$ 为模具闭合长度；$L_夹$ 为夹紧部分的长度；$L_锻$ 为锻件在凹模内的成型部分长度；t 为飞边厚度（表 4 - 35）

表 4 - 35 平锻件飞边尺寸   （mm）

$D_锻$	< 20	20 ~ 80	80 ~ 160	160 ~ 260
c	5 ~ 8	8 ~ 12	12 ~ 16	16 ~ 20
t	1.2 ~ 1.5	1.5 ~ 2.5	2.5 ~ 3.5	3.5 ~ 4.0

另外，预锻模膛根据预锻工步图设计。

B 聚集模膛

聚集模膛根据锥形体尺寸设计，聚集模膛的结构形式及其凹、凸模有关尺寸的计算见表 4 - 36。

模锻时，为了防止氧化铁皮压入锻件形成凹坑，在模膛上开一容纳氧化铁皮的槽（见表 4 - 36），其尺寸为 $a = 20 \sim 30\text{mm}$，$\alpha = 30° \sim 60°$。

C 切边模膛

开式模锻必须设有切边工步，其模膛结构及其尺寸见表 4 - 38。

表 4 – 36 聚集模膛的凹、凸模有关尺寸的计算

聚集模膛结构图	计 算 公 式	参 数 说 明
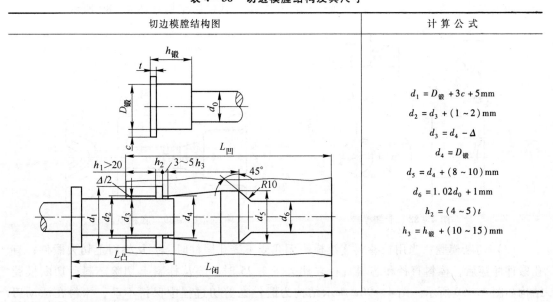	凸模直径： $D_凸 = D_大 + 0.2(D_大 + L_锥)$	$D_大$ 为锥形体大端直径；$L_锥$ 为锥形体长度
	凹模直径： $D_凹 = D_凸 + 2\delta_1$	δ_1 为凸、凹模径向间隙（表 4 – 37）
	凸模长度： $L_凸 = L_闭 - (L_夹 + \delta_2)$	$L_闭$ 为模具闭合长度；$L_夹$ 为夹紧部分的长度；δ_2 为凸、凹模轴向间隙（表 4 – 37）
	导程长度： $L_导 = L_凸 - L_锥 + (15 \sim 25)\,mm$	
	出气孔： $d_气 = 3 \sim 5\,mm$	

表 4 – 37 间隙值 δ_1、δ_2

平锻机吨位 /kN	第一次聚集		第二次聚集		第三次聚集	
	δ_1/mm	δ_2/mm	δ_1/mm	δ_2/mm	δ_1/mm	δ_2/mm
2250 ~ 3150	0.5	3 ~ 4	0.4	2	0.3	2
4500 ~ 9000	0.6	4 ~ 7	0.5	3 ~ 4	0.4	2 ~ 3
12500 ~ 20000	0.7	8 ~ 10	0.6	5 ~ 8	0.5	3 ~ 4

表 4 – 38 切边模膛结构及其尺寸

切边模膛结构图	计 算 公 式
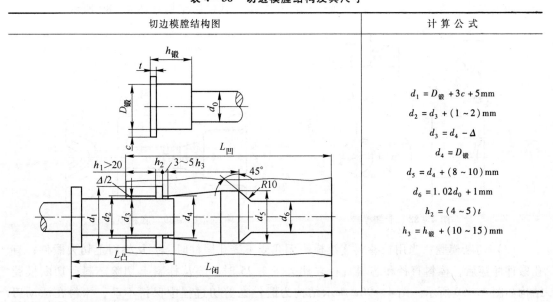	$d_1 = D_锻 + 3c + 5\,mm$ $d_2 = d_3 + (1 \sim 2)\,mm$ $d_3 = d_4 - \Delta$ $d_4 = D_锻$ $d_5 = d_4 + (8 \sim 10)\,mm$ $d_6 = 1.02 d_0 + 1\,mm$ $h_2 = (4 \sim 5)t$ $h_3 = h_锻 + (10 \sim 15)\,mm$

D 冲穿模膛

冲穿模膛结构及其尺寸见表 4 – 39。

表 4 – 39　冲穿模膛结构及其尺寸

冲穿模膛结构图	计 算 公 式
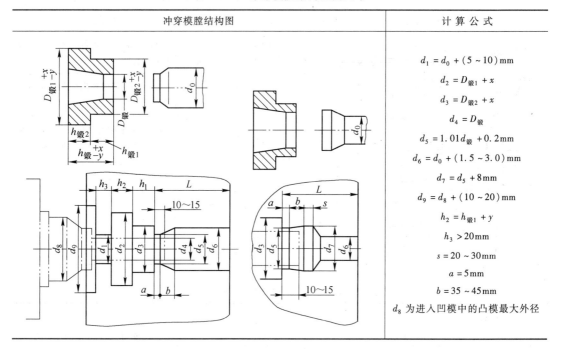	$d_1 = d_0 + (5 \sim 10)\,\text{mm}$ $d_2 = D_{锻1} + x$ $d_3 = D_{锻2} + x$ $d_4 = D_{锻}$ $d_5 = 1.01 d_{锻} + 0.2\,\text{mm}$ $d_6 = d_0 + (1.5 \sim 3.0)\,\text{mm}$ $d_7 = d_5 + 8\,\text{mm}$ $d_9 = d_8 + (10 \sim 20)\,\text{mm}$ $h_2 = h_{锻1} + y$ $h_3 > 20\,\text{mm}$ $s = 20 \sim 30\,\text{mm}$ $a = 5\,\text{mm}$ $b = 35 \sim 45\,\text{mm}$ d_8 为进入凹模中的凸模最大外径

E　其他模膛

（1）卡细模膛：当棒料直径大于锻模的孔径时，必须使用卡细工步，以局部减小棒料的截面面积。卡细模膛如图 4 – 88 所示。

（2）胀粗模膛：与卡细工步的作用相反，当棒料直径小于锻模的孔径时，棒料不能被活动凹模夹住，为了便于模锻，必须使用胀粗工步，其模膛结构如图 4 – 89 所示。

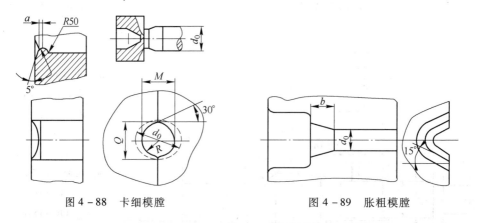

图 4 – 88　卡细模膛　　　　　　图 4 – 89　胀粗模膛

（3）切断模膛：当用长棒料连续模锻无孔或不透孔锻件时，要从棒料上切去锻件；有孔锻件冲穿后，棒料直径和芯料直径之比大于 1.25 时，要从棒料上切除芯料。切断模膛结构如图 4 – 90 所示。图 4 – 90a 所示结构为锻件在剪切过程中保持不动，棒料在活动刀片推动下实现剪切，可在一次行程中同时完成切断和成型两个工步。图 4 – 90b 所示结构为棒料在剪切过程中保持不动，锻件或芯料在活动刀片推动下实现剪切。

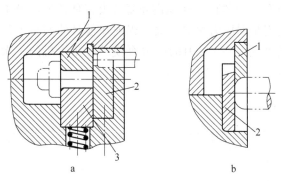

图 4-90　切断模膛
1—固定刀片；2—活动刀片；3—夹紧凹模

4.5　切边与冲孔

4.5.1　切边与冲孔的方法

在开式模锻时，模锻件的周边都有横向飞边；带透孔的锻件模锻后，一般在孔内都留有连皮。飞边和连皮都应从锻件上切除，这种工序通常称为切边和冲孔。

锻件的切边和冲孔通常是利用安装在切边压力机上的模具进行热切、热冲或冷切、冷冲。热切和热冲与模锻工序在同一火次内进行，即利用锻件余热，模锻后立刻进行切边和冲孔。冷切和冷冲则是在模锻以后在常温下进行。

热切、热冲时所需的冲切力比冷切、冷冲要小得多；同时，锻件在热态下具有较好的塑性，切口不易产生裂纹。而冷切、冷冲时生产条件好，生产率高，冲切时锻件走样小，凸、凹模的调整和修配比较方便；但是所需设备吨位大，锻件易产生裂纹。因此，对大、中型锻件，高碳钢、高合金钢、镁合金锻件，以及切边后还需采用热校正、热弯曲的锻件，采用的是热切、热冲。碳含量低于 0.45% 的碳钢或低合金钢小型锻件以及非铁合金锻件，进行的是冷切、冷冲。

切边、冲孔时使用的模具，即切边模、冲孔模主要由凸模和凹模组成（图 4-91a）。切边时，锻件放在凹模孔口上，在凸模的推压下，锻件的飞边被凹模刃口剪切与锻件分离。冲孔时，凹模起支承锻件的作用，而凸模起剪切作用。

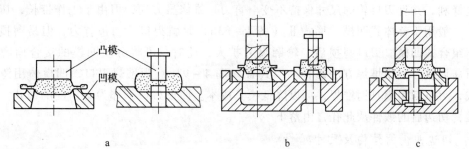

图 4-91　切边、冲孔模具
a—单工序模；b—连续模；c—复合模

根据工序性质模具分为简单模、连续模和复合模三种类型。简单模用来完成切边或冲孔（图4-91a）。连续模是在压力机的一次行程内在模具的两个工位上同时进行一个锻件的切边和另一个锻件的冲孔（图4-91b）。复合模是在压力机的一次行程中，在模具的一个工位上完成切边和冲孔（图4-91c）。

4.5.2　切边模

切边模一般由切边凹模、切边凸模、模座、卸飞边装置等零件组成。

4.5.2.1　切边凹模

A　切边凹模的分类

切边凹模有整体式和组合式两种（图4-92）。整体式凹模适用于中、小型锻件，特别是形状简单、对称的锻件。组合式凹模由两块或两块以上的模块组成，具有制造容易，热处理时不易淬裂、变形小，便于修磨、调整、更换等特点，多用于大型锻件或形状复杂的锻件。

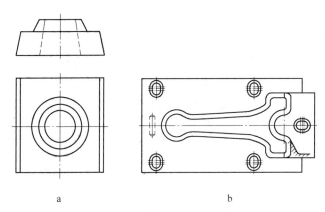

图4-92　切边凹模

a—整体式凹模；b—组合式凹模

B　切边凹模的刃口及其形式

切边凹模用于剪切锻件飞边而设有锋利的刃口。刃口的轮廓线按锻件图在分模面上的轮廓线制造。如为热切，则按热锻件图配制；若为冷切，则按冷锻件图配制。常用的凹模刃口有三种形式：形式Ⅰ（图4-93a）为直刃口，当刃口磨损后，将顶面磨去一层，即可恢复锋利，并且刃口轮廓尺寸保持不变。直刃口维修虽方便，但由于工作带长，切边力较大，一般用于整体式凹模。形式Ⅱ（图4-93b）是斜刃口，切边省力，但易磨损，主要用于组合式凹模。刃口磨损后，轮廓尺寸扩大，此时，可将分块凹模的接合面磨去一层，重新调整，或用堆焊方法修补。形式Ⅲ（图4-93c）为堆焊刃口，凹模体用铸钢浇铸而成，刃口则用模具钢堆焊，可以降低模具成本。凹模刃口下部为有斜度的通孔，称为落料孔，切边后的锻件从此孔自由落下。

C　切边凹模的结构及尺寸

为了使锻件平稳地放在凹模孔口上，刃口顶面设计成凸台形式。切边凹模的结构和尺寸可参考表4-40确定。

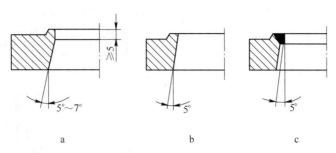

图 4 - 93 凹模刃口形式

a—直刃口；b—斜刃口；c—堆焊刃口

表 4 - 40 切边凹模尺寸

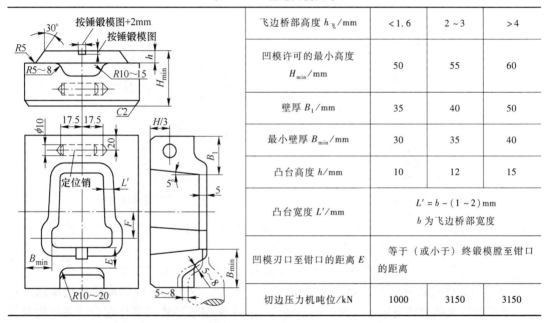

飞边桥部高度 $h_{飞}$/mm	< 1.6	2 ~ 3	> 4
凹模许可的最小高度 H_{min}/mm	50	55	60
壁厚 B_1/mm	35	40	50
最小壁厚 B_{min}/mm	30	35	40
凸台高度 h/mm	10	12	15
凸台宽度 L'/mm	$L' = b - (1 ~ 2)$ mm b 为飞边桥部宽度		
凹模刃口至钳口的距离 E	等于（或小于）终锻模腔至钳口的距离		
切边压力机吨位/kN	1000	3150	3150

D 切边凹模的固定方式

切边凹模多用楔铁或螺钉紧固在凹模底座上，如图 4 - 94 所示。用楔铁紧固简单、牢固，一般用于整体凹模或由两块组成的凹模。螺钉紧固的方法多用于三块以上的组合凹模，以便于调整凹模刃口的位置。以导柱、导套为导向的切边模，其凹模均采用螺钉紧固，以便调整凸、凹模之间的间隙。轮廓为圆形的小型锻件，也可用压板固定切边凹模（图 4 - 95）。凸、凹模之间的间隙靠移动模座来调整。

4.5.2.2 切边凸模

切边时，切边凸模起传递压力的作用，要求它与锻件有一定的接触面积（推压面），而且形状一致。为了避免啃伤锻件的过渡断面，应在该处留出空隙 Δ（图 4 - 96），其值等于锻件相应处水平尺寸正偏差的一半加上 0.3 ~ 0.5mm。

切边时，多数情况下，凸模进入凹模，因此，凸、凹模之间应有适当的间隙 δ，该值靠减小凸模轮廓尺寸保证。间隙过大，不利于凸、凹模位置的对准，易产生偏心切边和不均匀的残余毛刺；间隙过小，飞边不易从凸模上取下，而且凸、凹模有互啃的危险。

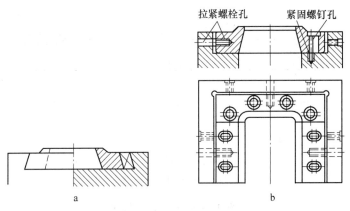

图 4 - 94　凹模紧固方法

a—用楔铁紧固；b—用螺钉紧固

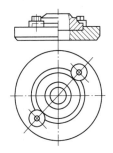

图 4 - 95　用压板紧固的凹模

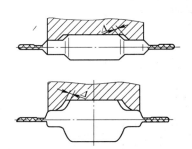

图 4 - 96　切边凸模与锻件间的空隙

切边模的性质不同，间隙 δ 也不同。当凹模起切刃作用时，间隙 δ 较大；凸、凹模同时起切刃作用时，间隙 δ 较小。

（1）对于凹模起切刃作用的凸、凹模间隙 δ，其值按照表 4 - 41 确定。

（2）当锻件模锻斜度大于 15°时，间隙 δ 不宜太大，以免切边时造成锻件边缘向上卷起，并形成较大的残留毛刺。为此，凸模按表 4 - 41 中图示形式与锻件配合，并每边保持 0.5mm 左右的最小间隙。

（3）对于凸、凹模同时起切刃作用，其间隙值可按表 4 - 41 确定。

表 4 - 41　凸、凹模间隙值

凹模起切刃作用		形式 Ⅰ		形式 Ⅱ	
		h/mm	δ/mm	D/mm	δ/mm
		< 5	0.3	< 20	0.3
		5 ~ 10	0.5	20 ~ 30	0.5
		10 ~ 19	0.8	30 ~ 48	0.8
		19 ~ 24	1.0	48 ~ 59	1.0
		24 ~ 30	1.2	59 ~ 70	1.2
形式 Ⅰ	形式 Ⅱ	> 30	1.5	> 70	1.5

凸、凹模同时起切刃作用	计算公式	符号说明
形式Ⅲ	当锻件模锻斜度大于15°时，间隙：$\delta = 0.5\mathrm{mm}$	
凸、凹模同时起切刃作用	间隙：$\delta = kt$	t 为切边厚度； k 为材料系数，钢、钛合金、硬铝，$k = 0.08 \sim 0.1$；铝、镁、铜合金，$k = 0.04 \sim 0.06$

为了便于模具调整，沿整个轮廓线间隙按最小值取成一致，凸模下端不可有锐边（锐边易弯卷，淬火时易崩裂，操作时易伤人），应从 S 和 S_1 高度处削平（表 4 - 41 中形式Ⅱ中的 S、形式Ⅲ中的 S_1），其值的大小可用作图法确定。凸模下端削平后的宽度 b，对小型锻件为 1.5mm，中型锻件为 2 ~ 3mm，大型锻件为 3 ~ 5mm。

凸模固定方式主要有如下两种：

（1）凸模直接紧固在切压力机的滑块上。用楔铁将凸模燕尾直接紧固在切边压力机的滑块上，前后用中心键定位。由于夹持牢固，多用于紧固大型锻件的切边凸模（图 4 - 97a）。对于特别大的锻件，可用压板、螺栓将凸模直接紧固在滑块上（图 4 - 97b）。除此以外，还可以利用压力机上的紧固装置，直接将凸模模柄紧固在滑块上（图 4 - 97c），其特点是夹持方便，适于紧固中、小型锻件的切边凸模。

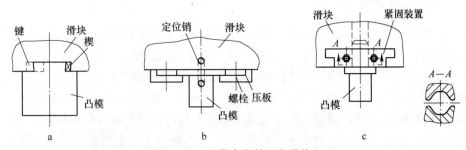

图 4 - 97 凸模直接紧固在滑块上

（2）凸模通过凸模座紧固在切压力机的滑块上。中、小型锻件的切边凸模也常采用键槽和螺钉或燕尾和楔铁固定在模座上，再将模座固定在切边压力机的滑块上，这样可减小凸模的高度，节省模具钢。

4.5.3 冲孔模

冲除锻件孔内连皮时，将锻件放在凹模内，靠冲孔凸模端面的刃口将连皮冲掉，此时凹模只起支承锻件的作用，如图 4 - 98 所示。凸模刃口部分的尺寸按锻件孔形尺寸确定，凹模孔的尺寸是凸模尺寸与凸、凹模间隙值 δ 之和。一般情况下，间隙值 δ（见图 4 - 99）为：$\delta = h_1 \tan\alpha - 0.5$，且保证 $0.5 \text{mm} < \delta < 3 \text{mm}$。

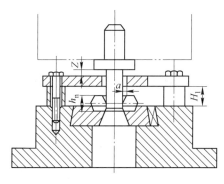

图 4 - 98   冲孔模结构

$(H_1 = h_n + (5 \sim 8) \text{mm}; \; a = 1.5 \sim 2.5 \text{mm}; \; Z = 10 \sim 15 \text{mm})$

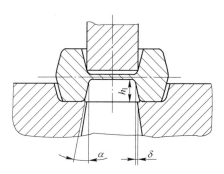

图 4 - 99   冲孔凸、凹模之间的间隙

冲孔时，锻件以凹模内的型腔定位，其垂直方向的尺寸按锻件上相应部分的公称尺寸确定，但型腔的最大深度不超过锻件的高度。形状对称的锻件，型腔的深度可比锻件相应高度之半小一些。型腔水平方向的尺寸，在定位部分（图 4 - 100 中的 C 尺寸）的侧面与锻件应有间隙 Δ，其值为：$e/2 + (0.3 \sim 0.5) \text{mm}$，$e$ 为锻件在该处的正偏差。在非定位部分（图 4 - 100 中的 B 尺寸），间隙 Δ_1 可比 Δ 大一些：$\Delta_1 = \Delta + 0.5 \text{mm}$。凹模孔径 d 应稍小于锻件底面内孔的直径，以保证锻件底面全部支承在凹模上。凹模孔的最小高度 $H_{\min}$ 应不小于 $s + 15 \text{mm}$，s 为连皮厚度。

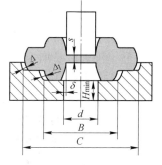

图 4 - 100   冲孔凹模尺寸

4.5.4   切边冲孔复合模

模锻生产中，常常是同时进行锻件的切边与冲孔，此时采用复合模具结构。该模具的特点是在压力机的一次行程内，在模具的一个工作位置完成同一锻件的切边与冲孔。图 4 - 101 所示为切边冲孔复合模的结构，图的左侧显示的是模具开启时的状态，右侧显示的是模具闭合时的状态。冲孔凸模 13 固定在下模座 16 上，顶件器 12 固定在横梁 15 上。横梁 15 通过托架 6、拉杆 5、螺母 4 与上模座 3 相连。切边凹模 9 固定在垫板 10 上的定位孔中，而垫板 10 通过支撑板 11 固定在下模座 16 上。凸凹模 7 通过螺栓固定在上模座 3 上，凸凹模 7 的外形是切边的凸模，内孔是冲孔的凹模。上模座 3 通过楔铁 2 和燕尾固定在压力机的滑块上。下模座固定在压力机工作台上。

模具开启时，即当压力机滑块处于最上位置时，拉杆 5 将托架 6 拉住，使横梁 15 及顶件器 12 处于最高位置，此时将锻件 8 放在顶件器 12 上。滑块下行时，拉杆 5 与凸凹模 7 同时向下移动，托架 6、横梁 15、顶件器 12 以及锻件靠自重也向下移动。当锻件与切边凹模 9 的刃口接触时，顶件器 12 仍继续下移，与锻件脱离，直到横梁 15 与下模座 16 接触。此后，拉杆 5 继续下移，在到达最下位置时，凸凹模 7 与锻件 8 接触并推压锻件，将飞边切除，进而锻件内孔连皮与冲孔凸模 13 接触进行冲孔，锻件便落在顶件器上。

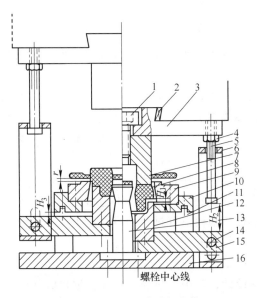

图 4-101 切边冲孔复合模

1，14—螺栓；2—楔铁；3—上模座；4—螺母；5—拉杆；6—托架；7—凸凹模；8—锻件；9—切边凹模；
10—垫板；11—支撑板；12—顶件器；13—冲孔凸模；15—横梁；16—下模座

回程时，滑块向上移动，凸凹模 7 与拉杆 5 同时上移，在拉杆上移一段距离后，其头部又与托架 6 接触，然后带动托架 6、横梁 15 与顶件器 12 一起上移，并将锻件顶出凹模。

4.5.5 切边力和冲孔力

切边力或冲孔力 P 的数值可按下式计算：

$$P = \lambda \tau F \tag{4-42}$$

式中 τ——材料的抗剪强度，通常取 $\tau = 0.8\sigma_b$，σ_b 为金属在切边或冲孔温度下的强度极限；

       F——剪切面积，$F = Lz$，L 为锻件分模面的周长，z 为剪切厚度，$z = 2.5t + B$（t 为飞边桥部或连皮厚度，B 为锻件高度方向的正偏差）；

       λ——考虑到切边或冲孔时锻件发生弯曲、拉伸、刃口变钝等现象，致使实际切边力或冲孔力增大所取的系数，一般取 $\lambda = 1.5 \sim 2.0$。

4.6 校 正

锻件在切边、冲孔、热处理和清理过程中若有较大变形，会使锻件走样。如果锻件的这种变形超出了锻件图技术条件的允许范围，重则报废，轻则可经过校正工序把这种变形矫正过来，使锻件的形状和尺寸符合图纸的要求。

校正一般在校正模中进行，也可以不用模具。如对某些长轴类锻件的校正，可直接将锻件支撑在油压机工作台的两块 ∨ 形铁上，用装在油压机压头上的 ∧ 形铁对弯曲部分加压来进行校直。当锻件的校正是在校正模内进行时，还可使锻件在高度方向上因欠压而增加的尺寸减小。

4.6.1　校正类型

锻件的校正可以是整体校正，也可以是局部校正。根据校正时锻件的温度，校正分为热校正和冷校正两种。

热校正通常与模锻同一火次，在切边和冲孔之后进行。它可以在终锻模腔内进行；也可以在专用设备（如摩擦压力机）上的校正模中进行，还可以在切边压力机上的复合式切边－校正或冲孔－校正模具内进行。这种校正方法一般用于大型锻件、高合金钢锻件和在切边、冲孔时容易变形的形状复杂的锻件。

冷校正作为模锻生产的最后工序，一般被安排在热处理和清理工序之后。冷校正主要在摩擦压力机、曲柄压力机等设备上的校正模中进行。一般用于结构钢的中、小型锻件和在冷切边、冷冲孔、热处理和滚筒清理过程中容易产生变形的锻件。

4.6.2　校正模

校正模腔根据锻件图设计，其中，热校正模腔根据热锻件图设计，冷校正模腔根据冷锻件图设计。

校正模腔的设计有以下特点：

（1）在保证校正要求的情况下，应力求模腔形状简化、定位可靠、操作方便、制造简单，如图 4 - 102 所示。

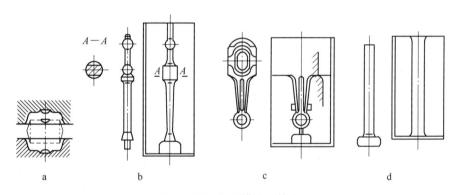

图 4 - 102　校正模腔的简化

a—不对称锻件设计成对称模腔；b—半圆形锻件设计成圆形模腔；
c—连杆大头部位锻件设计成直通模腔；d—长轴类锻件设计成杆部校正模腔

（2）模腔水平方向的尺寸应适当放大，这主要是由于锻件在切边后留有毛刺，以及锻件在高度方向有欠压时，校正之后其水平方向尺寸有所增大。为此，在水平方向上模腔与锻件之间应留有一定空隙，其值与锻件的断面形状和尺寸有关，可按表 4 - 42 选取。

（3）校正模腔的高度等于或小于锻件高度。通常，对于小型锻件，因欠压量小，模腔的高度可等于锻件高度；而大、中型锻件欠压量较大，模腔的高度应比锻件高度小一些，其差值可取为锻件高度尺寸的负偏差。

（4）校正模腔一般不设飞边槽，只有在锤和摩擦压力机上用的校正模的个别情况下，在模腔周围的上、下模面间留出少量间隙，以容纳因终锻模腔严重磨损或锻件欠压而产生的多余金属；在其他设备（如压力机）上用的校正模，只在上、下模面间留出开通的间隙

h，其结构和尺寸参考表 4 - 43。其中，在分模面上模膛周边圆角 R 的作用是便于放置锻件和避免上模压下时因摆动而刮伤锻件。

表 4 - 42　校正模膛与锻件之间的空隙　　　（mm）

断　面　形　状	空　　隙				
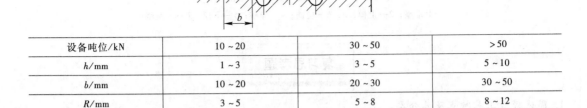圆形与椭圆形断面	D 或 B	≤10	11~20	21~40	41~60	>60
	Δ_1	0.8	1.0	1.5	2.0	2.0~2.5
工字形与肋锻件	H	≤10	11~20	21~30	31~40	
	Δ_1	1.2	1.5	2.0	2.0~2.5	
	Δ_2	0.8	1.0	1.0	1.0	
	$R = R_0 + (2 \sim 5)\,\text{mm}$					
一般形状	H	≤30	31~45	46~60	>60	
	Δ_1	1.5	2.0	2.5	2.5~3.0	
	Δ_2	0.8	1.0	1.0	1.0	
	$H/D \leq 1$ 时适用；$h_0 = 1 \sim 4\,\text{mm}$ 时，$R = R_0 + (2 \sim 5)\,\text{mm}$					

表 4 - 43　分模面间隙值

设备吨位/kN	10~20	30~50	>50
h/mm	1~3	3~5	5~10
b/mm	10~20	20~30	30~50
R/mm	3~5	5~8	8~12

（5）经冲孔和切边后的锻件由于没有飞边和夹钳料头，校正后起模困难，应在模膛便于出模又不影响校正处开一个缺口（图 4 - 103），以便锻件的取出。

（6）校正模膛的间距与壁厚按照校正部分形状来确定。对于平面校正的情形，锻件四周与模膛之间留有空隙，其模膛间距与壁厚按图 4 - 104 确定；如校正部分为斜面时，模膛侧面与锻件接触，其模膛间距与壁厚按图 4 - 105 确定。锁扣部分与模膛的距离 s 一般取 25~30mm（图 4 - 106）。

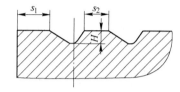

图 4 – 103 取件用的缺口

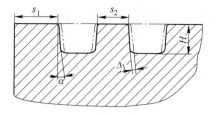

图 4 – 104 平面校正时的模膛间距与壁厚

($s_1 \geqslant H$, $s_1 \geqslant 30$; $s_2 \geqslant H$, $s_2 \geqslant 20$)

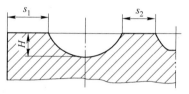

图 4 – 105 具有斜面的锻件校正时的模膛间距与壁厚

($s_1 \geqslant 1.5H$, $s_1 \geqslant 40$; $s_2 \geqslant H$, $s_2 \geqslant 30$)

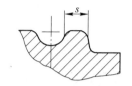

图 4 – 106 锁扣与模膛间距

（7）校正模应留有足够的支承面。如摩擦压力机校正时，校正模上的支承面按 10 ~ 13mm²/kN 来确定。

图 4 – 107 所示为机械压力机用校正模结构，在校正模上、下模之间（即在分模面上）留有 1 ~ 2mm 间隙。

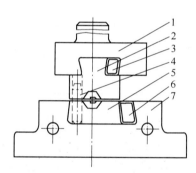

图 4 – 107 机械压力机用校正模

1—上模座；2—上模；3，6—楔铁；4—导柱；5—下模；7—下模座

复习思考题

1. 简述模锻工艺特点及其分类。

2. 简述锤上、热模锻压力机、摩擦压力机和平锻机上模锻件图的设计特点。

3. 简述锤上模锻、制坯工步及锻模结构。

4. 简述热模锻压力机上的变形工步及锻模结构。

5. 简述摩擦压力机上的模锻工艺特点及其锻模结构。

6. 简述平锻机上的模锻工艺过程及其锻模结构。

7. 简述切边与冲孔特点及其模具结构。

8. 简述校正特点及其模具结构。

5　锻后冷却与热处理

本章要点： 锻后冷却和热处理是锻造生产过程中的重要环节，尤其对合金钢锻件和大型锻件，是消除锻件中的残余应力、控制其组织和性能、避免出现缺陷的关键工序。本章以锻后冷却、热处理为主要内容，通过对锻件在锻后冷却过程中的内应力及常见缺陷的分析，介绍了如何根据坯料的化学成分、组织特点、原材料状态和断面尺寸等因素来确定锻后冷却制度；同时，还对中、小型锻件和大型锻件的锻后热处理方法及其需要解决的问题进行了说明。

5.1　锻后冷却

锻后冷却一般是指锻件从锻后终锻温度一直冷却到室温的降温过程。如果锻后冷却方法不当，锻件在冷却过程中将会产生缺陷以致报废，也可能因延长生产周期而影响生产率。所以，锻后冷却也是锻造生产中不可忽视的一个重要环节。

5.1.1　锻件在冷却过程中的内应力

锻件在冷却过程中，同坯料在加热过程中一样，也会引起内应力。由于锻件的锻后冷却是处于温度较低的弹性状态，所以，锻后冷却产生的内应力，其危害性比坯料加热时更大。根据冷却时内应力产生的原因，内应力有温度应力、组织应力和锻造变形不均匀引起的残余应力。

5.1.1.1　温度应力

温度应力是锻件在冷却过程中表层与心部温度不同造成收缩不均而产生的，且为三向应力状态，其中轴向应力最大。图 5 - 1 为锻件在锻后冷却过程中轴向温度应力分布和变化情况。

在冷却初期，锻件表层冷却快，体积收缩大，心部冷却慢，体积收缩小，此时，锻件内的温度应力分布为：表层为拉应力，心部为压应力。在随后的冷却过程中，温度应力将因钢种不同而发生下列两种变化：

（1）对于变形抗力小、易变形的软钢锻件，因能够产生变形松弛，而使应力逐渐减小至零。在冷却后期，锻件表层温度低而停止收缩，心部收缩则受到表层的限制，结果使温度应力的分布发生改变，表层为压应力，心部为拉应力。

（2）对于变形抗力大、难变形的硬钢锻件，因不能产生变形松弛，即使到了冷却后期

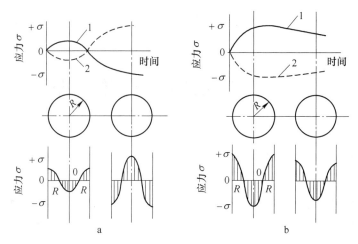

图 5 - 1   锻件冷却过程中轴向温度应力分布和变化示意图

a—软钢锻件；b—硬钢锻件

1—表层应力；2—心部应力

产生相反符号的温度应力，也只能使冷却初期的温度应力值有所降低，表层仍为拉应力，心部为压应力。

5.1.1.2 组织应力

组织应力是锻件在锻后冷却过程中（如果发生组织转变），由于锻件表层和心部相变不同时进行而产生的应力。不同的组织有不同的比容，例如奥氏体的比容为 0.120 ~ 0.125cm³/g，马氏体的比容为 0.127 ~ 0.131cm³/g。因此，由于比容不同，会在锻件内部产生组织应力。锻后冷却时的组织应力为三向应力状态，其中切向应力最大。图 5 - 2 为锻件在锻后冷却过程中切向组织应力的分布与变化情况。

在锻件冷却初期，表层先发生组织转变，这时组织应力的分布为：表层是压应力，心部是拉应力。但此时锻件心部仍处于塑性良好的奥氏体状态，通过局部塑性变形，组织应力很快松弛。随着锻件温度降低，心部也发生相变，这时产生的组织应力为：心部是压应力，表层是拉应力。

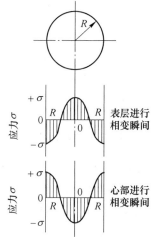

图 5 - 2   锻件冷却过程中切向组织应力的分布与变化示意图

5.1.1.3 残余应力

在锻造生产过程中，由于锻件各部分变形程度的不同，金属内部产生了相互作用的内应力。如果锻后这种内应力未能及时消除，便会在冷却终了时保留下来构成残余应力。通常，残余应力在锻件内的分布与大小，既可能是表层为拉应力，心部为压应力，也可能与此相反，这需要根据锻造时的不均匀变形情况而定。

5.1.2 锻后冷却过程中的常见缺陷

对于碳素钢的中、小型锻件锻后可直接冷却，但对合金钢锻件或大型锻件，则应考虑合金元素含量和断面尺寸大小来确定合适的冷却制度，否则，容易产生各种缺陷。常见的缺陷有：变形和裂纹、白点、网状碳化物等。

5.1.2.1 变形和裂纹

锻件在锻后冷却过程中产生的裂纹与温度应力、组织应力和残余应力有关，当三种应力叠加后为拉应力，并且超过了材料的屈服强度时，锻件将发生变形；超过了材料的强度极限时，在锻件相应部位便引起裂纹。对于一般的翘曲可以校正，只是增加了一道校正工序。裂纹深度不大可以清除，但深度超过了加工余量就会造成报废。

根据温度应力变化和分布特点可知，由温度应力引起的裂纹，软钢锻件可能出现内部裂纹，硬钢锻件可能出现表面裂纹。根据组织应力变化和分布特点可知，由组织应力引起的裂纹，则表现为锻件表面纵裂。至于残余应力是否引起裂纹，取决于锻件的不均匀变形程度。

5.1.2.2 白点

白点是某些含铬、镍的中合金钢的大型锻件在锻后冷却过程中形成的一种缺陷，它在低倍试片中可以观察到，在试片纵向断口上呈圆形或椭圆形的银白色斑点，直径大小由几毫米到几十毫米，如图 5-3a 所示；在试片横向断口上呈现为极细的裂纹，如图 5-3b 所示。显微组织观察表明：此裂纹属于脆性破裂。因此，白点的实质是一束极细的脆性裂纹。

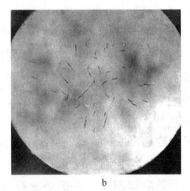

图 5-3 白点
a—纵向断口；b—横向断口

白点的存在对锻件的性能极为不利，不仅会导致力学性能急剧下降，而且，还由于白点会引起高度应力集中，会在热处理时使零件开裂，或在零件使用过程中发生突然断裂。所以，白点是锻件的一种危险性极大的缺陷，锻件一旦发现白点必须报废。

目前，对锻件内白点的形成原因比较一致的看法是：白点是由锻件内的氢和内应力（主要是组织应力）共同作用的结果，没有一定数量的氢和较大的内应力，白点是不会形成的。一般认为，氢含量低于 $2 \sim 3 cm^3/100g$ 便不会产生白点（此极限氢含量与钢的成分、锻件尺寸、偏析程度有关）。如果锻件在锻后含有较多的氢，加上冷却不当而产生较大的内应力，将促使位错汇集到亚晶界并构成亚显微裂口——断裂源，钢中的氢原子（或离子）也聚集到亚显微裂口附近。当氢原子从固溶体里脱溶析出到亚显微裂口时，氢原子在裂口中结合成氢分子并产生很大的压力，于是在组织应力和氢析出应力的作用下，显微裂口不断扩大，以致破裂为极细的裂纹，即形成白点。

各种钢产生白点的敏感性差别很大，通常，白点多出现在珠光体、贝氏体及马氏体类合金钢中，碳素钢程度较轻，奥氏体、铁素体类钢极少产生白点，莱氏体钢未发现白点。

5.1.2.3　网状碳化物

当锻件为碳素工具钢、合金工具钢及轴承钢等碳含量较高的锻件时，如果其终锻温度较高，并在锻后又缓慢冷却时，特别是 $A_{rm} \sim A_{r1}$ 区间缓冷，将从奥氏体中析出大量二次碳化物，这时碳原子由于具有较大的活动能力和足够的时间扩散到晶界，于是沿奥氏体晶界分布而形成网状碳化物。当网状碳化物较严重时，用一般热处理方法不易消除，使锻件的冲击韧性降低，进行热处理时，还会使锻件表面产生龟裂。

上述各种缺陷与锻件的锻后冷却速度有关，因此，防止的措施之一就是确定合适的冷却速度。它是选择冷却方法和制定冷却制度中的关键问题。

5.1.3　锻后冷却方法及冷却制度

5.1.3.1　锻后冷却方法

根据锻后冷却速度的不同，锻后冷却方法主要有三种，即空冷、坑（箱）冷和炉冷。

（1）空冷：锻件锻后单个或成堆直接放在车间地面上在空气中冷却，速度较快。注意不能放在潮湿地或金属板上，也不要放在有过堂风的地方，以免锻件冷却不均或局部急冷引起缺陷。

（2）坑（箱）冷：锻件锻后放到地坑或铁箱中封闭冷却，或埋入坑内砂子、石灰或炉渣中冷却，其冷却速度可以通过选用不同的绝缘材料及保温介质厚度来进行调节。一般锻件入砂温度不应低于500℃，周围积砂厚度不能少于80mm。

（3）炉冷：锻件锻后直接装入炉中，按一定的冷却制度冷却。一般锻件入炉时的温度不得低于600~650℃，装料时的炉温应与入炉锻件温度相当。由于炉冷可以通过控制炉温准确实现规定的冷却速度，因此适合高合金钢、特殊钢锻件及各种大型锻件的锻后冷却。

5.1.3.2　锻后冷却制度

制订锻件锻后冷却制度，关键是选择合适的冷却速度，以免产生各种冷却缺陷。通常，锻后冷却制度是根据坯料的化学成分、组织特点、原材料状态和断面尺寸等因素，参照有关手册资料确定的。

（1）化学成分：一般来讲，坯料的化学成分越简单，锻后冷却速度越快，反之越慢。按此，对成分简单的碳钢和低合金钢锻件，锻后均采用冷却速度较快的空冷。而成分较复杂或合金化程度较高的合金钢锻件，在锻后则采用冷却速度较慢的坑（箱）冷或炉冷。

对于碳素工具钢、合金工具钢及轴承钢等含碳较高的钢种，如果锻后缓冷，在晶界会析出网状碳化物，将严重影响锻件的使用性能。因此，这类锻件锻后应用空冷、鼓风或喷雾等快速冷却到600~700℃，然后再把锻件放入到坑中或炉中缓慢冷却。

（2）组织特点：对于奥氏体不锈钢、铁素体不锈钢等没有相变的钢种，由于锻后冷却过程无相变，可采用快速冷却，尤其是铁素体不锈钢应快冷。这主要是由于在400~520℃温度区间停留时间过长，会产生475℃脆性。所以这类锻件锻后通常采用空冷。但是快冷后的锻件内部会留有残余应力，故快冷后还需要加热到 750~800℃ 进行再结晶退火，以消除内应力。

对于高速钢、不锈钢、高合金工具钢等空冷自淬的钢种，由于锻后空冷发生马氏体转变，由此会引起较大组织应力，而容易产生冷却裂纹，因此这类锻件锻后应缓慢冷却。对于白点敏感的钢种，如铬镍钢 $34CrNi1Mo~34CrNi4Mo$，为防止锻后冷却过程中产生白点，应按一定的冷却制度进行炉冷。通常认为，最有效的方法是锻后冷却与锻后热处理结合在一起进行。

（3）原材料状态和断面尺寸：当锻件以型钢为原料时，锻后的冷却速度可快，而对以钢锭为原料锻造的锻件，锻后的冷却速度要慢。此外，对于断面尺寸大的锻件，因冷却温度应力大，在锻后应缓慢冷却，而对断面尺寸小的锻件，锻后可快速冷却。表 5-1 为用钢锭锻制锻件的冷却方式。

表 5-1　钢锭锻制锻件的冷却方式

钢号举例	锻件有效截面尺寸/mm			
	≤50	51~100	101~400	401~500
15~30	空冷			坑冷
35~45				
55Cr、55Mn2、35CrMo、20MnMo、35CrMnSi、T8、38SiMnMo			炉冷	
GCr15、9Cr2、5CrMnMo、60CrNi				

5.2　锻件热处理

热处理是指把金属或合金（工件）加热到给定的温度，并在此温度下保温一定的时间，然后用选定的速度和方法来冷却，以便达到所需要的组织和性能的一种工艺方法。

锻件在机械加工前后，一般都要进行热处理。机械加工前的热处理称为锻件热处理（也称为毛坯热处理或第一热处理）。机械加工后的热处理称为零件热处理（也称为最终热处理或第二热处理）。

由于在锻造生产过程中，锻件各部位的变形程度、终锻温度和冷却速度不一致，锻后必然导致锻件组织不均匀、残余应力和加工硬化等现象。因此，为保证锻件质量，在锻后还需要对锻件进行热处理。对容易出现白点的锻件，为防止出现该类缺陷也要进行热处理。另外，对切削后不再进行热处理的锻件，要求在锻造车间热处理后就要达到组织和性能要求。因此，锻件热处理的目的在于：

（1）调整锻件的硬度，以利于锻件进行切削加工；

（2）消除锻件内应力，以免在机械加工时变形；

（3）改善锻件内部组织，细化晶粒，防止白点，为零件热处理作好组织准备；

（4）对于不再进行最终热处理的锻件，应保证达到规定的力学性能要求。

常用的锻件热处理方法有：退火、正火、调质和等温退火等。

5.2.1 中、小锻件的热处理

5.2.1.1 退火

一般亚共析钢锻件采用完全退火（通常称退火），共析钢和过共析钢锻件采用球化退火（不完全退火）。

完全退火是将锻件加热到 A_{c3} 以上 30～50℃（见图 5 - 4），经一定时间保温后使钢的组织全部转变为奥氏体状态，然后随炉缓慢冷却到 400～500℃，取出空冷。由于冷却速度缓慢，高温的奥氏体冷却转变时可以获得较为平衡的状态组织。锻件经过完全退火，可消除锻造过程中形成的粗大晶粒及残余应力，降低锻件硬度，提高锻件塑性和韧性，改善切削加工性能，并为以后的零件热处理作好组织准备。

球化退火是将锻件加热到 A_{c1} 以上 10～20℃（见图 5 - 4），经较长时间保温，然后随炉缓慢冷却到 400～500℃，取出空冷。球化退火使钢中渗碳体凝聚成球状，获得球状的珠光体组织，它与片状珠光体比较，硬度较低，具有良好的切削性能，组织比较均匀，减少了淬火时的变形和开裂倾向。对于有网状渗碳体的过共析钢，则应先进行正火，消除网状渗碳体后才能进行球化退火。

5.2.1.2 正火

正火一般是把锻件加热到 A_{c3} 或 A_{cm} 以上 50～70℃（见图 5 - 4，高合金钢锻件为 100～150℃），经一定时间的保温，使钢全部奥氏体化，然后在静止的空气中冷却。正火适用于亚共析钢、共析钢和过共析钢的锻件。正火可以细化晶粒，提高钢的强度和韧性，减小内应力，对过共析钢可以消除网状碳化物。如正火后锻件硬度较高，为了降低硬度还应进行高温回火。

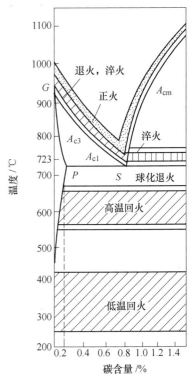

图 5 - 4 各种锻件热处理加热
温度制度示意图

5.2.1.3 调质

调质是将锻件先淬火，然后再高温回火的热处理方法。常用于碳含量为 0.35%～0.50% 的中碳钢和低合金钢的重要锻件，尤其是不进行零件热处理时，如轴类和齿轮类锻件。锻件经调质处理能获得良好的综合力学性能。

5.2.2 大型锻件的热处理

大型锻件的断面尺寸大、生产过程复杂，极易造成锻件的组织性能不均匀、晶粒粗大不均，且存在较大的残余应力；另外，对一些锻件还容易产生白点缺陷。为此，大型锻件热处理的任务，除了消除应力、降低硬度之外，主要是预防锻件出现白点，其次则是使锻件的化学成分均匀化，调整与细化锻件组织。通常，大型锻件热处理是与锻后冷却结合在一起进行的。

5.2.2.1 防止白点处理

由于白点主要是由钢中氢和组织应力共同作用引起的，因此，对白点敏感的大型锻件，进行锻后冷却与热处理时，若能将氢大量扩散出去，同时尽量减少组织应力，就可以避免白点的产生。

氢的扩散速度与温度的关系如图 5 - 5 所示。由图可见，在温度为 650℃ 或 300℃ 时，氢在钢中的扩散速度很大，这是因为体心立方晶格的铁素体比面心立方晶格的奥氏体可溶解的氢少。如锻件在此温度附近保温停留，便可使氢大量扩散出去。

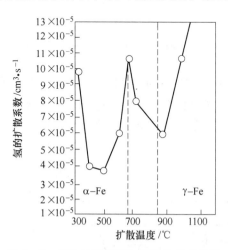

图 5 - 5　氢的扩散速度与温度的关系曲线

由于锻后冷却过程所产生的组织应力是由奥氏体转变引起的，因此，欲使组织应力减小，则要求奥氏体转变迅速、均匀、完全。从奥氏体等温转变曲线（即 C 曲线）可知，位于 C 曲线鼻尖处温度时，奥氏体转变最快。对于珠光体钢，奥氏体转变最快的温度范围为 620～660℃；对于马氏体钢，奥氏体转变最快的温度范围为 580～660℃ 及 280～320℃。因此，当锻件冷却到上述温度进行等温转变时，便可使奥氏体转变迅速、均匀、完全，这样就可大大降低组织应力。

由此可见，在减小组织应力产生的奥氏体等温转变温度范围内，氢在钢中的扩散速度也是最快的。在 580～660℃ 温度区间长时间保温，进行等温退火时，钢的塑性较好，同时温度应力、组织应力较小，较安全，但时间要很长。在 280～320℃ 温度区间等温退火时，奥氏体分解快，需要的时间短，但组织应力和温度应力较大，材料塑性较低，对于较大的锻件，如控制不好易出现裂纹。另外，较大截面的锻件，中心部分的氢也很难扩散出去。因此，大型锻件防止白点的锻后冷却与热处理曲线如图 5 - 6 所示，适用范围如下：

（1）等温冷却（图 5 - 6a），适用于白点敏感性较低的碳钢和低合金钢锻件；

（2）起伏等温冷却（图 5 - 6b），适用于白点敏感性较高的小截面合金钢锻件；

（3）起伏等温退火（图 5 - 6c），适用于白点敏感性较高的大截面合金钢锻件。

5.2.2.2 正火回火处理

对白点不敏感钢种和铸锭经过真空处理的大型锻件，由于锻件基本不会产生白点，在锻后则采取正火回火处理，使锻件晶粒细化、组织均匀。

正火回火处理时，锻件既可锻后直接热装炉进行正火回火处理（图 5 - 7a），也可冷

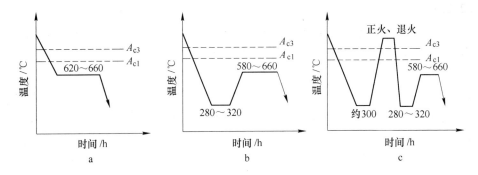

图 5 - 6　大型锻件防止白点的锻后冷却与热处理曲线

装炉进行正火回火处理（图 5 - 7b）。正火后进行过冷的目的是降低锻件心部温度，经适当保温使温度均匀，同时也能起到除氢作用。过冷温度因钢种不同而不同，一般热装炉为 350～400℃ 或 400～450℃，冷装炉为 300～450℃。

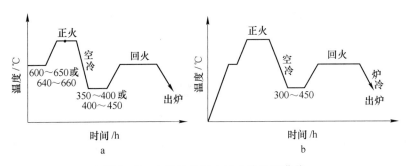

图 5 - 7　大型锻件正火回火热处理曲线

a—热装炉；b—冷装炉

复习思考题

1. 简述锻后冷却对锻件质量的影响因素。
2. 简述锻后冷却常见缺陷及其控制措施。
3. 简述锻后冷却制度。
4. 简述锻件热处理的目的。
5. 简述中小型锻件的热处理特点。
6. 简述大型锻件的热处理特点。

第二篇　冲压工艺

6 冲压工艺绪论

本章要点：冲压是以板料为原料进行的塑性加工，主要用于加工金属和非金属板料零件。冲压冲制的板料零件由于具有重量轻、强度高、刚性大、形状复杂、成本低等特点而在现代工业中得以广泛应用。本章概要介绍了冲压工艺的概念、工艺特点、工艺分类以及冲压工艺用原材料等内容。

冲压是使板料经分离或成型而得到制件的工艺统称（GB/T 8541）。它是利用压力机上的模具使材料产生局部或整体塑性变形，以实现分离或成型，从而获得一定形状和尺寸的零件的加工方法。

6.1 冲压工艺特点

冲压是一种先进的加工方法，在技术上、经济上有许多优点：

（1）板料冲压时，在排样合理的情况下，可以得到较高的材料利用率。

（2）利用模具可以冲制出形状复杂、其他的方法难以加工的零件，如薄壳件。

（3）冲压制得的零件一般不进一步加工，可直接用来装配，并具有一定精度和互换性。

（4）在加工过程中，材料表面不易遭受破坏，制得的零件表面质量好。

（5）被加工的金属在再结晶温度以下产生塑性变形，不产生切屑，变形中金属产生加工硬化。因此，在耗料不大的情况下，能得到强度高、刚性大而重量轻的零件。

（6）操作简单，易于实现机械化和自动化，并具有较高的生产效率。如在普通冲床上，一般每分钟可以压制几十个制件；若在高速冲压设备上，每分钟可以压制几百甚至上千件。

（7）在大量生产的条件下，产品的成本低。

冲压加工正是基于上述优点而在现代工业生产中占有十分重要的地位，是民用工业和国防工业生产中不可缺少的加工方法。在电子产品中，冲压件占 80% ~ 85%；在汽车、农业机械产品中，冲压件占 75% ~ 80%；在轻工产品中，冲压件约占 90% 以上。此外，在航空航天工业生产中，冲压件也占有很大的比例。

由于冲压加工使用的模具是单件生产，模具要求高、制造复杂、周期长、制造费用高，因而冲压加工在单件、小批量生产中受到限制，适宜大批量生产。

6.2   冲压工艺分类

冲压加工因制件的形状、尺寸精度和其他技术要求的不同，而在生产中采用不同的冲压工序。这些工序常按不同标准进行如下分类。

6.2.1   按变形性质分类

6.2.1.1   分离工序

分离工序是在冲压过程中使冲压件与板料沿一定的轮廓线相互分离的工序。

坯料在外力作用下产生变形，当变形部分的相当应力达到了材料的抗剪强度时，材料便产生断裂而分离。分离工序又可分为落料、冲孔和切断等，如表 6-1 所示。

表 6-1   主要分离工序

工序名称	简 图	特点及应用范围
落 料		将板料沿封闭轮廓分离，冲下部分是工件，用于制造各种形状的平板零件或为其他工序提供坯料
冲 孔		将板料沿封闭轮廓分离，冲下部分是废料，用于制造各种形状的平板零件或为其他工序提供坯料
切 断		将板料沿不封闭曲线切断，多用于加工形状简单的平板零件
切 边		将成型零件的边缘修切整齐或切成一定形状
剖 切		将已冲压成型的半成品切开成为两个或数个零件，多用于不对称零件的成对或成组冲压之后

6.2.1.2   成型工序

成型工序是坯料在外力作用下，作用在变形部分的相当应力达到材料的屈服极限，但未达到强度极限，材料仅仅产生塑性变形，从而得到一定形状和尺寸精度制件的工序。成型工序主要有弯曲、拉深、翻边、胀形等，见表 6-2。

表 6-2　主要成型工序

工序名称	简　图	特点及应用范围
弯　曲		将材料沿直线弯成各种形状，用以加工形状复杂的零件
卷　圆		将板料端部卷成接近封闭的圆头，用以加工类似铰链的零件
扭　曲		将冲裁后的半成品扭成一定角度
拉　深		将板料冲制成各种开口的空心零件
变薄拉深		将拉深成型后的空心半成品进一步加工成为底部厚度大于侧壁的零件
圆孔翻边		将板料上的孔边缘翻成竖边的冲压加工方法
外缘翻边		将板料上的外缘翻成竖边的冲压加工方法
胀　形		在双向拉应力作用下实现的变形，可以成型各种空间形状的零件
起　伏		在板料或零件的表面上用局部成型的方法制成各种形状的凸起和凹陷
扩　口		在空心坯料或管状坯料的某个部位上使其径向尺寸扩大的变形方法
缩　口		在空心坯料或管状坯料的某个位置上使其径向尺寸减小的变形方法
校　形		为了提高成型零件的尺寸精度或获得小的圆角半径而采用的成型方法

6.2.2　按基本变形方式分类

按基本变形方式不同可分为以下几类：

（1）冲裁。冲裁是利用模具使板料沿一定的轮廓产生分离的一种冲压工序，它包括冲孔、落料、切口、剖切、修边等。

（2）弯曲。弯曲是利用压力机上的模具将板料弯成一定形状和角度零件的冲压工序。

（3）拉深。拉深是利用模具将平板坯料或空心坯料成型开口空心零件的冲压工序，有不变薄拉深和变薄拉深。

（4）胀形。胀形是利用模具强迫坯料厚度减薄和表面积增大来获得零件几何形状的冲压工序。

（5）翻边。利用模具把板料上的孔缘或外缘翻成竖边的冲压加工工序。

6.2.3　按工序组合形式分类

6.2.3.1　简单工序

当零件批量不大、形状简单、要求不高、尺寸较大时，在工艺上常采用工序分散的方案，即在压机的一次行程中，在一副模具中只能完成一道冲压工序，此工序称为简单工序。

6.2.3.2　组合工序

当零件批量较大、尺寸较小、公差要求较严时，用若干个分散的简单工序来冲压零件是不经济的或难以达到要求的，这时在工艺上多采用工序集中的方案，即将两种或两种以上的简单工序集中在一副模具内完成，称为组合工序。根据工序组合的方法，又可将其分为三类：

（1）复合冲压。在压力机的一次行程中，在模具的同一位置上同时完成两种或两种以上的简单工序的冲压方法。

（2）连续冲压。在压力机的一次行程中，在模具的不同位置上同时完成两种或两种以上的简单工序的冲压方法。

（3）连续 - 复合冲压。在一副模具内包括连续冲压和复合冲压的组合工序。

连续冲压和连续 - 复合冲压是高效率的组合工序，可使复杂零件在一副模具内冲压成型，在大批量生产中被广泛采用。

此外，在生产中也常用冲压方法使零件产生局部的塑性变形来进行装配，此工序称为冲压装配工序，如铆接、弯接等。

6.3　冲压工艺用材料

6.3.1　冲压对材料的基本要求

冲压材料与冲压工艺的关系十分密切。材料的质量直接影响冲压生产和冲压件质量。在成批和大量生产中，材料的费用约占冲压件成本的60%以上。由此可见，选用冲压件材料时，除要保证制件有良好的使用性能外，还必须充分考虑冲压工艺要求，以保证冲压生产的顺利进行。为此，不仅要从材料的力学性能方面考虑，同时还必须充分考虑工艺性能，即冲压成型性能。冲压工艺对板料的基本要求如下。

(1) 对力学性能的要求。板料力学性能的指标很多，其中尤以伸长率 (δ)、屈强比 (σ_s/σ_b)、弹性模数 (E)、硬化指数 (n) 和厚向异性系数 (r) 的影响较大。一般来说，伸长率大、屈强比小、弹性模数大、硬化指数高和厚向异性系数大有利于各种冲压成型工序。

(2) 对化学成分的要求。板材的化学成分对冲压成型性能影响很大，如当钢中的碳、硅、锰、磷、硫等元素的含量较高时，则材料的塑性低、脆性大，其冲压成型性能不高。一般低碳沸腾钢容易产生时效现象，拉深成型时出现滑移线，这对汽车覆盖件而言是不允许的。为了消除滑移线，可在拉深之前增加一道辊压工序，或采用加入铝和钒等脱氧的镇静钢，拉深时就不会出现时效现象。铝镇静钢按其拉深质量分为 3 级：ZF(最复杂) 用于拉深最复杂零件，HF(很复杂) 用于拉深很复杂零件，F(复杂) 用于拉深复杂零件。其他深拉深薄钢板按冲压性能分 Z(最深拉深)、S(深拉深)、P(普通拉深) 3 级。

(3) 对金相组织的要求。根据产品对强度以及对材料成型性能的不同要求，材料供应状态可分为退火状态 (或软态) (M)、淬火状态 (C)、硬态 (Y) 和半硬态 (Y₂) 等。有些钢板对其晶粒大小也有一定的规定，晶粒大小合适、均匀的金相组织拉深性能好，晶粒大小不均易引起裂纹，深拉深用冷轧薄钢板的晶粒度等级为 6 ~ 8 级，过大的晶粒在拉深时会产生粗糙的表面。此外，在钢板中的带状组织与游离碳化物和非金属夹杂物，也会降低材料的冲压成型性能。

(4) 对表面质量的要求。用于冲压的板料表面，应平整光洁，无缺陷。板料表面有麻点、划伤、擦伤等缺陷时，在冲压加工过程中，缺陷部位易产生应力集中而破坏，同时还严重影响外观质量。当板料表面产生翘曲或不平时，则影响剪切加工，导致定位不准和损坏凸模，使废品率增高。板料表面也不允许有锈蚀现象发生，因为锈蚀不仅对冲压加工不利，严重影响表面质量，而且使模具寿命降低，同时还给后续加工 (如焊接、喷漆等) 带来一定的困难。优质钢板表面质量分 3 组：I 组 (高质量表面)、II 组 (较高质量表面)、III 组 (一般质量表面)。

(5) 对材料厚度公差的要求。对板料的厚度公差有一定的要求，并在有关技术规格中予以规定。因为在一些冲压工序中，凸、凹模之间的间隙是根据材料厚度来确定的，尤其在校正弯曲和整形工序中，板料厚度公差对零件的精度、断面质量以及模具寿命会有很大的影响。厚度公差分 A (高级)、B (较高级) 和 C (普通级) 3 种。

6.3.2 常用冲压材料及其力学性能

在冲压生产中，常用材料的规格为各种条料、带料和块料。条料是根据冲压件尺寸的要求，用剪板机将整张板料剪裁成一定宽度的材料，主要用于中小件的冲压生产。带料又称卷料，它由专用的滚剪设备加工成不同宽度和长度，这种材料用于大批量生产。块料是根据冲压件的要求，用整张板料剪裁成单件加工所需的规格尺寸，这种材料主要用于小批量生产。

冲压加工常用的材料包括金属板料和非金属板料。金属板料又分黑色金属和有色金属两类。黑色金属板料包括普通碳素钢板、优质碳素钢板、低合金钢板、不锈钢板和电工钢板等；有色金属板料有铜及铜合金、铝及铝合金、镁合金和钛合金等。非金属板料则有各种绝缘板、纸板、塑料板、橡胶板、纤维板、皮革、云母片和有机玻璃等。表6-3列出了常用金属板料的力学性能。

表6-3   常用冲压材料的力学性能

材料名称	牌　号	材料状态	抗剪强度 τ/MPa	抗拉强度 σ_b/MPa	屈服强度 σ_s/MPa	伸长率 δ/%
普通碳素钢	Q195	未退火	260～320	320～400	195	28～33
	Q235		310～380	380～470	235	21～25
	Q275		400～500	500～620	275	15～19
优质碳素钢	08F	已退火	220～310	280～390	180	32
	08		260～360	330～450	200	32
	10		260～340	300～440	210	29
	20		280～400	360～510	250	25
	45		440～560	550～700	360	16
不锈钢	1Cr13	已退火	320～380	400～470	120	21
	1Cr18Ni9Ti		430～550	540～700	200	40
电工用纯铁 $w(C)<0.025\%$	DT1、DT2、DT3	已退火	180	230	—	26
铝	1060、1050A、1200	已退火	80	75～110	50～80	25
		冷作硬化	100	120～150	—	4
硬　铝	2A12	已退火	105～150	150～215	—	12
		淬硬后冷作硬化	280～320	400～600	340	10
纯　铜	T1、T2、T3	软　态	160	200	7	30
		硬　态	240	300	—	3
黄　铜	H68	软　态	240	290～300	100	40
		半硬态	280	340～440	—	25
		硬　态	400	390～400	250	13

复习思考题

1. 简述冲压的概念。

2. 简述冲压工艺的分类及其特点。

3. 简述冲压工艺对材料的要求。

7 冲裁工艺

本章要点：冲裁是使板料产生相互分离的一种冲压加工方法，不仅可以生产零件，还可以为其他工序提供原料，应用极为广泛。本章以冲裁为主要内容，着重介绍板料的冲裁过程，冲裁件断面特征，冲裁间隙，凸、凹模刃口尺寸计算原则和方法，冲裁力计算方法，冲裁件工艺性分析及其冲裁工艺方案确定，以及冲裁模具结构类型等内容。

冲裁是利用模具在压力机上使板料沿着一定的轮廓形状产生分离的一种冲压工序，包括落料、冲孔、切断、剖切、切边等工序。利用该工序不仅可以制作零件，而且还可以为弯曲、拉深等成型工序制备毛坯。

落料和冲孔是常用的两种工序。如果使板料沿封闭曲线相互分离，封闭曲线以内的部分作为冲裁件时，称为落料；封闭曲线以外的部分作为冲裁件时，则称为冲孔。图 7 - 1 所示垫圈即由落料与冲孔两道工序完成。

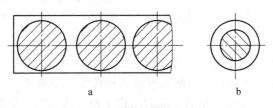

图 7 - 1　垫圈的落料与冲孔

a—落料；b—冲孔

7.1　冲裁过程及冲裁件断面特征

7.1.1　冲裁过程

冲裁工序是在模具 - 冲裁模中实现的，模具中的凸模与凹模都制成与工件轮廓一样形状，其端面具有锋利刃口，且它们之间存在一定间隙。图 7 - 2 所示为模具对板料进行冲裁时的情形。对于无压料装置的冲裁，凸、凹模对板料的垂直作用力为 F_{p1}、F_{p2}，对板料的侧压力为 F_1、F_2。凸、凹模端面与板料间的摩擦力为 μF_{p1}、μF_{p2}；凸、凹模侧面与板料间的摩擦力为 μF_1、μF_2。

当凸模下行至与板料接触时，板料就受凸、凹模端面的作用力。由于凸、凹模之间存在间隙，凸、凹模施加于板料的力产生一个力矩 M，其值等于凸、凹模作用的合力与稍大于间隙的力臂 a 的乘积。力矩使板料产生弯曲，故模具与板料仅在凸、凹模刃口附近的狭小区域内保持接触，接触面宽度约为板厚的 20%～40%。因此，凸、凹模作用于板料的垂直压力呈不均匀分布，随着向模具刃口靠近而急剧增大。这样，坯料在外力作用下从弹性变形开始，进入塑性变形，最后以断裂分离作为结束，如图7-3所示。

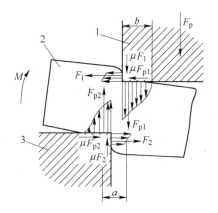

图7-2　冲裁时作用于材料上的力

1—凸模；2—材料；3—凹模

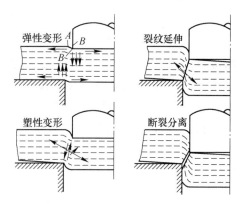

图7-3　冲裁变形过程

（1）弹性变形阶段：当凸模下降接触板料时，板料即受到凸、凹模压力产生弹性变形，由于力矩 M 的存在，板料产生弯曲，即从模具表面上翘起。

（2）塑性变形阶段：随着凸模下行，模具刃口压入材料，内应力状态满足塑性条件时，产生塑性变形。塑性变形首先出现在刃口附近区域，随着刃口的深入，变形区向板料的深度方向发展、扩大，直到在板料的整个厚度方向上产生塑性变形，板料的一部分相对于另一部分移动。力矩 M 将板料压向刃口的侧表面，故当刃口相对于板料移动时，模具侧压力将表面压平，在切口表面上形成光亮带。当刃口附近材料达到极限应变与应力值时，便产生微裂纹，这就意味着材料断裂开始，塑性变形结束。

（3）断裂分离阶段：裂纹产生后，随着凸模不断压入材料，沿最大剪应变速度方向发展，上、下裂纹会合，板料就完全分离。

7.1.2　冲裁件断面特征

由于冲裁过程的特点，冲出的工件断面明显地存在四个特征区，即圆角、光亮带、断裂带和毛刺（图7-4）。

（1）圆角带。圆角带又称塌角，该区域的形成是模具刃口刚压入板料时，刃口附近的材料产生弯曲和伸长变形的结果。

（2）光亮带。光亮带是材料塑性变形时，在坯料一部分相对于另一部分移动过程中，模具侧压力将坯料压平而形成的光亮垂直的断面。通常，光亮带占全断面的1/3～1/2。

（3）断裂带。该区域是在断裂阶段形成的，是由刃口处的微裂纹在拉应力的作用下，不断扩展而形成的撕裂面，断面粗糙，且有斜度。

（4）毛刺。毛刺是当微裂纹不是出现在板料与凸、凹模刃尖相对应的位置，而是出现在与凸、凹模刃口侧面相对应的位置时，上、下微裂纹会合而在板料分离端面形成的。一般来讲，冲裁时，凸、凹模刃口侧面的静水压应力低于端面静水压应力，且凹模刃口侧面的静水压应力最低，所以首先在凹模刃口侧面处板料中产生裂纹，继而才在凸模刃口侧面处板料中产生裂纹，上、下裂纹会合后工件分离。因此，在裂纹形成时，就在冲裁件上留下了毛刺。

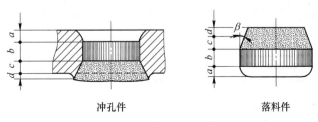

图 7 - 4 冲裁件的断面特征

a—圆角带；b—光亮带；c—断裂带；d—毛刺

在四个特征区中，光亮带的质量最佳。各个部分在冲裁件断面上所占的比例，随材料的力学性能、厚度、凸模与凹模间隙、刃口状态及模具结构等不同而变化。要想提高冲裁件断面的光洁程度与尺寸精度，可通过增加光亮带的高度或采用整修工序来实现。增大光亮带高度的关键是延长塑性变形阶段，推迟裂纹的产生。还可以通过增加金属塑性和减少刃口附近的变形与应力集中来实现。

7.2 冲裁间隙

冲裁间隙是冲裁模具中凹模与凸模刃口间缝隙的距离，即凸、凹模间隙，用符号 c 表示，又称单面间隙。而双面间隙用 Z 表示。冲裁间隙对冲裁件质量、冲裁力、模具寿命的影响很大，是冲裁生产过程中的一个极其重要的工艺参数。

7.2.1 间隙对冲裁件质量的影响

冲裁件质量是指断面质量、尺寸精度及形状误差。断面应平直、光洁，无裂纹、撕裂、夹层等缺陷。零件表面应尽可能平整，即穹弯小。尺寸应保证不超出图纸规定的公差范围。凸、凹模间隙大小及均匀程度是影响冲裁件质量的主要因素之一。

7.2.1.1 间隙对冲裁件断面质量的影响

冲裁时，上、下裂纹是否重合与凸、凹模间隙的大小有关。当把凸、凹模间隙控制在一定的合理值范围内时（图 7 - 5b），由凸、凹模刃口沿最大剪应力方向产生的裂纹将互相重合。此时冲出工件的断面虽有一定斜度，但比较平直、光洁，毛刺很小，且所需冲裁力小。

当间隙过小时（图 7 - 5a），由凹模刃口处产生的裂纹进入凸模下面的压应力区后停止发展。当凸模继续下行时，在上、下裂纹中间将产生二次剪切，工件断面的中部留下撕裂面，而两头为光亮带，在端面出现挤长的毛刺。毛刺虽有所增长，但易去除，且工件穹弯小，断面垂直，故只要中间撕裂不是很深，仍然可应用。

间隙过大时（图7-5c），材料的弯曲与拉伸增大，拉应力增大，材料易被撕裂，且裂纹在离开刃口稍远的侧面上产生，致使工件光亮带减小，圆角与断裂斜度都增大，毛刺大而厚，难以去除。所以随着间隙的增大，工件断裂面的倾斜度与圆角增大，毛刺增高。

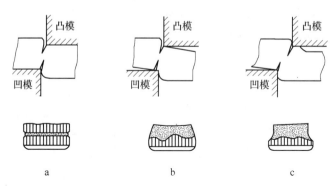

图7-5   间隙大小对冲裁件断面质量的影响

a—间隙过小；b—间隙合适；c—间隙过大

7.2.1.2   间隙对尺寸精度的影响

冲裁件的尺寸精度是指冲裁件的实际尺寸与公称尺寸的差值 δ，差值越小，则精度越高。这个差值包括两方面的偏差，一是冲裁件相对于凸模或凹模尺寸的偏差，二是模具本身的制造偏差。

冲裁件相对于凸、凹模尺寸的偏差，主要是工件从凹模推出（落料件）或从凸模上卸下（冲孔件）时，因材料在冲裁中所受的挤压变形、纤维伸长、穹弯等都要产生弹性恢复而造成的。偏差值可能是正的，也可能是负的。影响偏差值的主要因素是凸、凹模间隙。当凸、凹模间隙较大时，材料所受拉伸作用增大，冲裁结束后，因材料的弹性恢复使冲裁件尺寸向实体方向收缩，落料件尺寸小于凹模尺寸，冲孔件孔径大于凸模直径（图7-6）。但因穹弯的弹性恢复方向与以上相反，故偏差值是两者的综合结果。在间隙较小时，由于材料受凸、凹模挤压力大，故冲裁完成后，材料的弹性恢复使落料件尺寸增大，冲孔件孔径变小。图7-6中曲线与 $\delta=0$ 的横轴交点表明工件尺寸与模具尺寸完全一样。

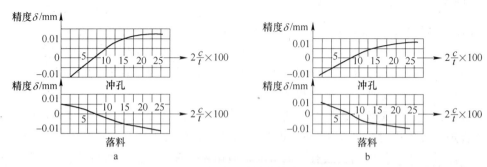

图7-6   间隙对冲裁件精度的影响

a—黄铜，$t=4mm$；b—45号钢，$t=2mm$

上述因素的影响是在模具制造精度一定的前提下讨论的。若模具刃口制造精度低，则冲裁出的工件精度也就无法保证。所以，凸、凹模刃口的制造公差由工件的尺寸要求确定。冲模制造精度与冲裁件精度之间的关系与材料厚度有关，见表7-1。

表 7-1　模具精度与冲裁件精度的关系

冲模制造精度	材料厚度 t/mm								
	0.5	0.8	1.0	1.5	2	3	4	5	6~12
IT6~IT7	IT8	IT8	IT9	IT10	IT10	—	—	—	—
IT7~IT8	—	IT9	IT10	IT10	IT12	IT12	IT12	—	—
IT9	—	—	—	IT12	IT12	IT12	IT12	IT12	IT14

7.2.2　间隙对冲裁力的影响

在间隙合理时，由于上、下裂纹重合，所以剪切力急剧下降。小间隙冲裁时，上、下裂纹不重合，留下的中间环带部分又被不断挤压与剪断，故剪切力呈阶段性地下降。例如，图 7-7 所示的不同材料与不同间隙情况下的冲裁力曲线，图中曲线 2 是材料在合理间隙冲裁时力的变化曲线，从曲线 2 与曲线 3 可以看出，当间隙小于合理间隙时，不仅冲裁力 F_{max} 增大，且在产生裂纹后，冲裁力不是急剧下降，而是缓慢地呈台阶式下降。由此可见，小间隙冲裁，冲裁力增大，其原因是间隙小，材料所受拉应力减小，压应力增大，材料不易产生撕裂，故使冲裁力增大。

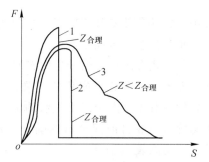

图 7-7　力与凸模行程的关系曲线
1—低塑性材料；2，3—塑性材料

而大间隙冲裁与小间隙情况正好相反，材料所受的拉应力增大，容易断裂分离，因此冲裁力减小。

通常冲裁力的降低并不显著，当单边间隙在材料厚度的 5%~20% 左右时，冲裁力的降低不超过 5%~10%。间隙对卸料力、推件力的影响比较显著。间隙增大后，从凸模上卸料和从凹模里推件都省力，当单边间隙达到材料厚度的 15%~25% 左右时，卸料力几乎为零。但间隙继续增大，因为毛刺增大，又将引起卸料力、顶件力迅速增大。

7.2.3　间隙对模具寿命的影响

模具寿命受各种因素的综合影响，间隙是影响模具寿命的诸因素中主要的因素之一。冲裁过程中，坯料对凸模与凹模刃口产生侧压力，并在凸模与被冲孔之间以及凹模与落料件之间均有摩擦力。侧压力和摩擦力随着间隙的减小而增大。因此，过小的间隙会使凸、凹模刃口磨损加剧，寿命下降。

而较大的间隙可使模具侧面与材料间的摩擦减小，并减轻间隙由于受到制造和装配精度的限制而出现间隙不均匀的不利影响，从而提高模具寿命。但间隙过大，坯料弯曲相应增大，使凸模与凹模刃口端面上的压应力分布不均匀，且局限在刃口附近的狭小区域，故使刃口受到极大的垂直压力和侧压力的作用，这种高压将引起刃口磨损，甚至崩刃，因而对模具寿命也不利。

因此，为了提高模具寿命，一般需要采用较大间隙。若采用小间隙，就必须提高模具硬度与模具制造精度、改善润滑条件，以减少磨损。

7.2.4 冲裁间隙值的确定

由以上分析可知，从质量、精度、冲裁力等方面来讲，各自要求的合理间隙值并不相同。实际生产中，考虑到模具制造中的偏差及使用中的磨损，通常是选择一个适当的范围作为合理间隙，只要间隙在这个范围内，就可冲出合格的零件。这个范围的最小值称为最小合理间隙 c_{min}，最大值称为最大合理间隙 c_{max}。考虑到模具在使用过程中的磨损使间隙增大，故设计与制造模具时应采用最小合理间隙值 c_{min}。确定合理间隙的方法有理论确定法与经验确定法。

7.2.4.1 理论确定法

理论确定法的主要依据是冲裁时板料中的上、下裂纹成直线会合。图 7 - 8 为冲裁过程中开始产生裂纹的瞬时状态。根据图中三角形 ABC 的几何关系，求得间隙值 c 为：

$$c = (t - h_0)\tan\beta = t(1 - h_0/t)\tan\beta \tag{7-1}$$

式中，h_0 为产生裂纹瞬间所对应的凸模切入板料的深度；β 为最大剪应力方向与垂线方向的夹角（即裂纹方向角）。

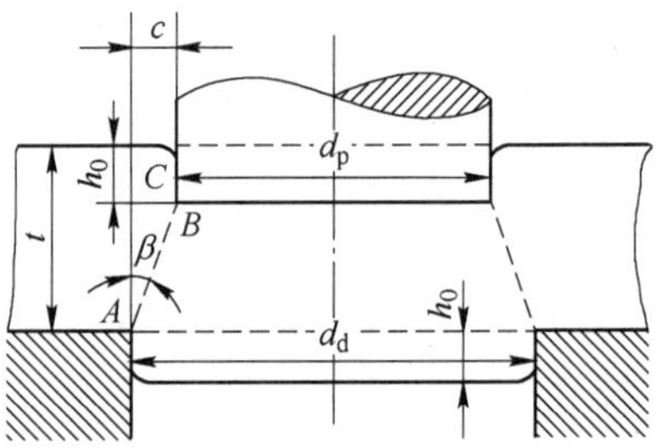

从上式看出，间隙 c 与材料厚度 t、相对切入深度 h_0/t 以及裂纹方向角 β 有关。而 h_0 和 β 又与材料性质有关。由于产生裂纹瞬间所对应的 h_0 值不易确定，故目前间隙值的确定广泛使用的是经验公式与图表。

图 7 - 8 冲裁过程中产生裂纹的瞬时状态

7.2.4.2 经验确定法

实际生产中，间隙值按照使用要求进行分类选用。对于尺寸精度、断面垂直度要求较高的工件，此时冲裁力与模具寿命作为次要因素考虑时，宜选用较小间隙值，如表 7 - 2 所示。对于断面垂直度与尺寸精度要求不高的工件，此时是以降低冲裁力、提高模具寿命为主要因素考虑时，宜选用大间隙值，如表 7 - 3 所示。

表 7 - 2 冲裁模初始较小双面间隙值

料厚/mm	软 铝		纯铜、黄铜、软钢		杜拉铝、中等硬钢		硬 钢	
	Z_{min}	Z_{max}	Z_{min}	Z_{max}	Z_{min}	Z_{max}	Z_{min}	Z_{max}
0.2	0.008	0.012	0.010	0.014	0.012	0.016	0.014	0.018
0.3	0.012	0.018	0.015	0.021	0.018	0.024	0.021	0.027
0.4	0.016	0.024	0.020	0.028	0.024	0.032	0.028	0.036
0.5	0.020	0.030	0.025	0.035	0.030	0.040	0.035	0.045
0.6	0.024	0.036	0.030	0.042	0.036	0.048	0.042	0.054
0.7	0.028	0.042	0.035	0.049	0.042	0.056	0.049	0.063
0.8	0.032	0.048	0.040	0.056	0.048	0.064	0.056	0.072
0.9	0.036	0.054	0.045	0.063	0.054	0.072	0.063	0.081
1.0	0.040	0.060	0.050	0.070	0.060	0.080	0.070	0.090
1.2	0.050	0.084	0.072	0.096	0.084	0.108	0.096	0.120

续表 7 - 2

料厚/mm	软 铝		纯铜、黄铜、软钢		杜拉铝、中等硬钢		硬 钢	
	Z_{min}	Z_{max}	Z_{min}	Z_{max}	Z_{min}	Z_{max}	Z_{min}	Z_{max}
1.5	0.075	0.105	0.090	0.120	0.105	0.135	0.120	0.150
1.8	0.090	0.126	0.108	0.144	0.126	0.162	0.144	0.180
2.0	0.100	0.140	0.120	0.160	0.140	0.180	0.160	0.200
2.2	0.132	0.176	0.154	0.198	0.176	0.220	0.198	0.242
2.5	0.150	0.200	0.175	0.225	0.200	0.250	0.225	0.275
2.8	0.168	0.225	0.196	0.252	0.224	0.280	0.252	0.308
3.0	0.180	0.240	0.210	0.270	0.240	0.300	0.270	0.330
3.5	0.245	0.315	0.280	0.350	0.315	0.385	0.350	0.420
4.0	0.280	0.360	0.320	0.400	0.360	0.440	0.400	0.480
4.5	0.315	0.405	0.360	0.450	0.405	0.490	0.450	0.540
5.0	0.350	0.450	0.400	0.500	0.450	0.550	0.500	0.600
6.0	0.480	0.600	0.540	0.660	0.600	0.720	0.660	0.780
7.0	0.560	0.700	0.630	0.770	0.700	0.840	0.770	0.910
8.0	0.720	0.880	0.800	0.960	0.880	1.040	0.960	1.120
9.0	0.870	0.990	0.900	1.080	0.990	1.170	1.080	1.260
10.0	0.900	1.100	1.000	1.200	1.100	1.300	1.200	1.400

表 7 - 3 冲裁模初始较大双面间隙值

料厚/mm	08、10、35、Q235、Q295		Q345		40、50		65Mn	
	Z_{min}	Z_{max}	Z_{min}	Z_{max}	Z_{min}	Z_{max}	Z_{min}	Z_{max}
0.5	0.040	0.060	0.040	0.060	0.040	0.060	0.040	0.060
0.6	0.048	0.072	0.048	0.072	0.048	0.072	0.048	0.072
0.7	0.064	0.092	0.064	0.092	0.064	0.092	0.064	0.092
0.8	0.072	0.104	0.072	0.104	0.072	0.104	0.072	0.104
0.9	0.090	0.126	0.090	0.126	0.090	0.126	0.090	0.126
1.0	0.100	0.140	0.100	0.140	0.100	0.140	0.090	0.126
1.2	0.126	0.180	0.132	0.180	0.132	0.180	—	—
1.5	0.132	0.240	0.170	0.240	0.170	0.240	—	—
2.0	0.246	0.360	0.260	0.380	0.260	0.380	—	—
2.5	0.360	0.500	0.380	0.540	0.380	0.540	—	—
3.0	0.460	0.640	0.480	0.660	0.480	0.660	—	—
3.5	0.540	0.740	0.580	0.780	0.580	0.780	—	—
4.0	0.640	0.880	0.680	0.920	0.680	0.920	—	—
4.5	0.720	1.000	0.680	0.960	0.780	1.040	—	—
5.5	0.940	1.280	0.780	1.100	0.980	1.320	—	—
6.0	1.080	1.440	0.840	1.200	1.140	1.500	—	—

7.3 凸模与凹模刃口尺寸的计算

7.3.1 刃口尺寸计算的基本原则

冲裁时，由于凸、凹模之间存在间隙，因此落下的料或冲出的孔均带有锥度，且落料件的大端尺寸接近于凹模尺寸，冲孔件的小端尺寸接近于凸模尺寸。同时，凸、凹模都要与板料发生摩擦，凸模越磨越小，凹模越磨越大，结果使间隙随之增大，冲裁过程中的这些现象影响着模具刃口的设计尺寸。基于上述现象，确定的凸、凹模刃口尺寸及其制造公差计算的基本原则为：

（1）落料时，先确定凹模刃口尺寸，其公称尺寸取工件尺寸公差范围内的较小尺寸，以保证凹模磨损到一定程度的情况下，仍能冲出合格工件。凸模刃口的公称尺寸应比凹模刃口公称尺寸小一个最小合理间隙。

（2）冲孔时，先确定凸模刃口尺寸，其公称尺寸取工件尺寸公差范围内的较大尺寸，以保证凸模磨损到一定程度的情况下，仍能冲出合格工件。凹模刃口的公称尺寸应比凸模刃口公称尺寸大一个最小合理间隙。

（3）确定模具刃口制造公差时，应考虑工件的精度要求。工件精度与模具制造精度的关系见表 7－1。若冲裁件没有标注公差，则对于非圆形件，按国家标准"非配合尺寸的公差数值"IT14 精度处理，冲模则可按 IT11 精度制造；对于圆形件，一般可按 IT6～IT7 精度制造模具。冲压件的尺寸公差按"入体"原则标注为单向公差，落料件上偏差为零，下偏差为负；冲孔件上偏差为正，下偏差为零。

7.3.2 刃口尺寸的计算方法

根据模具加工方法的不同，凸、凹模刃口尺寸的计算公式方法及其制造公差的标注形式分为以下两种情形。

7.3.2.1 凸模与凹模分开加工

此时，凸模和凹模分别按图纸加工至尺寸，分别标注凸模和凹模刃口尺寸与制造公差（凸模 δ_p、凹模 δ_d）。因此，凸、凹模具有互换性，便于成批制造，适合于圆形或简单形状的工件。但为了保证间隙值，必须满足下列条件：

$$\delta_p + \delta_d \leq 2(c_{max} - c_{min}) \qquad (7-2)$$

或取：

$$\delta_p = 0.8(c_{max} - c_{min}) \qquad (7-3)$$

$$\delta_d = 1.2(c_{max} - c_{min}) \qquad (7-4)$$

对于圆形或简单规则形状的冲裁件，其落料、冲孔模的公称尺寸及其允许的偏差位置如图 7－9 所示，凸、凹模刃口尺寸计算按落料和冲孔两种情况分别进行：

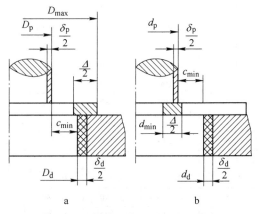

图 7－9 凸、凹模刃口尺寸的确定

a—落料；b—冲孔

D_{max}—落料件外径的最大极限尺寸；

d_{min}—冲孔件的最小极限尺寸

（1）落料：设工件的外形尺寸为 $D_{-\Delta}$。根据计算原则，落料时以凹模为设计基准。首先确定凹模尺寸，使凹模公称尺寸接近或等于工件轮廓的最小极限尺寸，最小合理间隙值 $c_{\min}$ 在减小凸模尺寸的方向上取得。各部分分配位置见图 7-9a。其计算公式如下：

$$D_{\mathrm{d}} = (D - x\Delta)_0^{+\delta_{\mathrm{d}}} \qquad (7-5)$$

$$D_{\mathrm{p}} = (D_{\mathrm{d}} - 2c_{\min})_{-\delta_{\mathrm{p}}}^0 = (D - x\Delta - 2c_{\min})_{-\delta_{\mathrm{p}}}^0 \qquad (7-6)$$

（2）冲孔：设冲孔尺寸为 $d_0^{+\Delta}$。根据计算原则，冲孔时以凸模设计为基准，首先确定凸模刃口尺寸，使凸模公称尺寸接近或等于工件孔的最大极限尺寸，最小合理间隙值 $c_{\min}$ 在增大凹模尺寸的方向上取得，各部分分配位置见图 7-9b。其计算公式如下：

$$d_{\mathrm{p}} = (d + x\Delta)_{-\delta_{\mathrm{p}}}^0 \qquad (7-7)$$

$$d_{\mathrm{d}} = (d_{\mathrm{p}} + 2c_{\min})_0^{+\delta_{\mathrm{d}}} = (d + x\Delta + 2c_{\min})_0^{+\delta_{\mathrm{d}}} \qquad (7-8)$$

在同一工步中在工件上冲出两个以上孔时，凹模型孔中心距 L_{d} 按下式确定：

$$L_{\mathrm{d}} = (L_{\min} + 0.5\Delta) \pm \frac{\Delta}{8} \qquad (7-9)$$

式中　d_{p}，d_{d}——冲孔凸、凹模公称尺寸；

　　　D_{p}，D_{d}——落料凸、凹模公称尺寸；

　　　　$c_{\min}$——最小合理间隙（单面）；

　　　δ_{p}，δ_{d}——凸、凹模的制造公差；

　　　　　Δ——工件制造公差；

　　　　$x\Delta$——磨损量，其中系数 x 是为了使冲裁件的实际尺寸尽量接近冲裁件公差带的中间尺寸。x 值在 $0.5\sim1$ 之间，与工件制造精度有关，可查表 7-4 或按下列关系取值：工件精度在 IT10 以上，取 $x=1$；工件精度为 IT11～IT13，取 $x=0.75$；工件精度为 IT14，取 $x=0.5$。

表 7-4　系数 x

材料厚度 t/mm	非圆形			圆形	
	1	0.75	0.5	0.75	0.5
	工件公差 Δ/mm				
1	<0.16	0.17～0.35	≥0.36	<0.16	≥0.16
1～2	<0.20	0.21～0.41	≥0.42	<0.20	≥0.20
2～4	<0.24	0.25～0.49	≥0.50	<0.24	≥0.24
>4	<0.30	0.31～0.59	≥0.60	<0.30	≥0.30

7.3.2.2　凸模和凹模配合加工

当工件形状复杂或凸、凹模之间的间隙较小时，采用分开加工较困难。此时，可以采用配合加工凸、凹模，即先加工其中的一件（凸模或凹模），然后以此为基准件来配做另一件。基准件在图纸上通常标注尺寸和制造公差，而与基准件配加工的另一件只标注公称尺寸并注明配做所留的间隙值。根据经验，普通模具的制造公差一般可取 $\delta = \Delta/4$。这种加工方法容易保证凸、凹模间的间隙，而且还可放大基准件的制造公差，其公差不受间隙的限制，使制造容易。

由于复杂形状工件各部分尺寸性质不同，凸模与凹模磨损情况也不相同，所以基准件的刃口尺寸需要按不同方法计算。图 7 – 10a 为一落料件，以凹模为基准件，凹模磨损情况可分成三类：

第一类是凹模磨损后增大尺寸（图中 A 类）；

第二类是凹模磨损后变小尺寸（图中 B 类）；

第三类是当凹模磨损后没有增减的尺寸（图中 C 类）。

同理，对于图 7 – 10b 中的冲孔件，凸模磨损情况也分成 A、B、C 三类尺寸。

所以，对于形状复杂的落料件或冲孔件，其基准件（凹模或凸模）按 A、B、C 三类尺寸计算其相应部位的刃口尺寸：

A 类：
$$A_j = (A_{max} - x\Delta)_0^{+\delta} \tag{7 – 10}$$

B 类：
$$B_j = (B_{min} + x\Delta)_{-\delta}^0 \tag{7 – 11}$$

C 类：
$$C_j = (C_{min} + 0.5\Delta)_{-\delta}^{+\delta} \tag{7 – 12}$$

式中　A_j，B_j，C_j——基准件尺寸；

A_{max}，B_{min}，C_{min}——相应的工件极限尺寸；

Δ——工件公差；当刃口尺寸标注形式为 $+\delta$（或 $-\delta$）时，$\delta = \dfrac{\Delta}{4}$，当标注形式为 $\pm\delta$ 时，$\delta = \dfrac{\Delta}{8}$。

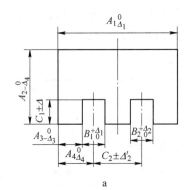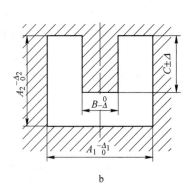

图 7 – 10　落料件和冲孔件

a—落料件；b—冲孔件

7.4　冲裁工艺力

冲裁工艺力除了指冲裁力以外，还包括卸料力、推件力和顶件力。计算冲裁工艺力的目的是合理地选用压力机和设计模具。

7.4.1 冲裁力

冲裁力是冲裁过程中凸模对板料施加的压力，它随凸模压入板料的深度（凸模行程）而变化，如图7-11所示。图中 AB 段相当于冲裁的弹性变形阶段，凸模接触材料后，载荷增加，当刃口压入材料时（一部分相对于另一部分移动的过程），即进入塑性变形阶段，如 BC 段所示。在刃口深入到一定深度时，虽然承受剪切力的板料面积减少了，但受材料加工硬化的影响，所以冲裁力仍缓慢上升。当剪切面积减小到与硬化增加两种影响相等时，剪切力达到最大值，即图中的

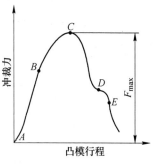

图7-11 冲裁力曲线

C 点。此后，剪切面积减少的影响超过加工硬化的影响，材料内部的裂纹迅速扩展并会合，冲裁力急剧下降，如 CD 段所示。随后材料分离，即 DE 段。

通常所说的冲裁力是指冲裁力的最大值，其值的大小主要与材料的性质、厚度和冲裁件分离的轮廓长度有关。普通平刃模具冲裁时，冲裁力 F_0 一般可按下式计算：

$$F_0 = Lt\tau \qquad (7-13)$$

式中　L——冲裁周边总长；

$\quad\quad t$——材料厚度；

$\quad\quad \tau$——材料抗剪强度。

考虑到模具刃口的磨损，凸、凹模间隙的波动，材料力学性能的变化，材料厚度偏差等因素，实际所需冲裁力 F 还须增加30%，即：

$$F = 1.3F_0 = 1.3Lt\tau \qquad (7-14)$$

7.4.2 卸料力、推件力与顶件力

一般情况下，从板料冲切下来的工件，其径向因弹性变形而扩张，板料上的孔则沿径向发生收缩。同时，冲下的工件与余料还要力图恢复弹性穿弯。这两种弹性恢复的结果，会使落料梗塞在凹模内，而冲裁后剩下的板料则箍紧在凸模上。

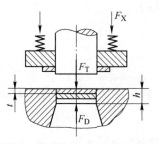

图7-12 卸料力、推件力与顶件力

为了使冲裁工作继续进行，操作方便，必须将箍在凸模上的材料卸下，将梗塞在凹模内的零件或废料向下推出或向上顶出。从凸模上卸下材料所需的力，称为卸料力；从凹模内顺着冲裁方向把零件或废料从凹模腔向下推出的力称为推件力，向上顶出的力则称为顶件力（图7-12）。影响卸料力、推件力和顶件力的因素很多，要准确地计算这些力是困难的，一般用下列经验公式计算：

卸料力：
$$F_X = K_X F \qquad (7-15)$$

推件力：
$$F_T = nK_T F \qquad (7-16)$$

顶件力：
$$F_D = K_D F \qquad (7-17)$$

式中　　　F——冲裁力；

$\quad\quad n$——同时梗塞在凹模内的冲裁件（或废料）数，$n = h/t$；

t——材料厚度；

h——直刃口部分的高度；

K_X，K_T，K_D——卸料力、推件力、顶件力系数，见表 7 - 5。

表 7 - 5　卸料力、推件力与顶件力系数

料厚/mm		K_X	K_T	K_D
钢	≤0.1	0.065 ~ 0.075	0.1	0.14
	0.1 ~ 0.5	0.045 ~ 0.055	0.063	0.08
	0.5 ~ 2.5	0.04 ~ 0.05	0.055	0.06
	2.5 ~ 6.5	0.03 ~ 0.04	0.045	0.05
	6.5	0.02 ~ 0.03	0.025	0.03
铝、铝合金		0.025 ~ 0.08	0.03 ~ 0.07	0.03 ~ 0.07
紫铜、黄铜		0.02 ~ 0.06	0.03 ~ 0.09	0.03 ~ 0.09

注：卸料力系数在冲多孔、大搭边和轮廓复杂工件时取上限。

7.4.3　压力机公称压力的选取

冲裁时，压力机的公称压力必须大于或等于冲裁各工艺力的总和。卸料力、推件力和顶件力在选择压力机时是否考虑进去，要根据不同的模具结构区别对待，即：

采用弹压卸料装置和下出料方式的总冲裁力为：

$$F_Z = F + F_X + F_T \qquad (7 - 18)$$

采用弹压卸料装置和上出料方式的总冲裁力为：

$$F_Z = F + F_X + F_D \qquad (7 - 19)$$

采用刚性卸料装置和下出料方式的总冲裁力为：

$$F_Z = F + F_T \qquad (7 - 20)$$

在冲裁高强度材料或厚度大、周边长的工件时，所需冲裁力大，且如果超出车间现有压力机吨位时，可采用凸模的阶梯布置（各凸模工作端面不在一个平面）、斜刃冲裁（冲孔凸模或落料凹模做成斜刃）或加热冲裁等措施以降低冲裁力。

7.5　排样设计

在冲压零件的成本中，材料费用占 60% 以上，因此材料的经济利用具有非常重要的意义。

7.5.1　材料的利用率

冲压件在条料或板料上的布置方法称为排样。排样不合理就会浪费材料，衡量排样经济性的指标是材料的利用率 η，它是工件的实际面积 A_0 与板料面积 A 的比值，即：

$$\eta = \frac{A_0}{A} \times 100\% \qquad (7 - 21)$$

式中，板料面积 A 包括工件面积与废料面积。因此，若要提高材料利用率可考虑减少废料

面积。废料可分为工艺废料与结构废料两种（图7-13）。搭边和余料属工艺废料，这是与排样形式及冲压方式有关的废料；结构废料由工件的形状特点决定，一般不能改变。所以只有设计合理的排样方案，减少工艺废料，才能提高材料利用率。

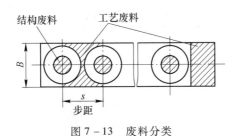

图7-13　废料分类

7.5.2　排样方法

根据材料的利用程度，排样方法可分为有废料、少废料和无废料排样三种（图7-14）。

（1）有废料排样法。沿工件全部外形冲裁，工件与工件之间、工件与条料之间都存在有搭边，即工件周边都留有搭边，如图7-14a所示。因有搭边，这种排样能保证冲裁件的质量，模具寿命也长，但材料利用率低。

（2）少废料排样法。沿工件部分外形冲裁，只局部有搭边与余料，如图7-14b所示。因受条料质量和定位误差的影响，其工件质量稍差，同时边缘毛刺被凸模带入间隙也影响模具寿命，但材料利用率有所提高，模具结构简单。

（3）无废料排样法。无废料排样法就是无任何搭边的排样，工件直接由切断条料获得，如图7-14c所示。工件的质量和模具寿命更差一些，但材料利用率最高。

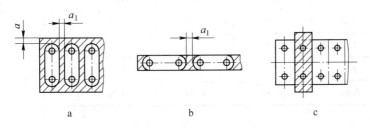

a　　　　　　　　　b　　　　　　　　　c

图7-14　排样方法
a—有废料排样；b—少废料排样；c—无废料排样

7.5.3　搭边

搭边是指排样时工件之间以及工件与条料侧边之间留下的余料。其作用一是补偿定位误差，保证冲出合格的工件；二是使条料有一定的刚度，便于送料。

从节省材料出发，搭边值越小越好，但搭边小于一定数值后，对模具寿命和剪切表面质量不利。为了保证作用在坯料侧表面上的应力沿切离坯料周长的变化不大，必须使搭边的最小宽度大于塑变区的宽度，而塑变区的宽度一般约等于坯料厚度的一半，所以搭边的最小宽度可取大约等于坯料厚度。同时，冲裁过程中，如果搭边值小于材料厚度，搭边还可能被拉入凸、凹模间隙中,使零件产生毛刺,甚至损坏模具刃口,降低模具寿命。

　　搭边值通常由经验确定。表 7 - 6 为目前常用的一种用于确定最小搭边值的经验图表。

表 7 - 6　最小搭边值　　　　　　　　　　　　　　　　（mm）

材料厚度	圆形或圆角 $r > 2t$ 的工件		矩形件边长 $L < 50$		矩形件边长 $L \geqslant 50$ 或圆角 $r \leqslant 2t$	
0.25	1.8	2.0	2.2	2.5	2.8	3.0
0.25 ~ 0.5	1.2	1.5	1.8	2.0	2.2	2.5
0.5 ~ 0.8	1.0	1.2	1.5	1.8	1.8	2.0
0.8 ~ 1.2	0.8	1.0	1.2	1.5	1.5	1.8
1.2 ~ 1.6	1.0	1.2	1.5	1.8	1.8	2.0
1.6 ~ 2.0	1.2	1.5	1.8	2.5	2.0	2.2
2.0 ~ 2.5	1.5	1.8	2.0	2.2	2.2	2.5
2.5 ~ 3.0	1.8	2.2	2.2	2.5	2.5	2.8
3.0 ~ 3.5	2.2	2.5	2.5	2.8	2.8	3.2
3.5 ~ 4.0	2.5	2.8	2.5	3.2	3.2	3.5
4.5 ~ 5.0	3.0	3.5	3.5	4.0	4.0	4.5
5.0 ~ 12	$0.6t$	$0.7t$	$0.7t$	$0.8t$	$0.8t$	$0.9t$

7.5.4　条料宽度

　　在排样方案和搭边值确定之后,就可以确定条料的宽度,进而确定导料板间的距离。

7.5.4.1　有侧压装置时条料的宽度

　　对于有侧压装置的模具（图 7 - 15）,能使条料始终沿着导料板送进,故按下式计算:条料宽度为:

$$B_{-\Delta}^{0} = (D_{max} + 2a)_{-\Delta}^{0} \tag{7-22}$$

导料板间距离为:

$$A = B + C = D_{max} + 2a + C \tag{7-23}$$

7.5.4.2　无侧压装置时条料的宽度

　　对于无侧压装置的模具（图 7 - 16）,在送料过程中会出现因条料的摆动而使侧面搭边减少的现象。为了补偿侧面搭边的减少，条料宽度应增加一个条料可能的摆动量，故按下式计算：

条料宽度为：

$$B^0_{-\Delta} = (D_{max} + 2a + C)^0_{-\Delta} \tag{7-24}$$

导料板间距离为：

$$A = B + C = D_{max} + 2a + 2C \tag{7-25}$$

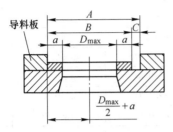

图 7-15　有侧压板的冲裁

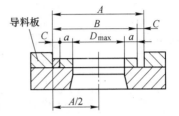

图 7-16　无侧压板的冲裁

7.5.5　排样图

排样图是排样设计的最终表达形式，它绘在冲压工艺规程卡片上和冲裁模总装图的右上角。一张完整的排样图应标注条料宽度尺寸 $B^0_{-\Delta}$、条料长度 L、板料厚度 t、端距 l、步距 s、工件间搭边 a_1 和侧搭边 a，并习惯以剖面线表示冲压位置（图 7-17）。

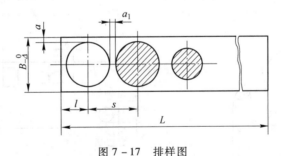

图 7-17　排样图

7.6　冲裁件的工艺性

冲裁件的工艺性是指制件的形状特点、尺寸大小、精度要求和材料性能等因素对冲裁工艺的适应性。工艺性是否合理，取决于是否能在模具寿命年限内和生产率较高、成本较低的条件下得到质量合格的冲裁件。

7.6.1　冲裁件的形状和尺寸

冲裁件的结构设计应合理，形状尽可能简单、规则和对称，以节省原材料，减少制造工序，提高模具寿命，降低工件成本。

（1）圆角半径。采用模具一次冲制完成的冲裁件，其外形和内孔应避免尖锐的清角；宜有适当的圆角。一般圆角半径 R 应大于或等于板厚 t 的 0.5 倍，即 $R \geqslant 0.5t$（图 7-18）。

（2）冲孔尺寸。设计时，优先选用圆形孔。冲孔的最小尺寸与孔的形状、材料力学性能和材料厚度有关，自由凸模冲孔的直径 d 或边长 a 按表 7-7 确定。

表 7-7 自由凸模冲孔的直径 d 或边长 a

材 料	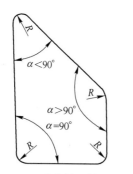			
钢（$\sigma_b > 690MPa$）	$d \geqslant 1.5t$	$a \geqslant 1.35t$	$a \geqslant 1.2t$	$a \geqslant 1.1t$
钢（$\sigma_b > 490 \sim 690MPa$）	$d \geqslant 1.3t$	$a \geqslant 1.2t$	$a \geqslant 1.0t$	$a \geqslant 0.9t$
钢（$\sigma_b \leqslant 690MPa$）	$d \geqslant 1.0t$	$a \geqslant 0.9t$	$a \geqslant 0.8t$	$a \geqslant 0.7t$
黄铜、铜	$d \geqslant 0.9t$	$a \geqslant 0.8t$	$a \geqslant 0.7t$	$a \geqslant 0.6t$
铝、锌	$d \geqslant 0.8t$	$a \geqslant 0.7t$	$a \geqslant 0.6t$	$a \geqslant 0.5t$
胶纸板、胶布板	$d \geqslant 0.7t$	$a \geqslant 0.6t$	$a \geqslant 0.5t$	$a \geqslant 0.4t$
纸 板	$d \geqslant 0.6t$	$a \geqslant 0.5t$	$a \geqslant 0.4t$	$a \geqslant 0.3t$

（3）凸出、凹入尺寸。冲裁件的凸出或凹入部分不宜太窄，尽可能避免过长的悬臂和窄槽，见图 7-19。悬臂和槽长 L 与宽度 b 应有一定比例。对于钢板，最小宽度 b 一般不小于 $1.5t$，对于有色金属板，最小宽度 b 一般不小于 $0.75t$，$L_{max} \leqslant 5b$。

（4）孔边距和孔间距。冲孔件上孔与孔、孔与边缘之间的距离不能过小。一般孔边距取：对于圆孔，$c \geqslant (1 \sim 1.5)t$；对于矩形孔，$c' \geqslant (1.5 \sim 2)t$，如图 7-19 所示。

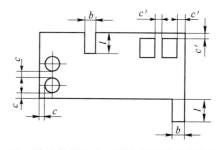

图 7-18 冲裁件的外形要求　　图 7-19 冲裁件的凸出、凹入以及孔边距与孔间距

（5）端头圆弧尺寸。用条料冲制端头带圆弧的工件，其圆弧半径 R 应大于条料宽度 B（含正偏差）的 1/2（图 7-20）。

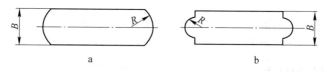

图 7-20 端头带圆弧的工件
a—正确；b—错误

7.6.2 冲裁件的尺寸精度和表面粗糙度

冲裁件的精度要求应在经济精度范围以内。对于普通冲裁件，其经济精度为 IT12 ～

IT14，冲孔比落料高一级。整修和精密冲裁的经济精度为 IT8 ~ IT9。冲裁断面的粗糙度，对于普通冲裁，当板厚小于 5mm 时，R_a 为 100 ~ 6.3 μm；整修时，R_a 为 3.2 ~ 0.8 μm；而精密冲裁时 R_a 则为 0.8 ~ 0.4 μm。

7.6.3　冲裁件的尺寸标注

冲裁件的尺寸标注应符合冲裁工艺的要求。例如对图 7 - 21a 所示的冲裁件，其尺寸标注方法是不合理的，因为这样标注，尺寸 L_1、L_2 必须考虑到模具的磨损而相应给以较宽的公差，造成孔心距的不稳定，孔心距公差会随着模具磨损而增大。改用图 7 - 21b 的标注，两孔的间距才与模具磨损无关，其公差值也可减少。

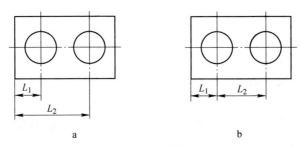

图 7 - 21　冲裁件的尺寸标注

7.7　冲　裁　模

冲裁模是冲压生产中的主要工艺装备。冲裁件的质量、尺寸精度、生产率以及经济效益等与模具结构的合理设计关系很大。因此，认识和研究冲裁模的结构特点和性能，对实现冲裁加工和发展冲裁技术是十分重要的。

7.7.1　冲裁模分类

冲裁模的结构类型很多，一般根据以下几方面的特征进行分类：

（1）按工序性质分类。根据工序性质，冲裁模分为冲孔模、落料模、切边模、切断模、剖切模、切口模、整修模、精冲模等。

（2）按工序组合性质分类。根据工序组合性质，冲裁模分为单工序的简单模和多工序的连续模（又称级进模或跳步模）、复合模和连续 - 复合模等。

（3）按模具的结构。根据上、下模的导向方式，冲裁模分为无导向模、导板模、导柱模等；根据卸料装置，冲裁模分为带固定卸料板和弹压卸料板冲模；根据挡料或定料形式，冲裁模又可分为带固定挡料销、活动挡料销、导正销和侧刃的冲模。

7.7.2　冲裁模的组成

冲裁模主要由上模、下模组成，上模利用模柄或压板结构固定在压力机的滑块上，随滑块一起进行上下往复运动，是模具中的运动部分。下模通过垫板或直接固定在压力机的工作台面上。根据各零件在模具中所起的作用不同，分为工艺零件和结构零件：

（1）工艺零件。该类零件是指直接参与完成工艺过程并与板料或冲件直接发生作用的零件，包括工作零件、定位零件、卸料与出料零部件等。模具中，直接使坯料产生分离或塑性变形的零件称为工作零件；确定坯料或工序件在冲模中正确位置的零件称为定位零件；将箍在凸模上或卡在凹模内的废料或冲件卸下、推出或顶出，以保证冲压工作能继续进行的零件称为卸料与出料零件。

（2）结构零件。该类零件是指将工艺零件固定起来构成模具整体，是对冲模完成工艺过程起保证和完善作用的零件，包括支撑与固定零件、导向零件、紧固件及其他零件。模具中，用来确定上、下模的相对位置，并保证运动精度的零件称为导向零件；将零件固定在上、下模上以及将上、下模连接在压力机上的零件称为支撑与固定零件。

7.7.3   冲裁模的典型结构

7.7.3.1   单工序模

单工序模又称简单模，是指在压力机的一次行程内只完成单一工序的模具，如落料模、冲孔模等。

图 7-22 为导柱式单工序落料模的典型结构，由上模和下模两部分组成。上模包括上模座 11 及装在其上的全部零件，其中，凸模 12 用凸模固定板 5、螺钉、销钉与上模座紧固并定位，凸模背面垫上垫板 8；压入式模柄 7 装入上模座并以止动销 9 防止其转动。下模包括下模座 18 及装在其上的所有零件，其中，凹模 16 用内六角螺钉和销钉与下模座 18 紧固并定位。冲模在压力机上安装时，通过模柄 7 夹紧在压力机滑块的模柄孔中，上模和滑块一起上下运动；下模则通过下模座 18 用螺钉和压板固定在压力机工作台面上。上、下模的正确位置利用导柱 14 和导套 13 的导向来保证。凸、凹模在进行冲裁之前，导柱已经进入导套，从而保证了在冲裁过程中凸模 12 和凹模 16 之间间隙的均匀性。上、下模座和导套及导柱装配组成的部件为模架。

冲模的工作原理为：冲裁前，条料靠着两个导料销 2 送进。前方由固定挡料销 3 限位以实现其在模具中的定位。冲裁时，凸模 12 压入材料进行落料。冲下来的工件靠凸模从凹模 16 中依次推出，箍在凸模上的边料依靠弹性卸料装置将其卸下。弹性卸料装置由卸料板 15、卸料螺钉 10 和弹簧 4 组成。在凸、凹模进行冲裁工作之前，由于弹簧力的作用，卸料板先压住条料，上模下行进行冲裁分离时弹簧被压缩（如图 7-22 左半边所示）。上模回程时，弹簧恢复推动卸料板，把箍在凸模上的边料卸下。第二次及后续各次送料依然由挡料销 3 定距，送进时须将条料抬起。

导柱式冲裁模的导向可靠，精度高，寿命长，使用安装方便，但轮廓尺寸较大，模具较重，制造工艺复杂，成本较高。它广泛用于生产批量大、精度要求高的冲裁件。

7.7.3.2   连续模

连续模（又称级进模）是在单工序模的基础上发展起来的一种多工位、高效率冲模，在一副模具中有规律地安排多个工序（在连续模中称为工位）进行连续冲压。连续模冲裁可减少模具和设备数量，生产率高，操作方便安全，便于实现冲压生产自动化，在大批量生产中效果显著。

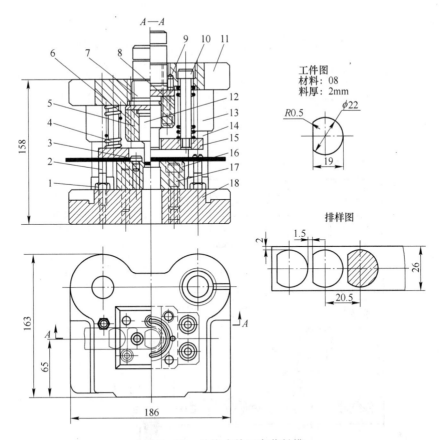

图 7-22 导柱式单工序落料模

1—螺帽；2—导料销；3—挡料销；4—弹簧；5—凸模固定板；6—销钉；7—模柄；
8—垫板；9—止动销；10—卸料螺钉；11—上模座；12—凸模；13—导套；14—导柱；
15—卸料板；16—凹模；17—内六角螺钉；18—下模座

由于连续模工位数较多，定位误差会影响工件的精度，因而用连续模冲制零件，必须解决条料或带料的准确定位问题，才有可能保证冲压件的质量。根据连续模定位零件的特征，连续模有以下两种典型结构。

A 用导正销定位的连续模

图 7-23 为用导正销定距的冲孔落料连续模。上、下模用导板导向。冲孔凸模 3 与落料凸模 4 之间的距离就是送料步距 s。送料时由固定挡料销 6 进行初定位，由两个装在落料凸模 4 上的导正销 5 进行精定位。导正销与落料凸模的配合为 H7/r6，其连接应保证在修磨凸模时的装拆方便，为此，安装导正销的孔是个通孔。导正销头部的形状应有利于在导正时插入已冲的孔，它与孔的配合应略有间隙。为此，导正销由圆锥形的导入部分和圆柱形的导正部分组成。为了保证首件的正确定距，在带导正销的连续模中，常采用始用挡料装置。它安装在导板下的导料板中间。在条料上冲制首件时，始用挡料销 7 从导料板中伸出来，并抵住条料的前端来限制条料的位置，随后进行首次冲裁。以后各次冲裁时就都由固定挡料销 6 控制送料步距作粗定位。

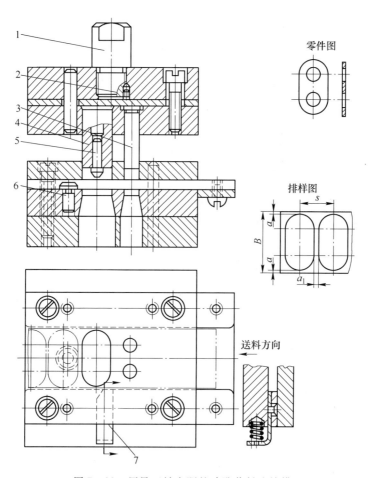

图 7-23　用导正销定距的冲孔落料连续模
1—模柄；2—螺钉；3—冲孔凸模；4—落料凸模；5—导正销；6—固定挡料销；7—始用挡料销

为了保证导正销定距可靠，避免折断，导正销的直径一般大于 2mm，因此，孔径小于 2mm 的孔不宜用导正销导正，但可另冲直径大于 2mm 的工艺孔进行定距。此外，当板料太薄（$t < 0.3$mm）时，特别是对于较软的材料，导正时，孔边可能有变形，因而不宜采用。

　　B　侧刃定距的连续模

图 7-24 是双侧刃定距的冲孔落料连续模。它以侧刃 16 代替了始用挡料销、挡料销和导正销控制条料送进距离。侧刃是特殊功用的凸模，其作用是在压力机每次冲压行程中，沿条料边缘切下一块长度等于步距的料边。由于沿送料方向上，在侧刃前后，两导料板间距不同，前宽后窄形成一个凸肩，所以条料上只有切去料边的部分方能通过，通过的距离即等于步距。为了减少料尾损耗，尤其工位较多的级进模，可采用两个侧刃前后对角排列。该种定距方式可以冲裁较薄的板料（$t < 0.3$mm）。

7.7.3.3　复合模

　　复合模是一种多工序的冲模，是在压力机的一次工作行程中，在模具的一个工位上完

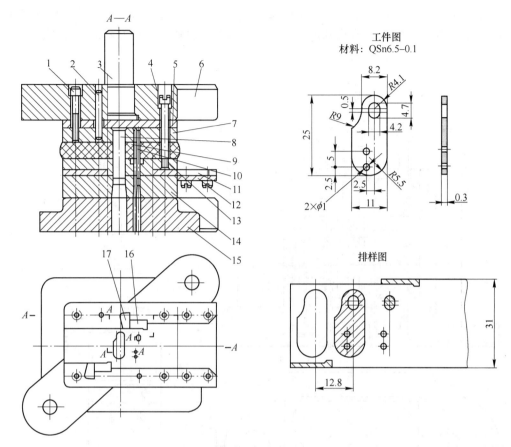

图 7-24 双侧刃定距的冲孔落料连续模

1—内六角螺钉；2—销钉；3—模柄；4—卸料螺钉；5—垫板；6—上模座；
7—凸模固定板；8~10—凸模；11—导料板；12—承料板；13—卸料板；
14—凹模；15—下模座；16—侧刃；17—侧刃挡块

成数道工序的模具。复合模的特点是生产率高，冲裁件的内孔与外缘的相对位置精度高。但复合模结构复杂，制造精度要求高，成本高。因此，它适于生产批量大、精度要求高的冲裁件。

复合模在结构上的主要特征是其工作零件中有一个凸凹模，以落料、冲孔复合模为例，这个凸凹模的外形相当于落料凸模，内孔则相当于冲孔凹模。按照复合模中凸凹模的安装位置不同，分为正装式复合模和倒装式复合模两种。

A　正装式复合模（又称顺装式复合模）

图 7-25 所示的落料、冲孔模，凸凹模 6 在上模，落料凹模 8 和冲孔凸模 11 在下模，称为正装式复合模。冲压时，板料以导料销 13 和挡料销 12 定位，并由顶件块 9 和凸凹模 6 压紧。上模下行，凸凹模外形和凹模 8 进行落料，落下的料留在凹模中，同时冲孔凸模与凸凹模内孔实现冲孔。凹模中的冲件由顶件装置顶出凹模面。顶件装置由带肩顶杆 10 和顶件块 9 及装在下模座底下的弹顶器组成。凸凹模内的冲孔废料出推件装置推出。推件装置由打杆 1、推板 3 和推杆 4 组成。当上模上行至上止点时，把废料推出。每冲裁一次，

冲孔废料被推下一次，凸凹模孔内不积存废料，胀力小，不易破裂。每次冲压后的冲压件和冲孔废料都落在凹模上，清除麻烦，尤其孔较多时。边料由弹性卸料装置卸下。由于采用固定挡料销和导料销，在卸料板上需钻出让位孔。

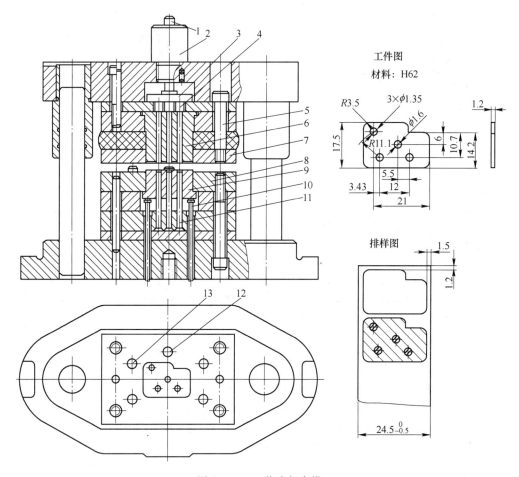

工件图
材料：H62

图 7 – 25　正装式复合模
1—打杆；2—模柄；3—推板；4—推杆；5—卸料螺钉；6—凸凹模；7—卸料板；8—落料凹模；
9—顶件块；10—带肩顶杆；11—冲孔凸模；12—挡料销；13—导料销

从上述工作过程可以看出，正装式复合模工作时，板料是在压紧的状态下分离的，冲出的冲件平直度较高。因此，适用于冲制材质较软的或板料较薄的平直度要求较高的冲裁件，还可以冲制孔边距离较小的冲裁件。

B　倒装式复合模

图 7 – 26 所示的落料、冲孔模，凸凹模 18 装在下模，落料凹模 17 和冲孔凸模 14、16 装在上模，称为倒装式复合模。倒装式模具通常采用刚性推件装置把卡在凹模中的冲件推下，刚性推件装置由打杆 12、推板 11、连接推杆 10 和推件块 9 组成。冲孔废料直接由冲孔凸模从凸凹模内孔推下，无顶件装置，结构简单，操作方便。但如果采用直刃壁凹模刃口，凸凹模内有积存废料，胀力较大，当凸凹模壁厚较小时，可能导致凸凹模破裂，因

此，倒装式不宜冲制孔边距离较小的冲裁件。

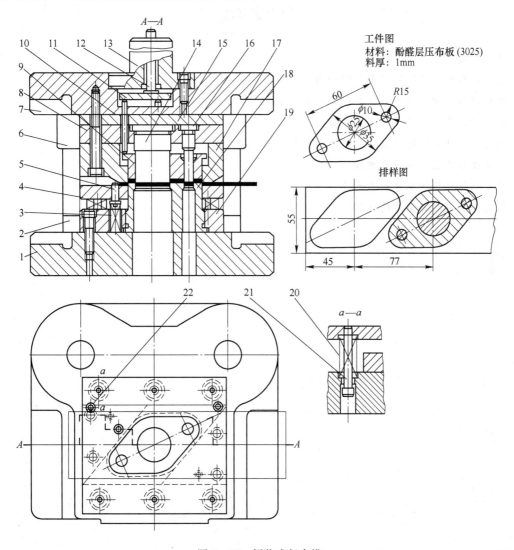

图 7 - 26　倒装式复合模

1—下模座；2—导柱；3，20—弹簧；4—卸料板；5—活动挡料销；6—导套；
7—上模座；8—凸模固定板；9—推件块；10—连接推杆；11—推板；12—打杆；
13—模柄；14，16—冲孔凸模；15—垫板；17—落料凹模；18—凸凹模；
19—固定板；21—卸料螺钉；22—导料销

　　板料的定位靠导料销 22 和弹簧弹顶的活动挡料销 5 来完成。非工作行程时，挡料销 5 由弹簧 3 顶起，可供定位；工作时，挡料销被压下，上端面与板料平齐。由于采用弹簧弹顶挡料装置，所以在凹模上不必钻相应的让位孔。采用刚性推件的倒装式复合模，板料不是处在被压紧的状态下冲裁，因而平直度不高。因此，这种结构适用于冲裁较硬的或厚度大于 0.3mm 的板料。如果在上模内设置弹性元件，即采用弹性推件装置，这就可以用于冲制材质较软的或厚度小于 0.3mm 的板料，且平直度要求较高的冲裁件。

复习思考题

1. 简述冲裁过程。
2. 简述冲裁件的断面特征及其影响因素。
3. 简述冲裁模间隙及其对冲裁件质量的影响。
4. 简述冲裁模刃口尺寸的计算方法。
5. 简述冲裁件的排样方法及其排样图所包含的内容。
6. 简述冲裁工艺力的确定方法。
7. 简述如何分析冲裁件的工艺性。
8. 简述冲裁模的典型结构特征。

8 弯曲工艺

本章要点： 弯曲是冲压工艺中的主要成型方法之一，主要用于形成具有一定形状和角度的零件。本章以弯曲为主要内容，通过分析弯曲变形过程及其出现的现象，着重介绍了弯曲回弹现象、弯曲变形程度的表示方法、坯料尺寸计算方法、弯曲力计算方法、弯曲件工艺性分析以及弯曲模结构等内容。

弯曲是使材料产生塑性变形，形成有一定形状和角度零件的冲压工序。弯曲除了可以对板料进行外，还可以对棒料、管材或型材进行。生产中的弯曲件形状很多，如 V 形件、U 形件、Z 形件以及其他形状的零件（图 8-1）。这些零件既可以在压力机上用模具进行，也可用专门的弯曲设备进行滚弯、折弯或拉弯（图 8-2）。本章主要介绍在压力机上利用模具对板料进行弯曲的工艺。

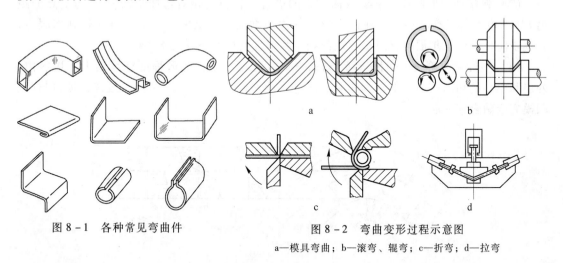

图 8-1　各种常见弯曲件

图 8-2　弯曲变形过程示意图
a—模具弯曲；b—滚弯、辊弯；c—折弯；d—拉弯

8.1　板料的弯曲变形

8.1.1　弯曲变形过程

V 形弯曲是最基本的弯曲变形，任何复杂弯曲都可以看成是由若干个 V 形弯曲组成的。因此，常以 V 形件弯曲为例分析弯曲变形过程（图 8-3）。

由图 8-3 可以看出，弯曲开始时，模具的凸、凹模分别与板料在 A、B 处相接触。凸

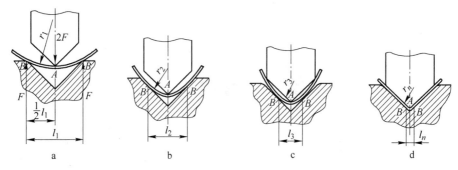

图 8-3 V 形件的弯曲变形过程

a—开始弯曲；b—弹性弯曲；c—弹塑性弯曲；d—弯曲终了

模在 A 处施加的弯曲力为 $2F$。这时在 B 处（凹模与板料的接触支点）则产生反作用力，并与弯曲力构成弯曲力矩 $M = F(l_1/2)$，使板料产生弯曲。变形区仅限弯曲角 α 和支点距离 l 所对应的区域。由板料弯曲过程中的应力分布情况（图 8-4）可知，板料在弯曲过程中随着 r/t 的不断减小，由弹性变形状态发展到弹塑性变形状态，最后使材料产生永久塑性变形三个阶段。

（1）弹性弯曲阶段。开始弯曲时，相对弯曲半径 r/t 较大，板料内部仅发生弹性弯曲。此时，外层纤维受拉，内层纤维受压，弯曲区内、外层的切向应力最大，在板料的中间层，应力和应变为零（图 8-4a）。

（2）弹塑性弯曲阶段。随着弯曲过程的进行，板料的相对弯曲半径 r/t、与支点的距离 l 随凸模下行逐渐减小，弯曲区变形程度逐步增大，表层的切向应力首先达到屈服点，并逐步向板料中心扩展，这时板料内部处于弹塑性变形状态（图 8-4b）。

（3）塑性弯曲阶段。凸模继续下行，r/t 值继续减小，变形程度继续增大，板料内、外层和中心的切向应力全部达到屈服点而进入全塑性弯曲（图 8-4c）。最终，板料与凸、凹模完全贴合在一起。

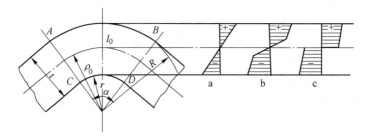

图 8-4 板料弯曲内部的应力状态

当板料与凸、凹模完全贴合时就结束弯曲过程，此时的弯曲称为自由弯曲。如果此时的凸模再下行，对板料再增加一定的压力，则称为校正弯曲，此时弯曲力急剧上升。

8.1.2 弯曲过程中出现的现象

在弯曲终了凸模上行后，总是希望 V 形件的弯曲半径 r 和弯曲角 α 与模具形状保持一致，但是由于弯曲过程变形的特点，往往会伴随产生一些现象。

8.1.2.1　弯曲件的回弹

回弹是弯曲成型时常见的现象，其结果是弯曲半径 r 和弯曲角 α 与模具发生差异，这种差异，将影响板料的弯曲质量。板料弯曲时的弹性变形有两种情况：其一是当 r/t 较大时，板料内外缘表层纤维进入塑性变形状态，而板料中心仍处在弹性变形状态（图 8-4b），这时当凸模回程、外载去除后，板料将产生弹性回复；其二是金属塑性变形时总是伴有弹性变形的，所以板料弯曲时，即使内外层纤维全部进入塑性状态，在凸模上升去除外力后，弹性变形部分消失，也会出现弯曲半径 r 和弯曲角 α 与模具不一致的现象。可见，板料弯曲后的回弹现象总是存在的。

8.1.2.2　应变、应力中性层位置的内移

板料弯曲时，外层纤维受拉，内层纤维受压，在拉伸和压缩之间存在一个既不伸长、也不压缩的纤维层，称为应变中性层。而板料横截面上的应力，在外层的拉应力过渡到内层压应力时，也存在突然变化的或应力不连续的纤维层，称为应力中性层。

弹性弯曲时，应变中性层与应力中性层相重合，其应变和应力为零，中性层位置通过板料横截面中心，可用曲率半径 ρ_{0s} 表示，即 $\rho_{0s} = r + t/2$，如图 8-4a 所示。

塑性弯曲时，设弯曲前板料的长度、宽度和厚度分别为 l、b 和 t（图 8-5），弯曲后成为外径为 R、内径为 r、厚度为 ξt（ξ 为变薄系数）和弯曲角为 α 的形状。根据变形前后金属体积不变的条件，得到塑性弯曲时的应变中心层位置为：

$$\rho_{0p} = \left(\frac{r}{t} + \frac{\xi}{2} \right) \xi t = \left(r + \frac{1}{2}\xi t \right) \xi \tag{8-1}$$

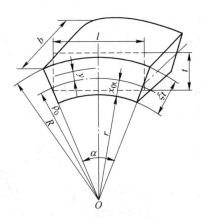

图 8-5　板料弯曲状态

由上式可以看出，塑性弯曲时应变中性层位置与 r/t、系数 ξ 的数值有关。而弯曲过程中，相对弯曲半径 r/t 和系数 ξ 是不断变化的，所以板料塑性弯曲时的应变中性层位置也在不断改变。在 $r/t \leqslant 4$ 的情况下弯曲，由试验测定系数 $\xi < 1$。因此，由式 8-1 可知，当 $\xi < 1$ 时，塑性弯曲时的应变中性层的曲率半径 ρ_{0p} 将小于弹性变形时的应变中性层的曲率半径 ρ_{0s}。这表示塑性弯曲时应变中性层位置向内移动。一般来讲，相对弯曲半径 r/t 越小，ξ 值也越小，应变中性层的内移量就越大。

对于发生内移的应变中性层，其纤维在弯曲前期的变形是切向压缩，而弯曲后期必然

是伸长变形，只有这样才能补偿弯曲前期的纤维缩短，使其切向应变为零。而弯曲后期的纤维伸长变形，一般来说，仅发生在应力中心层的外层纤维上。由此可见，应力中性层在塑性弯曲时也是从板料中间向内层移动的，且内移量比应变中性层还大。

8.1.2.3 弯曲区板料厚度的变薄

板料弯曲时，中性层以外的纤维受拉使厚度减薄，以内的纤维受压使板料增厚。在 $r/t \leqslant 4$ 的塑性弯曲时，发生中性层位置内移，其结果是导致外侧拉伸变薄区范围逐步扩大，内层压缩增厚区范围不断减小，外层的减薄量大于内层的增厚量，因此使弯曲变形区的板料厚度变薄。一般来讲，相对弯曲半径 r/t 越小，变形程度越大，系数 ξ 值就越小，弯曲区的变薄现象也越严重。

8.1.2.4 弯曲区板料长度的增加

通常，弯曲件的宽度 b 比厚度 t 大得多，所以弯曲前后的板料宽度 b 可近似地认为是不变的。但是，由于板料弯曲时中性层位置的向内移动，出现了板厚的变薄，根据体积不变条件，减薄的结果使板料长度 l 必然增加。一般来讲，相对弯曲半径 r/t 越小，减薄量越大，板料长度的增加也越大。

8.1.2.5 板料横截面的畸变、翘曲和拉裂

弯曲根据板料的相对宽度 b/t 不同可分为窄板弯曲和宽板弯曲两种（相对宽度 $b/t > 3$ 的板料称为宽板，相对宽度 $b/t \leqslant 3$ 的称为窄板）。

窄板弯曲时，宽度方向的变形不受约束。由于弯曲区外层受拉引起板料宽度方向收缩，内层受压引起板料宽度方向增加，所以弯曲变形的结果是板料横截面变为外窄内宽的梯形，同时内外层发生微小翘曲（图 8 - 6a）。

宽板弯曲时，宽度方向的变形会受到相邻部分材料的制约，材料不易流动，因此其横截面形状变化较小，仍为矩形，仅在两端可能出现翘曲和不平（图 8 - 6b）。

此外，塑性弯曲时，外缘表层的切向拉应力最大，当外层的合成应力超过板料的抗拉强度时，就会沿着板料折弯线方向拉裂，如图 8 - 6c 所示。

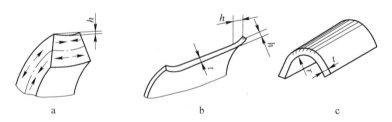

图 8 - 6 板料弯曲后的畸变和拉裂
a—畸变和翘曲；b—翘曲和不平；c—拉裂

8.1.3 板料弯曲时的应力和应变状态

板料的相对宽度不同，其弯曲变形时的应力和应变状态也不同。表 8 - 1 为窄板弯曲（$b/t \leqslant 3$）和宽板弯曲（$b/t > 3$）的变形区内的应力和应变状态。其中，σ_θ、ε_θ 表示切向应力、应变，σ_r、ε_r 表示径向应力、应变，σ_b、ε_b 表示宽度方向的应力、应变。

表 8-1 弯曲变形的应力与应变状态

名　称	窄板弯曲（$b/t \leqslant 3$）		宽板弯曲（$b/t > 3$）	
压缩区（内区）	应变状态	在切向：应变 ε_θ 为负值； 在宽度方向：应变 ε_b 为正值； 在径向：应变 ε_r 为正值	应变状态	在切向：应变 ε_θ 为负值； 在宽度方向：应变 ε_b 为零； 在径向：应变 ε_r 为正值
	应力状态	在切向：应力 σ_θ 为负值； 在宽度方向：应变 σ_b 为零； 在径向：应力 σ_r 均为负值	应力状态	在切向：应力 σ_θ 为负值； 在宽度方向：应变 σ_b 为负值； 在径向：应力 σ_r 均为负值
拉伸区（外区）	应变状态	在切向：应变 ε_θ 为正值； 在宽度方向：应变 ε_b 为负值； 在径向：应变 ε_r 为负值	应变状态	在切向：应变 ε_θ 为正值； 在宽度方向：应变 ε_b 为零； 在径向：应变 ε_r 为负值
	应力状态	在切向：应力 σ_θ 为正值； 在宽度方向：应变 σ_b 为零； 在径向：应力 σ_r 均为负值	应力状态	在切向：应力 σ_θ 为正值； 在宽度方向：应变 σ_b 为正值； 在径向：应力 σ_r 均为负值

由表 8-1 可见，窄板弯曲时，内、外层的应变状态是立体的，应力状态是平面的。宽板弯曲时，内、外层的应变状态是平面的，应力状态是立体的。

8.2　弯曲回弹

板料弯曲后的回弹现象总是存在的，其结果表现在弯曲件曲率和角度的变化上，如图 8-7 所示。

卸载前弯曲中性层的半径为 ρ，弯曲角为 α，回弹后的中性层半径为 ρ'，弯曲角为 α'（图 8-8），则弯曲件的曲率变化量为：

$$\Delta K = \frac{1}{\rho} - \frac{1}{\rho'} \qquad (8-2)$$

角度变化量为：

$$\Delta \alpha = \alpha - \alpha' \qquad (8-3)$$

曲率变化量 ΔK 和角度变化量 $\Delta \alpha$，统称为弯曲件的回弹量。

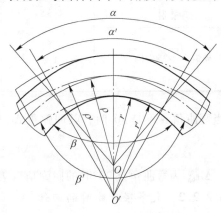

图 8-7　弯曲时的回弹

8.2.1 影响回弹的主要因素

影响回弹的主要因素有：

（1）材料的力学性能。材料的屈服极限 σ_s 越高，弹性模量 E 越小，即 σ_s/E 越大，则弯曲后回弹量 $\Delta\alpha$ 越大。硬化指数 n 值越小，回弹角也越大。

（2）相对弯曲半径 r/t。相对弯曲半径 r/t 越小，即弯曲变形程度越大，则回弹值越小。反之，相对弯曲半径 r/t 越大，则回弹值越大。这就是曲率半径很大的工件不易弯曲成型的原因。

（3）弯曲角 α。弯曲角 α 越大，表示变形区的长度越大，回弹累积值越大，故回弹角越大，但对曲率半径的回弹没有影响。

除上述因素以外，模具结构、弯曲方式（自由弯曲、校正弯曲）、弯曲件形状等工艺因素也对弯曲回弹产生影响，这些因素的影响一般根据实际情况来进行具体分析。

8.2.2 回弹值的确定

影响回弹的因素很多，而且各因素又互相影响，理论计算方法很难全面考虑这些因素的影响，得到的回弹量值一般与实际情况有差异，因此，在冲压生产中，往往是根据经验来确定回弹值，然后在试模时进行修正。

8.2.2.1 小半径弯曲时的回弹

当相对弯曲半径（r/t）< 5 ~ 8 时，由于弯曲半径的变化不大，可只考虑角度的回弹。表 8 - 2 列出了单角 90°自由弯曲时的回弹角。

表 8 - 2 单角 90°自由弯曲时的平均回弹角

材　料	r/t	材料厚度 t/mm		
		< 0.8	0.8 ~ 2	> 2
软钢 $\sigma_b = 350\text{MPa}$	< 1	4°	2°	—
软黄铜 $\sigma_b = 350\text{MPa}$	1 ~ 5	5°	3°	1°
铝、锌	> 5	6°	4°	2°
中硬钢 $\sigma_b = 400 \sim 500\text{MPa}$	< 1	5°	2°	—
硬黄铜 $\sigma_b = 350 \sim 400\text{MPa}$	1 ~ 5	6°	3°	1°
硬青铜	> 5	8°	5°	3°
硬钢 $\sigma_b > 350\text{MPa}$	< 1	7°	4°	2°
	1 ~ 5	9°	5°	3°
	> 5	12°	7°	5°

当弯曲角 α 不是 90°时，其回弹角 $\Delta\alpha$ 则可用以下公式计算：

$$\Delta\alpha = \frac{\alpha}{90°}\Delta\alpha_{90°} \qquad (8 - 4)$$

式中，$\Delta\alpha_{90°}$ 为弯曲角是 90°时的回弹角（表 8 - 2）。

8.2.2.2 大半径弯曲时的回弹

当相对弯曲半径（r/t）> 5 ~ 8 时，卸载后弯曲件的圆角半径和角度都有较大变化。凸

模圆角半径 r_t 和凸模弯曲中心角 α_t 按下式进行计算：

$$r_t = \cfrac{1}{\cfrac{1}{r} + \cfrac{3\sigma_s}{Et}} \qquad\qquad (8-5)$$

$$\alpha_t = \frac{r}{r_t}\alpha \qquad\qquad (8-6)$$

式中　r——弯曲件的圆角半径；

　　　α——弯曲件圆角半径 r 所对应弧长的中心角；

　　　σ_s——弯曲材料的屈服极限；

　　　t——弯曲材料的厚度；

　　　E——材料的弹性模量。

有关手册给出了许多计算弯曲回弹的公式和图表，选用时应特别注意它们的应用条件。

8.2.3　减少回弹值的措施

8.2.3.1　选用合适材料

在满足弯曲件使用要求的条件下，尽可能选用屈服极限 σ_s 小、弹性模数 E 大、力学性能比较稳定的材料，以减少弯曲时的回弹。对一些硬材料和已经冷作硬化的材料，弯曲前先进行退火处理，降低其硬度以减少弯曲时的回弹，待弯曲后再淬硬。在条件允许的情况下，甚至可以使用加热弯曲。

8.2.3.2　改进弯曲件的结构

在弯曲件设计上改进某些结构，加强弯曲件的刚度以减小回弹。例如在工件的弯曲变形区上压制加强筋，如图8-8所示。

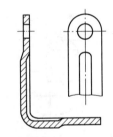

图8-8　改进弯曲件的结构设计

8.2.3.3　校正法

板料弯曲时，中性层外侧纤维伸长，内侧纤维被压缩。卸载以后，外侧纤维要缩短，内侧纤维要伸长，内、外层纤维的回弹趋势都是使板料复直，所以回弹量较大。如果在弯曲行程终了时，对板料施加一定的校正压力，迫使弯曲处内层金属产生切向拉伸应变，那么，板料经校正以后，内、外层纤维都被伸长，卸载后都要缩短，内、外层的回弹趋势相反，回弹量将会减小，达到克服或减少回弹的目的。

图8-9所示为用校正法单角弯曲和双角弯曲时，为保证校正力集中在弯曲变形区而使用的凸模几何形状和尺寸。一般认为，弯曲区金属的校正压缩量为板厚的 2%~5% 时，就可以得到较好的效果。

8.2.3.4　拉弯法

对于相对弯曲半径很大的弯曲件，由于变形区大部分处于弹性变形状态，弯曲回弹量很大。这时可以采用拉弯工艺，如图8-10所示。板料在拉力下弯曲，可以改变板料内部的应力状态，使中性层内侧的压应力转变为拉应力状态，此时，板料整个剖面上都处于拉应力作用下，而卸载后内、外层纤维的回弹趋势相互抵消，因此可以减少回弹。

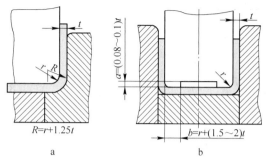

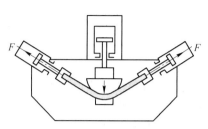

图 8-9　用校正法修正模具结构

a—单角弯曲；b—双角弯曲

图 8-10　拉弯工艺示意图

8.2.3.5　补偿法

根据弯曲件的回弹趋势（ΔK 和 $\Delta \alpha$ 值是增大，还是减小）和回弹量大小，修正凸模或凹模工作部分的形状和尺寸，以相反方向的回弹来补偿工件的回弹量。一般来说，补偿法是消除弯曲件回弹最简单的方法，在实际生产中得到广泛应用。

单角弯曲时，根据弯曲件可能产生的回弹量，可以将回弹角做在凹模上，使凹模的工作部分具有一定斜度，且凸、凹模的单边间隙为最小料厚（图 8-11a）。双角弯曲时，可在凸模两侧分别做出回弹角，并保证弯曲模的单边间隙等于最小料厚（图 8-11b），或将模具底部做成圆弧形（图 8-11c），利用底部向下的回弹作用，来补偿弯曲件侧壁的回弹。

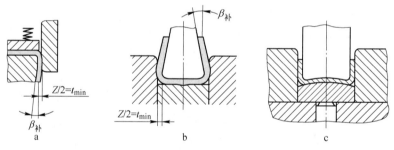

图 8-11　用补偿法修正模具结构

8.3　最小相对弯曲半径

8.3.1　最小相对弯曲半径的概念

弯曲时弯曲半径越小，板料外表面的变形程度越大，若弯曲半径过小，则板料的外表面将超过材料的变形极限而出现裂纹。在保证弯曲变形区材料外表面不发生破坏的条件下，弯曲件内表面所能形成的最小圆角半径称为最小弯曲半径。最小弯曲半径与弯曲板料厚度的比值 r_{min}/t 称作最小相对弯曲半径，是衡量弯曲变形程度的主要标志。

最小弯曲半径的数值，可以根据图 8-12 用下列近似计算方法求得。在厚度一定的条件下，设中性层所在位置的半径为 $\rho_0 = r + t/2$，则弯曲圆角变形区最外层表面的切向应变

ε_θ 为：

$$\varepsilon_\theta = \frac{bb - oo}{oo} = \frac{(\rho_0 + t/2) \cdot \alpha - \rho_0 \alpha}{\rho_0 \alpha} = \frac{t/2}{\rho_0}$$

以 $\rho_0 = r + t/2$ 代入上式得：

$$\varepsilon_\theta = \frac{1}{2r/t + 1} \qquad (8-7)$$

即：

$$\frac{r}{t} = \frac{1}{2}\left(\frac{1}{\varepsilon_\theta} - 1\right) \qquad (8-8)$$

当 ε_θ 达到材料拉应变的最大极限值 $\varepsilon_{\theta max}$ 时，则相对弯曲半径为最小值，即：

图 8-12 板料的弯曲状态及中性层

$$\frac{r_{min}}{t} = \frac{1}{2}\left(\frac{1}{\varepsilon_{\theta max}} - 1\right) \qquad (8-9)$$

材料的 $\varepsilon_{\theta max}$ 值越大，则相对弯曲半径极限值 r_{min}/t 越小，说明板料弯曲的性能越好。公式中的最大切向应变 $\varepsilon_{\theta max}$ 可以通过材料单向拉伸实验测得。但是实践结果表明，弯曲处许可的切向应变最大值 $\varepsilon_{\theta max}$ 比单向拉伸的实验值 $\varepsilon_{\theta max}$ 大得多，所以按式 8-9 计算 r_{min}/t，与实际数据相比，误差较大，其原因是实际生产中的最小相对弯曲半径除与材料力学性能有关以外，还与其他因素有关。

8.3.2 影响最小相对弯曲半径 r_{min}/t 的因素

8.3.2.1 材料的力学性能

塑性好的材料，其外层允许变形程度大，许可的相对弯曲半径就小。塑性差的材料，其最小相对弯曲半径要相应大一些。所以，在生产中可以采用热处理的方法来提高某些塑性较差材料以及冷作硬化材料的塑性变形能力，以减小最小相对弯曲半径，增大弯曲变形程度。

8.3.2.2 弯曲角 α

板料弯曲时的变形，理论上认为仅局限于圆角区域，直边部分不参与变形，似乎变形程度只与相对弯曲半径 r/t 有关，而与弯曲角无关。但是在实际弯曲过程中，由于板料纤维之间的相互牵制，接近圆角的直边部分也参与了变形，这对圆角处外缘受拉状态有缓解作用，有利于降低最小弯曲半径的数值。弯曲角越小，直边部分参与变形的分散效应越显著，最小相对弯曲半径也越小。弯曲角 α 对 r_{min}/t 的影响，如图 8-13 所示。$\alpha < 90°$ 时，弯曲角的影响很大，$\alpha > 90°$ 时，其影响明显减弱。

8.3.2.3 板料的纤维方向

弯曲所用的板料往往是经多次轧制的冷轧钢板，具有方向性。顺着纤维方向的塑性指标大于垂直于纤维的指标。因此，当弯曲件的弯曲线与纤维方向垂直时，最小相对弯曲半径 r_{min}/t 的数值最小；而平行时，则 r_{min}/t 数值最大（图 8-14a、b）。因此，对于相对弯曲半径较小或者塑性较差的弯曲件，弯曲线应尽可能垂直于轧制方向。当弯曲件为双侧弯曲，而且相对弯曲半径又比较小时，排样时应设法使弯曲线与板料轧制方向成一定角度

（图 8 – 14c）。

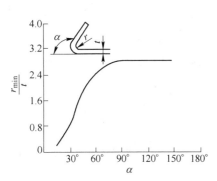

图 8 – 13　弯曲角 α 与 r_{min}/t 值的关系

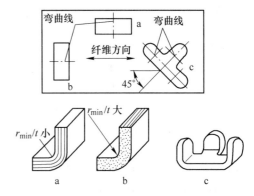

图 8 – 14　板料纤维方向对弯曲半径的影响

8.3.2.4　板料的冲裁断面质量和表面质量

由冲裁或剪裁获得的板料，其表面有划伤、裂纹或剪切断面上有毛刺、裂口和冷作硬化等缺陷，弯曲时易开裂。因此对表面质量和断面质量较差的板料弯曲时，其最小相对弯曲半径 r_{min}/t 的数值较大。如果实际生产中需要用到较小的 r_{min}/t 值时，可以采用弯曲前去除毛刺或将材料有毛刺的一面朝向弯曲凸模，切除剪切断面上的硬化层或者退火处理等方法，来避免工件的破裂。

8.3.3　最小相对弯曲半径 r_{min}/t 的数值

由于影响最小相对弯曲半径 r_{min}/t 的因素很多，所以其数值常用试验方法来确定。表 8 – 3 列出了考虑到部分工艺因素的影响，并经过多次试验获得的最小相对弯曲半径的数值，供参考选用。

表 8 – 3　最小相对弯曲半径 r_{min}/t 的数值

材　料	正火或退火状态		冷作硬化状态	
	弯曲线的位置			
	垂直纤维	平行纤维	垂直纤维	平行纤维
08、10	0.1	0.4	0.4	0.8
15、20	0.1	0.5	0.5	1.0
25、30	0.2	0.6	0.6	1.2
35、40	0.3	0.8	0.8	1.5
45、50	0.5	1.0	1.0	1.7
55、60	0.7	1.3	1.3	2.0
铝	0.1	0.35	0.5	1.0
纯　铜	0.1	0.35	1.0	2.0

8.4 弯曲件的坯料尺寸

8.4.1 弯曲中性层的位置

板料弯曲时，应变中性层的长度是不变的。因此，可以根据中性层长度不变的原则来确定弯曲件的坯料尺寸。而要想求得中性层的长度，必须先确定中性层的位置。中性层的位置可以用曲率半径 ρ_0 表示。

当弯曲变形程度很小时，可以认为中性层位于板料厚度的中心，即：

$$\rho_0 = r + t/2 \qquad (8-10)$$

式中　r——弯曲件的内圆角半径；

　　　t——弯曲板料的厚度。

但当弯曲变形程度较大时，弯曲区厚度变薄，中性层位置发生内移，从而使中性层的曲率半径 $\rho_0 < r + t/2$。这时的中性层位置根据弯曲变形前后体积不变的原则来确定。

在生产实际中为了使用方便，通常采用下面的经验公式来确定中性层的位置：

$$\rho_0 = r + xt \qquad (8-11)$$

式中，x 为中性层位移系数，其值与变形程度有关，即相对弯曲半径 r/t（表 8-4）。

表 8-4　中性层位移系数 x 的值

r/t	0.1	0.2	0.3	0.4	0.5	0.6	0.7	0.8	1	1.2
x	0.21	0.22	0.23	0.24	0.25	0.26	0.28	0.3	0.32	0.33
r/t	1.3	1.5	2	2.5	3	4	5	6	7	≥8
x	0.34	0.36	0.38	0.39	0.4	0.42	0.44	0.46	0.48	0.5

8.4.2 弯曲件坯料尺寸的计算

坯料尺寸的计算方法因弯曲件的形状、弯曲半径以及弯曲的方法等的不同而不同，主要有以下几种方法。

8.4.2.1 圆角半径 $r > 0.5t$ 的弯曲件

这类弯曲件变薄不严重，其坯料长度可以根据中性层长度不变的原则进行计算。坯料长度 L 等于弯曲件直线部分长度与弯曲部分中性层展开长度的总和，如图 8-15 所示。

$$L = \sum l_i + \sum \frac{\pi \alpha_i}{180°}(r_i + x_i t) \qquad (8-12)$$

式中　l_i——各段直线部分长度；

　　　α_i——各段圆弧部分弯曲中心角；

　　　r_i——各段圆弧部分弯曲半径；

　　　x_i——各段圆弧部分中性层位移系数。

8.4.2.2 圆角半径 $r < 0.5t$ 的弯曲件

这类弯曲件由于弯曲变形时，不仅圆角变形区

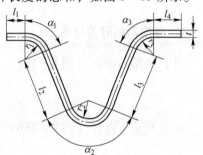

图 8-15　圆角半径 $r > 0.5t$ 的弯曲件

产生严重变薄，而且与其相邻直边部分也产生变薄，因此，按弯曲前、后体积相等的原则计算坯料长度。生产中，通常采用经过修正的公式进行计算，如表 8 – 5 所列公式。

表 8 – 5　圆角半径 $r < 0.5t$ 的弯曲件坯料长度计算公式

简　图	计算公式	简　图	计算公式
	一次弯一个角： $L = a + b + 0.4t$		一次弯两个角： $L = a + b + c + 0.6t$
	一次弯一个角： $L = a + b + \dfrac{\alpha}{90°} \times 0.5t$		一次弯三个角： $L = a + b + c + d + 0.75t$ 两次弯三个角： $L = a + b + c + d + t$
	一次弯一个角： $L = a + b - 0.43t$		一次弯四个角： $L = 2a + b + 2d + t$ 两次弯四个角： $L = 2a + b + 2d + 1.2t$

　　对于形状比较简单、尺寸精度要求不高的弯曲件，可直接采用上面介绍的方法计算坯料长度。而对于形状比较复杂或精度要求高的弯曲件，利用上述公式计算的坯料长度，还需在反复试弯不断修正之后，才能确定坯料的形状和尺寸。一般是先制作弯曲模具，按计算的坯料尺寸裁剪试样，并对其在弯曲模上试弯修正，尺寸修改正确后再制作落料模。

8.5　弯　曲　力

　　弯曲力是制订板料弯曲工艺和选择设备的重要依据之一，所以需要计算弯曲力。影响弯曲力的因素很多，如材料的性能、工件形状尺寸、板料厚度、弯曲方式、模具结构等。此外，模具间隙和模具工作表面质量也会影响弯曲力的大小。因此，理论分析的方法很难精确计算。在生产实际中，通常根据板料的力学性能以及厚度、宽度，按照经验公式进行计算。

8.5.1　自由弯曲时的弯曲力

　　对于 V 形弯曲件（图 8 – 16a），其最大自由弯曲力 $F_{V自}$ 为：

$$F_{V自} = \frac{0.6kbt^2\sigma_b}{r + t} \tag{8 – 13}$$

　　对于 U 形弯曲件（图 8 – 16b），其最大自由弯曲力 $F_{U自}$ 为：

$$F_{U自} = \frac{0.7kbt^2\sigma_b}{r + t} \tag{8 – 14}$$

式中　b——弯曲件的宽度；

　　　t——弯曲件的厚度；

　　　r——内圆弯曲半径（等于凸模圆角半径）；

　　σ_b——材料的抗拉强度；

　　　k——安全系数，一般取 1.3。

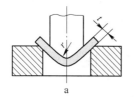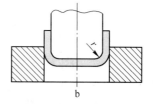

图 8 - 16　自由弯曲示意图

8.5.2　校正弯曲时的弯曲力

板料经自由弯曲阶段后，开始与凸、凹模表面全面接触，此时，如果凸模继续下行，零件受到模具挤压继续弯曲，称为校正弯曲，如图 8 - 17 所示。

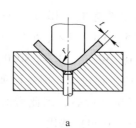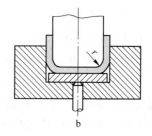

图 8 - 17　校正弯曲示意图
a—V 形件；b—U 形件

校正弯曲力比自由弯曲力大得多，而且两个力并非同时存在。因此，校正弯曲时只需计算校正弯曲力 $F_校$，即：

$$F_校 = Ap \tag{8 - 15}$$

式中　A——弯曲件校正部分的投影面积；

　　　p——单位面积上的校正力，其值见表 8 - 6。

表 8 - 6　单位面积校正力　　　　　　　　　　　　　　　（MPa）

材　料	料厚/mm		材　料	料厚/mm	
	<3	3 ~ 10		<3	3 ~ 10
10 号钢、20 号钢	80 ~ 100	100 ~ 120	铝	30 ~ 40	50 ~ 60
25 号钢、35 号钢	100 ~ 120	120 ~ 150	黄　铜	60 ~ 80	80 ~ 100

选择冲压设备时，除考虑弯曲模尺寸、模具高度、模具结构和动作配合以外，还应考虑弯曲力的大小。选用的大致原则是：

对于自由弯曲，选用的压力机公称压力 $F_压机$ 为：

$$F_{压机} \geqslant 1.3(F_{自} + F_Q) \tag{8-16}$$

式中　$F_{自}$——自由弯曲力；

　　　F_Q——顶件力或压料力，约为自由弯曲力的 30% ~ 80%（设置顶件或压料装置的弯曲模）。

对于校正弯曲，由于校正弯曲力远大于自由弯曲力、顶件力和压料力，因此 $F_{自}$ 和 F_Q 可以忽略不计，主要考虑校正弯曲力。所以，压力机的公称压力可取：

$$F_{压机} \geqslant (1.5 ~ 2)F_{校} \tag{8-17}$$

8.6　弯曲件的工艺性

具有良好工艺性的弯曲件，能简化弯曲工艺过程和提高弯曲件精度，并有利于模具的设计与制造。弯曲件的工艺性内容很多，主要指弯曲件的形状和尺寸、弯曲件的精度和弯曲件的尺寸标准等。

8.6.1　弯曲件的形状和尺寸

8.6.1.1　弯曲半径

弯曲件的弯曲半径 r 是指内圆角半径。数值建议按标准（JB/T 4378.1）选取（单位为 mm），如 0.1、0.2、0.3、0.5、1.5、2.0、2.5、3.0、4.0、5.0、6.0、8.0、10.0、12.0、15.0、20.0、25.0、30.0、35.0、40.0、45.0、50.0、63.0、80.0、100.0。

弯曲半径的选择应适当，不宜过大或过小。弯曲半径过大，因受回弹的影响，弯曲角度和圆角半径的精度不宜保证。弯曲半径过小，容易被弯裂，因此弯曲半径有最小值限制。常用材料的最小相对弯曲半径建议按标准（JB/T 5109）选用。

当弯曲件有特殊要求必须小于最小弯曲半径时，可以采用加热弯曲或者两次弯曲的方法，第一次采用较大的弯曲半径，经中间退火后第二次再弯至要求的半径。对于板料厚度小于 1mm 的薄料工件，要求弯曲内侧清角时，可以采取改变结构的方法，如图 8-18 所示，在圆角区压出圆角凸肩。

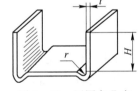

图 8-18　压圆角凸肩

8.6.1.2　弯曲件直边高度

为了保证工件的弯曲质量，在弯曲直角时，弯曲件直边高度 H 应大于等于板厚 t 的 2 倍（图 8-19），即 $H \geqslant 2t$。若 $H < 2t$，弯边在模具上支持的长度过小，弯曲过程中不能产生足够的弯矩，将无法保证弯曲件的直边平直。这时，可先增加直边高度（即添加了工艺余料），弯曲后再切除多余的部分。

如果弯曲件侧面带有斜边，且斜边进入变形区（图 8-20a），则在直边高度 $H < 2t$ 的区域段内，不可能弯曲到要求的形状和角度，而且此处也容易开裂，这时必须改变弯曲件的形状，加高直边尺寸（图 8-20b）。

8.6.1.3　弯曲件孔边距

弯曲件上孔的边缘与弯曲区应有一定距离，以免孔的形状因弯曲而变形。孔边至弯曲半径 r 的中心最小距离 l 与材料厚度有关（图 8-21a），一般为：当 $t < 2mm$ 时，取 $l \geqslant t$；

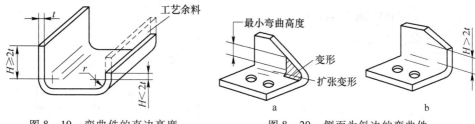

图 8 - 19　弯曲件的直边高度　　　　图 8 - 20　侧面为斜边的弯曲件

当 $t \geq 2mm$ 时，取 $l \geq 2t$。若弯曲件不能满足上述要求，而结构又允许时，则可以采取在弯曲线上冲出工艺孔（图 8 - 21b）或凸缘缺口（图 8 - 21c）的方法，以转移变形范围，得到所需孔的正确形状。如果弯曲件对孔的要求较高，则应先弯曲后冲孔。

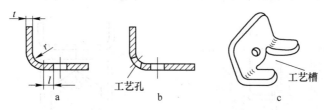

图 8 - 21　防止孔变形的措施

8.6.1.4　弯曲线的位置

弯曲件的弯曲线不应位于尺寸突变的位置，离突变处的距离 l 应大于弯曲半径 r，即 $l > r$（图 8 - 22）；或预先切槽或冲工艺孔，将变形区与不变形区分开（图 8 - 23）。

8.6.1.5　工艺切口

为了保证弯曲件的尺寸精度，对于弯曲时圆角变形区侧面产生畸变的弯曲件，可以预先在弯曲线的两端制出工艺切口，以避免畸变对弯曲件宽度尺寸的影响，如图 8 - 24 所示。

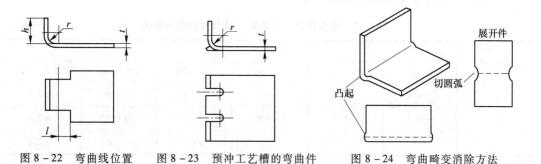

图 8 - 22　弯曲线位置　　图 8 - 23　预冲工艺槽的弯曲件　　图 8 - 24　弯曲畸变消除方法

8.6.1.6　弯曲件的几何形状

弯曲件应尽量设计成对称状，以防止弯曲变形时因坯料受力不均发生滑动而产生偏移。图 8 - 25a 所示为坯料形状不对称引起的偏移；图 8 - 25b 为弯曲件结构不对称引起的偏移。

为了防止这种现象的发生，可以考虑在模具上设置压料装置（图 8 - 26），或利用弯曲件上的工艺孔采用定位销定位（图 8 - 27）。

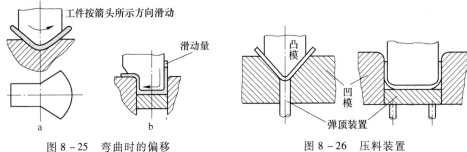

图 8 - 25　弯曲时的偏移　　　　图 8 - 26　压料装置

对于带缺口的弯曲件，如图 8 - 28 所示，若先将坯料冲出缺口，则弯曲时会出现叉口现象，严重时无法成型，这时必须在缺口部分留有连接带，待弯曲后再切除。

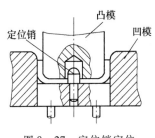 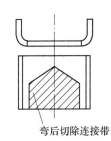

图 8 - 27　定位销定位　　　　图 8 - 28　带有缺口的弯曲件

8.6.2　弯曲件的精度

弯曲件的精度与板料的力学性能、厚度、模具结构和模具精度、弯曲次数和先后顺序以及冲压件的形状和尺寸等因素有关。对弯曲件的精度要求应合理，一般弯曲件长度尺寸经济公差等级在 IT13 级以下，角度公差大于 15′。弯曲件未注公差长度的极限偏差见表8 - 7；弯曲件未注公差角度的公差值见表 8 - 8。

表 8 - 7　弯曲件未注公差的长度尺寸的极限偏差　　　　　　　　　　（mm）

料　厚	长 度 尺 寸					
	3 ~ 6	6 ~ 18	18 ~ 50	50 ~ 120	120 ~ 260	260 ~ 500
≤2	± 0.3	± 0.4	± 0.6	± 0.8	± 1.0	± 1.5
2 ~ 4	± 0.4	± 0.6	± 0.8	± 1.2	± 1.5	± 2.0
>4	—	± 0.8	± 1.0	± 1.5	± 2.0	± 2.5

表 8 - 8　弯曲件未注公差角度的公差值

	弯边长度 l/mm	<6	6 ~ 10	10 ~ 18	18 ~ 30	30 ~ 50
	角度公差 $\Delta\beta$	± 3°	± 2°30′	± 2°	± 1°30′	± 1°15′
	弯边长度 l/mm	50 ~ 80	80 ~ 120	120 ~ 180	180 ~ 260	260 ~ 360
	角度公差 $\Delta\beta$	± 1°	± 50′	± 40′	± 30′	± 25′

8.6.3　弯曲件的尺寸标注

尺寸标注对弯曲件的工艺性有很大的影响。对按图 8 - 29a 方法标注的弯曲件，孔的位置精度不受坯料展开长度和回弹的影响，将大大简化工艺设计，其工序顺序可以是：先落料、冲孔，然后再弯曲成型。对按图 8 - 29b、c 方法所标注的弯曲件，则只可在弯曲后进行冲孔才能保证尺寸精度。因此，在不要求弯曲件有一定装配关系时，应尽量考虑冲压工艺的方便来标注尺寸。

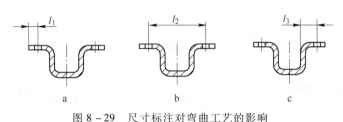

图 8 - 29　尺寸标注对弯曲工艺的影响

8.7　弯曲件的工序安排

除形状简单的弯曲件外，许多弯曲件都需要经过几次弯曲成型才能达到最后要求。为此，必须正确确定工序的先后顺序。弯曲件的工序根据弯曲件的复杂程度、尺寸大小、精度高低、材料性质、生产批量等因素来确定。弯曲工序安排合理，则可以简化模具结构，提高工件质量和生产率。

8.7.1　弯曲件工序安排的原则

弯曲件工序安排的原则为：

（1）对于形状简单的弯曲件，如 V 形、U 形、Z 形工件等，尽可能一次弯成。对于形状复杂的弯曲件，一般需要采用两次或多次弯曲成型。

（2）对于批量大、尺寸小的制件，为使操作方便、定位准确和提高生产率，应尽可能采用级进模或复合模。

（3）需多次弯曲时，弯曲顺序一般是先弯两端，后弯中间部分，前次弯曲应考虑后次弯曲有可靠的定位，后次弯曲不能影响前次已成型的形状。

（4）当弯曲件几何形状不对称时，为避免压弯时坯料偏移，应尽量成对弯曲，然后再剖切（图 8 - 30）。

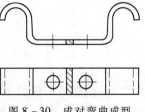

图 8 - 30　成对弯曲成型

8.7.2　典型弯曲件的工序安排

图 8 - 31 ~ 图 8 - 34 分别为一次弯曲、两次弯曲、三次弯曲以及多次弯曲成型工件的例子，可供制订弯曲工艺时参考。

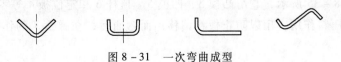

图 8 - 31　一次弯曲成型

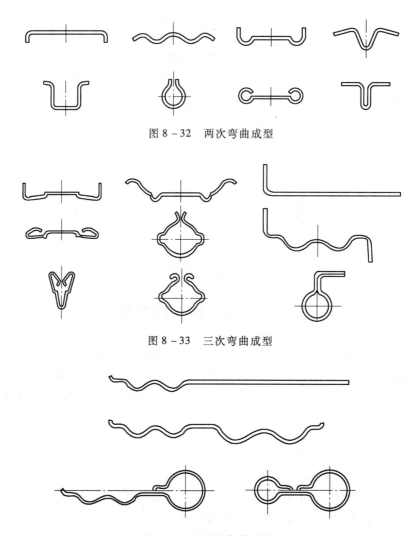

图 8 - 32　两次弯曲成型

图 8 - 33　三次弯曲成型

图 8 - 34　四次弯曲成型

8.8　弯　曲　模

弯曲模随弯曲件的不同，而有各种不同的结构。常见的弯曲模有，V 形件、L 形件的单角弯曲模，U 形件、Z 形件的双角弯曲模，Ⅱ 形件（即冒形件）的四角弯曲模，圆形件弯曲模和摆动或带斜楔弯曲模等。

8.8.1　V 形件弯曲模

V 形件弯曲模适于工件两直边等长，且沿着弯曲角的角平分线方向进行的单角弯曲。其基本结构如图 8 - 35 所示，它由凸模 3、凹模 5、顶杆 6 和定位板 4 等零件组成。顶杆 6 在凸模下行时有压料作用，用以防止板料偏移；而弯曲后，在弹簧 7 的作用下，又起顶件作用。

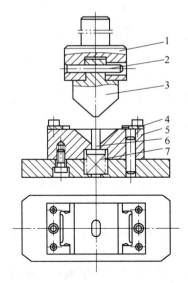

图 8 – 35　有压料装置的 V 形件弯曲模
1—模柄；2—销钉；3—凸模；4—定位板；5—凹模；6—顶杆；7—弹簧

8.8.2　L 形件弯曲模

L 形件弯曲模适于工件两直边相差较大时的单角弯曲。图 8 – 36a 是垂直于工件一条边的方向弯曲的弯曲模。弯曲时，工件的长边被夹紧在压料板 4 和凸模 1 之间，另一边竖立向上弯曲。弯曲后，压料板 4 在弹性元件（如弹簧或气垫）作用下，向上复位顶出制件。单角弯曲时，会产生水平推力，为了防止凸模偏移，装有水平止推块 5，用以保证凸、凹模间隙和提高模具寿命。模具采用定位销定位和压料装置，压弯过程中工件不易偏移。但是，由于弯曲件竖边无法受到校正，因此工件存在较大的回弹现象。图 8 – 36b 为带有校形作用的 L 形弯曲模，由于压弯时工件倾斜了一定的角度，凸模 1 的下压力可以作用于竖边，从而减少了回弹。图中 α 为倾斜角，板料较厚时取 10°，薄料取 5°。

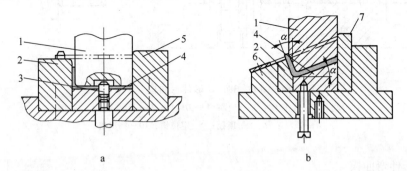

图 8 – 36　L 形弯曲模
1—凸模；2—凹模；3—定位销；4—压料板；5—止推块；6—定位板；7—挡块

8.8.3　U 形件弯曲模

U 形件弯曲模在弯曲过程中可以形成两个弯曲角。根据弯曲件的要求，常用的 U 形件弯曲模有图 8－37 所示的结构类型。图 8－37a 所示为开底凹模，为下出件方式，用于底部平整度要求不高的制件。图 8－37b 为上出件方式，用于要求底部平整的弯曲件。

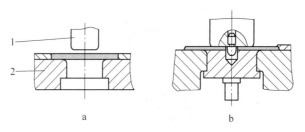

图 8－37　U 形件弯曲模
1—凸模；2—凹模

图 8－38 所示为一 U 形件弯曲模的典型结构，该模具设置了顶料装置 7 和顶板 8，在弯曲过程中顶板 8 始终压住工件；同时利用半成品坯料上已有的两个孔设置了定位销 9，对工件进行定位并防止坯料在弯曲过程中的滑动偏移。卸料杆 4 的作用是将弯曲成型后的工件从凸模上卸下。

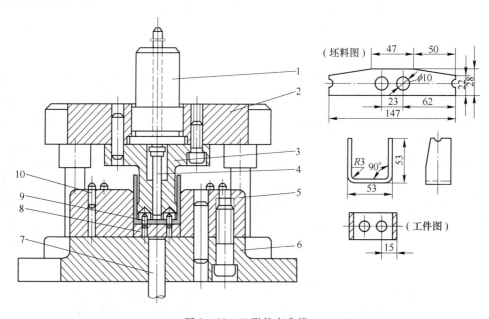

图 8－38　U 形件弯曲模
1—模柄；2—上模座；3—凸模；4—卸料杆；5—凹模；6—下模座；
7—顶料装置；8—顶板；9—定位销；10—挡料销

8.8.4　Z 形件弯曲模

由于 Z 形件两端直边弯曲方向相反，所以 Z 形件弯曲需要有两个方向的弯曲动作。图 8－39a 结构简单，但由于没有压料装置，压弯时坯料容易滑动，因此适用于尺寸精度要求不高的弯曲件。图 8－39b 为有顶板和定位销的 Z 形件弯曲模，能有效防止坯料的偏移。反侧压块 3 的作用是克服上、下模之间水平方向的错移力，同时也为顶板导向，防止其窜动。图8-39c所示为Z形件弯曲模，压弯前因橡胶8的弹力作用，压块10与凸模4的下端面齐平或略突出于凸模4端面（这时限位块7与上模座6分离）。同时顶板1在顶料装置的作用下处于与下模端面持平的初始位置，板料由定位销定位。压弯时上模下行，压块10与顶板1夹紧坯料。由于压块10上的橡胶弹力大于顶板1上顶料装置的弹力，坯料随压块10与顶板1下行，先完成左端弯曲。当顶板1下移触及下模座11后，橡胶8开始压缩，压块10静止而凸模4继续下行，完成右端的弯曲。当限位块7与上模座6相碰时，工件可以得到校正。

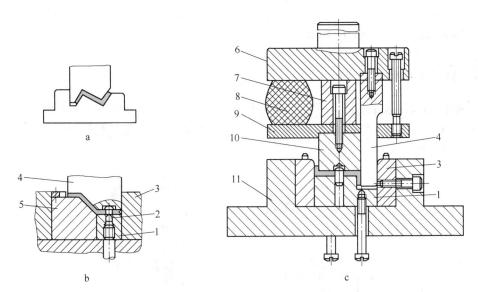

图8-39 Z形件弯曲模

1—顶板；2—定位销；3—反侧压块；4—凸模；5—凹模；6—上模座；7—限位块；
8—橡胶；9—凸模托板；10—压块；11—下模座

8.8.5 Π形件弯曲模

这种弯曲件的成型方法有两种：一种为两次弯曲成型，另一种为一次弯曲成型。

（1）Π形件两次弯曲模。图8-40为两次弯曲成型的方法，第一次先将板料弯成U形；第二次弯曲时，以弯曲凹模外形兼作工件的定位，然后弯曲成Π形件。采用这种方法成型的模具结构简单，但是因为第二次弯曲时，工件以凹模外形定位，使第二次弯曲凹模的壁厚受到弯曲件高度 H 的限制，一般要求其高度 $H > (12 \sim 15)t$（料厚），否则凹模壁厚太薄强度不够。

（2）Π形件一次弯曲模。图8-41为一次弯曲成型的复合弯曲模结构。凸凹模1的外形是弯曲U形的凸模，内孔是弯曲Π形的凹模。弯曲时，先由凸凹模1和凹模2将板料弯成U形，然后凸凹模1继续下行，与活动凸模3作用，将工件弯曲成四角Π形。这种结构的凹模需要具有较大的空间，以方便工件侧边的转动。凸凹模1的壁厚与图8-40的凹模结构一样，受到弯曲件高度的限制。此外，由于弯曲过程中板料未被夹紧，易产生偏移和回弹，工件的尺寸精度不高。

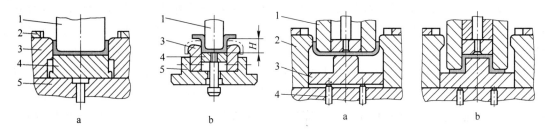

图 8-40 Ⅱ形件两次弯曲成型的方法
a—首次弯曲；b—两次弯曲
1—凸模；2—定位板；3—凹模；4—顶板；5—下模座

图 8-41 一次弯曲成型的复合弯曲模
a—弯曲成 U 形；b—弯曲成 Ⅱ 形
1—凸凹模；2—凹模；3—活动凸模；4—顶杆

8.8.6 圆形件弯曲模

圆形件的尺寸大小不同，其弯曲方法也不同，一般按直径分为小圆和大圆两种。

（1）对于直径 $d < 5\text{mm}$ 的小圆形件，一般先将板料弯成 U 形，然后再弯成圆形。模具结构见图 8-42。

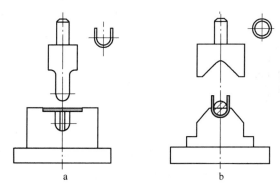

图 8-42 小直径圆形件弯曲模
a—U 形；b—圆形

（2）对于直径 $d \geqslant 20\text{mm}$ 的大圆形件，一般先将板料弯成由三等分圆弧组成的波浪形状，然后再弯成圆形，模具结构如图 8-43 所示。

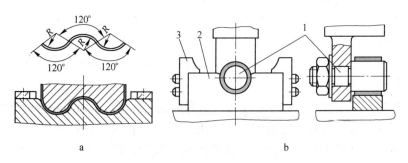

图 8-43 大圆形件两次弯曲模
a—首次弯曲；b—两次弯曲
1—凸模；2—凹模；3—定位板

8.9　弯曲模工作部分尺寸的设计

弯曲模工作部分尺寸主要指凸、凹模工作部分的圆角半径，凸、凹模间隙，凹模深度，凸、凹模横向尺寸及公差等，如图 8 - 44 所示。

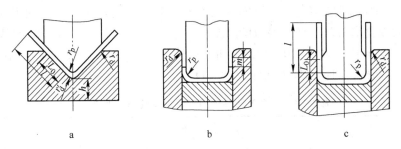

图 8 - 44　弯曲模的结构尺寸

a—V 形件；b—U 形件（弯边高度不大或要求两臂平直）；c—U 形件（弯边高度较大或对平直度要求不高）

8.9.1　凸模圆角半径

凸模圆角半径 r_p 应等于弯曲件内侧的圆角半径 r，但不能小于表 8 - 3 中的材料允许的最小弯曲半径 r_{min}。如果弯曲件的 $r < r_{min}$，弯曲时应取 $r_p > r_{min}$，随后再增加一次整形工序，整形模便可取 $r_p = r$。

8.9.2　凹模圆角半径

凹模圆角半径 r_d 不宜过小，以免弯曲时擦伤材料表面，或出现压痕，或使弯曲力增加，模具寿命降低。同时凹模两边的圆角半径 r_d 应一致，用以防止弯曲时板料的偏移。在生产中，通常 r_d 根据板料的厚度 t 选取：

$t \leqslant 2mm$：　　　　　　　　　$r_d = (3 \sim 6)t$

$t = 2 \sim 4mm$：　　　　　　　　$r_d = (2 \sim 3)t$

$t > 4mm$：　　　　　　　　　　$r_d = 2t$

V 形件弯曲凹模的底部圆角半径 r_d'，应根据弯曲区发生变薄的变形特点选取，常可按弯曲后的板厚，得出弯曲件外侧圆角半径，依此半径作为 V 形件弯曲模的底部圆角半径。或按 $r_d' = (0.6 \sim 0.8)(r_p + t)$，或在凹模底部开设退刀槽。

8.9.3　凸、凹模间隙

弯曲凸、凹模之间的单边间隙用 c 来表示。对于 U 形件弯曲，必须合理选取凸、凹模间隙。间隙过大，则回弹大，弯曲件尺寸及形状不易保证；间隙过小，弯曲力增加，工件擦伤大，模具磨损大、寿命短。常按材料的力学性能和厚度选取：

对于钢板：　　　　　　　　　　$c = (1.05 \sim 1.15)t$

对于有色金属板料：　　　　　　$c = (1.0 \sim 1.1)t$

V 形件弯曲时，凸、凹模间隙是通过调节压力机的闭合高度来实现的，不必在设计及制造模具时考虑。

8.9.4　凹模深度

凹模深度要适当，过小则工件两端的自由部分太多，弯曲件回弹大，两臂不平直，影响工件质量。若深度过大，则要多消耗模具材料，也使顶件行程增加，压机行程增大。弯曲 V 形件时，凹模深度及底部最小厚度（见图 8 - 44a）可查表 8 - 9。弯曲 U 形件时，若弯边高度不大或要求两臂平直，则凹模深度应大于弯曲件的高度，如图 8 - 44b 所示，图中凹模入口深度 m 值见表 8 - 10，如果弯曲件边长较大，而对平直度要求不高时，可采用图 8 - 44c 所示凹模，凹模深度 L_0 值见表 8 - 11。

表 8 - 9　弯曲 V 形件的凹模深度及底部最小厚度　　（mm）

弯曲件边长 l	板料厚度					
	≤2		2 ~ 4		>4	
	h	L_0	h	L_0	h	L_0
10 ~ 25	20	10 ~ 15	22	15	—	—
25 ~ 50	22	15 ~ 20	27	25	32	30
50 ~ 75	27	20 ~ 25	32	30	37	35
75 ~ 100	32	25 ~ 30	37	35	42	40
100 ~ 150	37	30 ~ 35	42	40	47	50

表 8 - 10　弯曲 U 形件的凹模 m 值　　（mm）

料厚 t	≤1	1 ~ 2	2 ~ 3	3 ~ 4	4 ~ 5	5 ~ 6	6 ~ 7	7 ~ 8	8 ~ 10
m	3	4	5	6	8	10	15	20	25

表 8 - 11　弯曲 U 形件时的凹模深度 L_0　　（mm）

弯曲件边长 l	板料厚度 t				
	<1	1 ~ 2	2 ~ 4	4 ~ 6	6 ~ 10
<50	15	20	25	30	35
50 ~ 75	20	25	30	35	40
75 ~ 100	25	30	35	40	40
100 ~ 150	30	35	40	50	50
150 ~ 200	40	45	55	65	65

8.9.5　凸、凹模的宽度尺寸

8.9.5.1　尺寸标注在外形上（图 8 - 45）

弯曲件宽度尺寸标注在外侧时，应以凹模为基准，先确定凹模尺寸，间隙取在凸模上。

当工件为双向偏差标注时（图 8 - 45a），对应的凹模宽度尺寸 L_d（图 8 - 45c）为：

$$L_d = (L - 0.5\Delta)^{+\delta_d} \qquad (8 - 18)$$

当工件为单向偏差标注时（图 8 - 45b），对应的凹模宽度尺寸 L_d（图 8 - 45c）为：

$$L_\Delta = (L - 0.75\Delta)^{+\delta_d} \qquad (8 - 19)$$

凸模尺寸 L_p（图 8 - 45c）按下式计算：

$$L_p = (L_d - 2c)_{-\delta_p} \qquad\qquad (8 - 20)$$

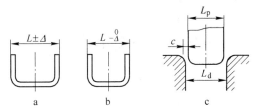

图 8 - 45　用外形尺寸标注的弯曲件

8.9.5.2　尺寸标注在内侧（图 8 - 46）

弯曲件宽度尺寸标注在内侧时，应以凸模为基准，先确定凸模尺寸，间隙取在凹模上。

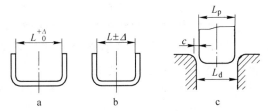

图 8 - 46　用内形尺寸标注的弯曲件

当工件为单向偏差标注时（图 8 - 46a），对应的凸模宽度尺寸 L_p（图 8 - 46c）为：

$$L_p = (L + 0.75\Delta)_{-\delta_p} \qquad\qquad (8 - 21)$$

当工件为双向偏差标注时（图 8 - 46b），对应的凸模宽度尺寸 L_p（图 8 - 46c）为：

$$L_p = (L + 0.5\Delta)_{-\delta_p} \qquad\qquad (8 - 22)$$

凹模尺寸 L_d（图 8 - 46c）按下式计算：

$$L_d = (L_p + 2c)^{+\delta_d} \qquad\qquad (8 - 23)$$

式中　L——弯曲件公称尺寸，mm；

$\quad\quad\ \Delta$——弯曲件偏差，mm；

δ_p，δ_d——分别为凹、凸模的制造公差，按 IT7 ~ IT9 级公差等级选取。一般取凸模的精度比凹模精度高一级。

复习思考题

1. 简述弯曲过程及伴随产生的现象。
2. 简述弯曲件回弹及其影响因素与控制措施。
3. 简述最小相对弯曲半径及其影响因素。
4. 简述弯曲件坯料尺寸的计算方法。
5. 简述如何分析弯曲件的工艺性。
6. 简述弯曲模的分类及其特征。
7. 简述弯曲模工作零件的设计方法。

9　拉深工艺

本章要点：拉深是冲压工艺中的主要成型方法之一，主要用于生产开口空心类零件。本章以拉深为主要内容，首先以圆筒件为例阐明拉深工艺的一般规律，即在分析板料拉深变形过程及其应力应变状态，以及拉深时出现的起皱、拉裂、凸耳及残余应力等现象的基础上，介绍了拉深工艺计算等内容。同时，还对带凸缘圆筒形件、阶梯圆筒形件、锥形件、球形件、抛物面件和盒形件等其他形状拉深件的拉深工艺特点进行了说明，对变薄拉深、连续拉深和反拉深等其他拉深工艺特点进行了介绍。随后，分析了拉深件的工艺性和拉深模具的典型结构等内容。

拉深是利用拉深模具在压力机的压力作用下，将平板坯料压制成各种开口的空心件，或将已制成的开口空心件加工成其他形状空心件的一种冲压加工方法。该方法不仅可以加工筒形、阶梯形、球形、锥形、抛物线形等旋转体零件，还可加工盒形等非旋转体零件及其他形状复杂的薄壁零件，如图 9-1 所示。若将拉深与其他成型工艺（如胀形、翻边等）复合，则可加工出形状非常复杂的零件，如汽车车门等。因此拉深在汽车、电子、日用品、仪表、航空和航天等各种工业部门的产品生产中都有应用。

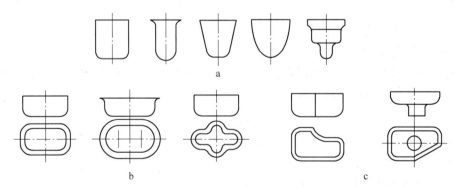

图 9-1　拉深件类型

a—轴对称旋转体零件；b—轴对称盒形件；c—不对称复杂件

拉深可分为不变薄拉深和变薄拉深。前者拉深成型后的制件，其各部分的壁厚与拉深前的坯料相比基本不变；后者拉深成型后的制件，其壁厚与拉深前的坯料相比有明显的变薄，这种变薄是产品要求的，零件呈现是底厚、壁薄的特点。它是利用材料的塑性变形，使制件底部材料的厚度不变，直壁部分的材料厚度显著地变薄的一种拉深方法。

　　由于拉深零件的形状尺寸不同，坯料在变形过程中的应力应变分布也不一样。故在确定工艺方案、工艺参数和模具设计时，应根据具体情况，进行分析计算，以确定合理的坯料尺寸和每一工步的几何尺寸、模具结构和设备型号，才能获得质量合格的零件。下面以圆筒形件拉深为例，阐明拉深工艺的一般规律。

9.1　圆筒形件拉深的变形分析

9.1.1　圆筒形件的拉深变形过程

　　圆筒形件是典型的拉深件，通常它是以圆形板料为原料利用模具在压力机上拉深而成的（图9-2）。其变形过程是：随着凸模的不断下行，留在凹模端面上的坯料外径不断缩小，平板坯料逐渐被拉进凸、凹模间隙中形成直壁，而处于凸模下面的材料则成为拉深件的底，当坯料全部进入凸、凹模间隙时拉深过程结束，平板坯料就变成具有一定直径和高度的开口空心圆筒形件。

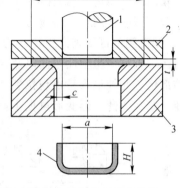

　　由此可见，坯料在模具作用下产生了塑性流动。其流动情况可以用网格试验来进行说明，即拉深前在坯料上画一些由等距离的同心圆和等角度的辐射线组成的网格（图9-3），然后进行拉深，通过比较拉深前、后网格的变化来了解材料的流动情况。

　　拉深后圆筒底部的网格变化不明显，而侧壁上的网格变化很大，拉深前等距离的同心圆，拉深后变成了与筒底平行的不等距离的水平圆周线，越到口部圆周线的间距越大，即：

$$\alpha_1 > \alpha_2 > \alpha_3 > \cdots > \alpha_n$$

图9-2　圆筒形件的拉深

1—凸模；2—压边圈；3—凹模；4—拉深件

　　拉深前等角度的辐射线拉深后变成了等距离、相互平行且垂直于底部的平行线，即：

$$b_1 = b_2 = b_3 = \cdots = b_n$$

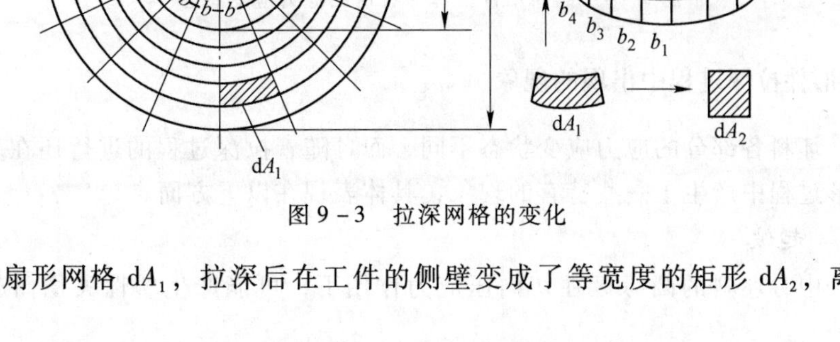

图9-3　拉深网格的变化

　　原来的扇形网格 dA_1，拉深后在工件的侧壁变成了等宽度的矩形 dA_2，离底部越远，矩形的高度越大。而且，扇形的宽度大于矩形的宽度，而高度却小于矩形的高度。因此，扇形网格变成矩形网格，必须减小宽度而增加长度。这说明拉深时扇形网格的切向受压产生压缩变形，径向受拉产生伸长变形，材料沿高度方向产生了塑性流动。

综上所述，拉深变形过程可描述为：处于凸模底部的材料在拉深过程中变化很小，变形主要集中在处于凹模平面上的 $(D-d)$ 圆环形部分，即凸缘为主变形区，该处金属在切向压应力和径向拉应力的共同作用下沿切向被压缩，且越到口部压缩得越多，沿径向伸长，且越到口部伸长得越多。

9.1.2 圆筒形件拉深时的应力应变状态

根据圆筒形件各部位的受力和变形性质的不同，将整个坯料分为凸缘主要变形区、凹模圆角过渡区、圆筒侧壁传力区、凸模圆角过渡和筒底小变形区 5 个部分。图 9-4 所示为圆筒形件拉深时各区的应力应变状态。凸缘区受径向拉应力和切向（圆周方向）压应力，并在径向和切向分别产生伸长和压缩变形，板厚稍有增大，在凸缘外缘厚度增加最大；在凹模圆角区，材料除受切向压缩、径向拉伸外，同时产生塑性弯曲（厚度方向受到凹模圆角弯曲作用产生压应力），使板厚减小。材料离开凹模圆角后，产生反向弯曲（校直），圆筒侧壁区受轴向拉伸，为传力区，它将凸模的作用力传递给凸缘变形区。在凸模圆角区，板料产生塑性弯曲以及径向和切向拉伸，这部分材料变薄严重，尤其是与筒壁相切的部位，此处最容易出现拉裂，是拉深的"危险断面"。圆筒底部处于径向和切向双向拉伸，厚度变薄，但变形量很小。

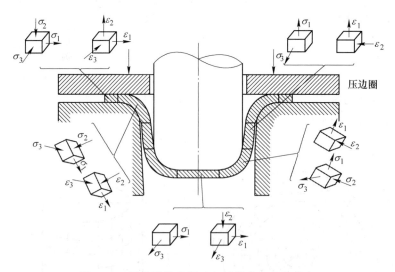

图 9-4 圆筒形件拉深时各区的应力应变状态

9.1.3 圆筒形件拉深过程中出现的现象

拉深时，坯料各部分的应力应变状态不同，而且随着拉深过程的进行还在变化，这使得在拉深变形过程中产生了一些特有的现象，具体表现在以下方面。

9.1.3.1 起皱

拉深过程中，坯料的凸缘区在切向压应力作用下，可能产生塑性失稳而起皱，如图

9 - 5 所示。凸缘起皱严重时，坯料不能通过凸、凹模间隙甚至被拉断。轻微时，坯料虽可通过间隙，但会在筒壁上留下皱痕，影响零件的表面质量。

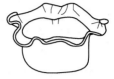

图 9 - 5　坯料凸缘
起皱情况

起皱主要是由凸缘的切向压应力 σ_3 超过了板料临界压应力所引起的。最大切向压应力 σ_{3max} 产生在坯料凸缘外缘处，起皱首先在此处开始。除与切向压应力有关外，还与凸缘区材料本身的抗失稳能力有关，即与凸缘相对厚度 $\dfrac{t}{D_w - d_p}$ 有关（式中，D_w 为凸缘直径；d_p 为凸模直径；t 为材料厚度）。拉深时，因 σ_{3max} 不断增大，失稳起皱的趋势增加。但随着坯料凸缘直径 D_w 的减小和 t 的增大，比值 $\dfrac{t}{D_w - d_p}$ 增大，从而提高了坯料的抗失稳能力。这两个因素相互作用的结果是使凸缘失稳起皱最严重的瞬间为 $D_w = (0.8 \sim 0.9)D$ 时（式中，D 为坯料直径）。

生产中，常用表 9 - 1 来判断坯料是否起皱和采用压边圈。采用压边圈是常见的防皱措施，其方法是利用压边圈把凸缘压紧在凹模表面上来实现防皱。

表 9 - 1　采用压边圈的条件（平面凹模）

拉深方法	第一次拉深		以后各次拉深	
	t/D	m_1	t/D	m_n
用压边圈	$< 1.5 \times 10^{-2}$	< 0.6	$< 1.0 \times 10^{-2}$	< 0.8
可用，可不用	$(1.5 \sim 2.0) \times 10^{-2}$	0.6	$(1.0 \sim 1.5) \times 10^{-2}$	0.8
不用压边圈	$> 2.0 \times 10^{-2}$	> 0.6	$> 1.5 \times 10^{-2}$	> 0.8

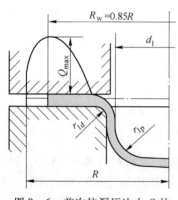

图 9 - 6　首次拉深压边力 Q 的
理论变化曲线

压边力 Q 的大小对拉深力有很大影响，其值太大会增加"危险断面"的拉应力，导致拉裂或严重变薄，太小则防皱效果不好。在理论上，Q 的大小最好按图 9 - 6 所示的规律变化，即应随起皱的趋势变化，其变化规律与最大拉深力的变化一致，当坯料外径减至 $R_w = 0.85R$ 时，起皱最严重，压边力也应最大。

在生产中，单位压边力 q 可按表 9 - 2 选取。这样，压边力 Q 为：

$$Q = Aq \qquad (9 - 1)$$

式中，A 为在开始拉深瞬间不考虑凹模圆角时的压边面积。

圆筒形件首次拉深时：

$$Q_1 = \pi/4 \left[D^2 - (d_1 + 2r_d)^2 \right] q \qquad (9 - 2)$$

后续各次拉深时：

$$Q_n = \pi/4 \left[d_{n-1}^2 - (d_n + 2r_d)^2 \right] q \qquad (9 - 3)$$

式中　$d_1, \cdots, d_n$ ——首次和以后各次拉深工件的直径；

r_d ——凹模圆角半径。

表 9 – 2　单位压边力 q　　　　　　　　（MPa）

材 料 名 称		单位压边力	材 料 名 称	单位压边力
铝		0.8 ~ 1.2	镀锡钢板	2.5 ~ 3.0
紫铜、硬铝（已退火）		1.2 ~ 1.8	高合金钢	3.0 ~ 4.5
黄　铜		1.5 ~ 2.0	不锈钢	
软　钢	$t < 0.5mm$	2.5 ~ 3.0	高温合金	2.8 ~ 3.5
	$t > 0.5mm$	2.0 ~ 2.5		

在生产中，常用的压边装置有刚性和弹性两种。

刚性压边装置用于双动压力机上，其动作原理如图 9 – 7 所示。压边圈 6 装在外滑块 3 上。冲压时，曲轴 1 旋转时，首先通过凸轮 2 带动外滑块 3 使压边圈 6 下降将凹模 7 上的坯料压住，随后由内滑块 4 带动凸模 5 对坯料进行拉深。在拉深过程中，外滑块保持不动。刚性压边圈的压边力的大小，是靠调整压边圈与凹模间的间隙 c 来调节的。因凸缘厚度会增大，应使 c 值略大于板料厚度，一般取 $c = (1.03 ~ 1.07)t$。

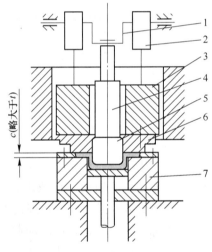

图 9 – 7　双动压力机用拉深模刚性压边装置动作原理

1—曲轴；2—凸轮；3—外滑块；4—内滑块；5—凸模；6—压边圈；7—凹模

弹性压边装置多用于普通冲床。通常有三种类型：橡皮压边装置（图 9 – 8a）、弹簧压边装置（图 9 – 8b）、气垫式压边装置（图 9 – 8c）。这三种压边装置压边力的变化曲线如图 9 – 8d 所示。拉深时，随着拉深深度的增加，需要压边的凸缘部分不断减少，所需的压边力也逐渐减小。由图 9 – 8d 可以看出，橡皮及弹簧压边装置的压边力恰好与需要的相反，随行程增大而上升，对拉深不利，因此通常只适合拉深高度不大的零件，但因其结构简单，制造容易，特别是装上限制压边力的限位装置后（图 9 – 9），还是比较实用的。限位装置可以防止将坯料压得过紧，拉深过程中压边圈和凹模之间始终保持一定的距离 s。气垫式压边力不随凸模行程变化，压边效果较好，但结构较复杂。

9.1.3.2　拉裂

圆筒形件拉深后的壁厚变化如图 9 – 10 所示。其厚度沿底部向口部方向是不同的，在

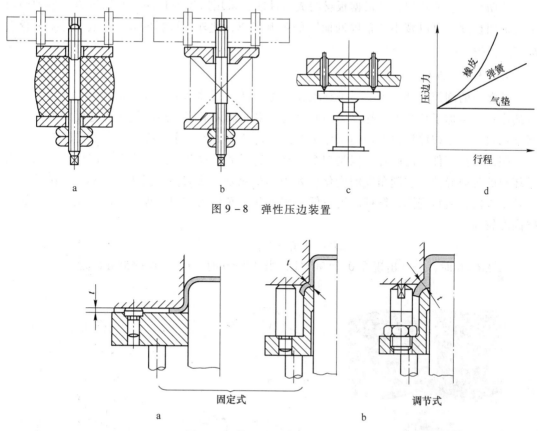

图 9-8 弹性压边装置

图 9-9 带限位装置的压边装置

a—首次拉深；b—后续各次拉深

圆筒形件侧壁的上部厚度增加最多，约为 30%；而在筒壁与底部转角稍上的地方板料厚度最小，厚度减少了将近 10%，该处拉深时最容易被拉断。通常称此断面为"危险断面"，此处硬度也较低（图 9-10）。当在该断面的应力超过材料此时的强度极限时，拉深件就在此处产生破裂（图 9-11）。即使拉深件未被拉裂，由于材料变薄过于严重，也可能使产品报废。

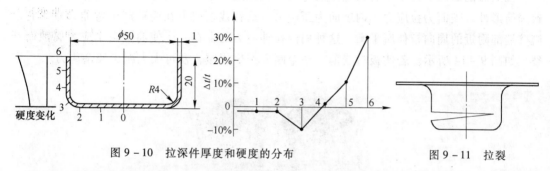

图 9-10 拉深件厚度和硬度的分布　　　　图 9-11 拉裂

拉深时，圆筒形件产生破裂的原因，可能是凸缘起皱，坯料不能通过凸、凹模间隙，使径向应力 σ_r 增大；或者由于压边力过大，使 σ_r 增大；或者变形程度太大，即拉深比 D/d_1 大于极限值（其中，D 为坯料直径，d_1 为拉深件直径）。

为防止筒壁的拉裂，可根据板材的成型性能，采用适当的拉深比和压边力，增加凸模的表面粗糙度，可以减小"危险断面"的过渡变薄，此外，材料的 σ_s/σ_b 比值小，n 值和 $\overline{R}$ 值大，较难产生拉裂。

9.1.3.3　凸耳

拉深后的圆筒端部出现的不平整现象，称为凸耳（也称制耳），如图 9 - 12 所示。凸耳的出现，增加了材料的消耗，因为此时需要采取加大工序件高度或凸缘宽度的办法，即增加切边余量，拉深后再经切边工序来除掉，这又增加了工序，所以不希望它产生。

圆筒形拉深件上的凸耳一般是四个，有时是两个或六个，甚至八个。产生凸耳的原因是坯料的各向异性，它随角度的变化与 R 值的变化是一致的，如图 9 - 13 所示。在低 R 值的角度方向，板料变厚，筒壁高度较低。在具有高 R 值的方向，板料厚度变化不大，故筒壁高度较高。

$$\Delta R = (R_0 + R_{90} - 2R_{45})/2$$

当 $\Delta R > 0$ 时，凸耳出现在 0°和 90°处；当 $\Delta R < 0$ 时，凸耳在 ±45°处出现。

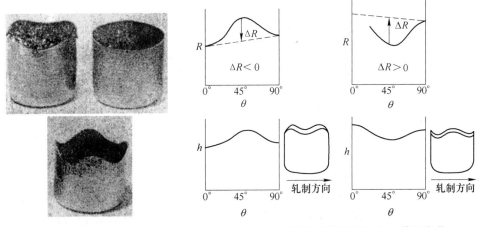

图 9 - 12　圆筒件上端的凸耳　　　　图 9 - 13　凸耳随角度的变化与 R 值的变化

9.1.3.4　残余应力

拉深后的圆筒形件中留有大量残余应力。拉深变形过程中的弯曲 - 反复弯曲变形，导致圆筒形件外表面为拉应力，内表面为压应力。这种残余应力在筒壁产生弯曲力矩，它由筒壁端部附近的周向拉伸所平衡。这种周向拉伸应力的存在，会使筒壁由于应力腐蚀而开裂，如图 9 - 14 所示。若使板料变薄，整个断面产生屈服，便可大大减少残余应力。

图 9 - 14　圆筒形件因残余应力而导致的应力腐蚀开裂

9.2 圆筒形件拉深工艺

9.2.1 圆筒形件拉深的坯料尺寸

9.2.1.1 坯料尺寸计算依据

坯料形状和尺寸是以拉深件的形状和尺寸为基础的，按体积不变原则和相似原则确定。

(1) 体积不变原则。拉深前、后坯料体积不变。对于不变薄拉深，因假设变形中材料厚度不变，则拉深前坯料的表面积与拉深后工件的表面积认为近似相等。

(2) 相似原则。坯料的形状一般与拉深件截面形状相似。如拉深件的横断面是圆形的、椭圆形的，则拉深前坯料的形状基本上也是圆形的和椭圆形的，并且坯料的周边必须制成光滑曲线，避免急剧的转折。

9.2.1.2 坯料尺寸计算

对于图 9-15 所示的圆筒形件，根据相似原则选用圆形坯料，根据体积不变原则确定坯料的直径。具体计算步骤如下。

A 确定修边余量

由于板料的各向异性和模具间隙不均等因素的影响，拉深后零件的边缘不整齐，甚至出现凸耳，需在拉深后进行修边。因此，计算坯料尺寸时需要增加修边余量。表 9-3 示出了圆筒形拉深件的修边余量 Δh。

表 9-3 圆筒形拉深件的修边余量 Δh （mm）

拉深高度 h	拉深相对高度 h/d 或 h/B			
	>0.5~0.8	>0.8~0.6	>1.6~2.5	>2.5~4
≤10	1.0	1.2	1.5	2.0
10~20	1.2	1.6	2.0	2.5
20~50	2.0	2.5	3.3	4.0
50~100	3.0	3.8	5.0	6.0
100~150	4.0	5.0	6.5	8.0
150~200	5.0	6.3	8.0	10.0
200~250	6.0	7.5	9.0	11.0
>250	7.0	8.5	10.0	12.0

注：1. B 为正方形的边长或长方形的短边长度；

2. 对于高拉深件，必须规定中间修边工序；

3. 对于材料厚度小于 0.5mm 的薄材料做多次拉深时，应按表值增加 30%。

B 计算工件表面积

为了便于计算，常把拉深件划分成若干个便于计算的简单几何体，分别求出其表面积后再相加，得到整个拉深件的表面积。对于图 9-15 所示的拉深件，可划分为三部分，即圆筒直壁部分 (A_1)，圆弧旋转而成的球台部分 (A_2) 以及底部圆形平板部分 (A_3)。每部分面积分别为：

圆筒直壁部分的表面积：

$$A_1 = \pi d(H - r) \qquad (9-4)$$

圆角球台部分的表面积：

$$A_2 = \frac{\pi}{4}\left[2\pi r(d - 2r) + 8r^2\right] \qquad (9-5)$$

底部表面积：

$$A_3 = \frac{\pi}{4}(d - 2r)^2 \qquad (9-6)$$

拉深件的表面积为 A_1、A_2、A_3 部分之和，即：

$$A = A_1 + A_2 + A_3 \qquad (9-7)$$

C　求出坯料尺寸

设坯料的直径为 D，根据坯料表面积等于拉深件表面积的原则，有：

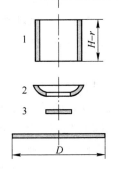

图 9 - 15　圆筒形件拉深坯料尺寸计算

$$\frac{\pi}{4}D^2 = \pi d(H - r) + \frac{\pi}{4}\left[2\pi r(d - 2r) + 8r^2\right] + \frac{\pi}{4}(d - 2r)^2$$

所以：

$$D = \sqrt{4d(H - r) + 2\pi r(d - 2r) + 8r^2 + (d - 2r)^2} \qquad (9-8)$$

在计算中，拉深件尺寸均取坯料厚度中线尺寸，但当板料厚度小于 1mm 时，也可按外形或内形尺寸计算。

9.2.2　圆筒形件的拉深系数

9.2.2.1　拉深系数

拉深系数是指拉深后圆筒形件的直径与拉深前坯料（或半成品）的直径之比。图 9 - 16 所示是用直径为 D 的坯料拉成直径为 d_n、高度为 h_n 的拉深件的工艺顺序。第一次拉成 d_1 和 h_1 的尺寸，第二次半成品尺寸为 d_2 和 h_2，依此最后一次即得工件的尺寸 d_n 和 h_n。其各次的拉深系数为：

$$m_1 = d_1/D$$
$$m_2 = d_2/d_1$$
$$\vdots$$
$$m_{n-1} = d_{n-1}/d_{n-2}$$
$$m_n = d_n/d_{n-1} \qquad (9-9)$$

工件的直径 d_n 与坯料直径 D 之比称为总拉深系数 $m_总$：

$$m_总 = \frac{d_n}{D} = \frac{d_1}{D} \times \frac{d_2}{d_1} \times \cdots \times \frac{d_{n-1}}{d_{n-2}} \times \frac{d_n}{d_{n-1}} = m_1 m_2 \cdots m_{n-1} m_n$$

拉深系数也可以用拉深后工件周长与拉深前坯料（或半成品）周长之比来表示，因为，由式 9 - 9 可以得出下列各式：

$$m_1 = \frac{\pi d_1}{\pi D} = \frac{第一次半成品周长}{坯料周长}$$

$$m_2 = \frac{\pi d_2}{\pi d_1} = \frac{\text{第二次半成品周长}}{\text{第一次半成品周长}}$$

$$\vdots$$

$$m_n = \frac{\pi d_n}{\pi d_{n-1}} = \frac{\text{拉深件周长(即第 } n \text{ 次拉深)}}{\text{第 } n-1 \text{ 次半成品周长}} \tag{9-10}$$

当拉深件不是圆筒形件时,其拉深系数可通过拉深前后的周长来计算。

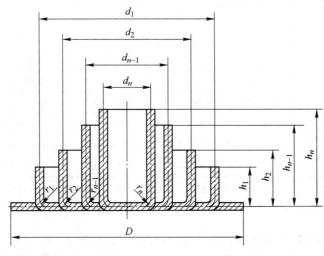

图 9-16 拉深工序示意图

9.2.2.2 拉深变形程度

根据拉深系数的定义可知,拉深系数表示拉深前后坯料直径的变化量,反映了坯料外边缘在拉深时切向压缩变形的大小,因此常用它作为衡量拉深变形程度的指标。

拉深时坯料外边缘的切向压缩变形量为:

$$\varepsilon_1 = \frac{\pi D t - \pi d_1 t}{\pi D t} = 1 - \frac{d_1}{D} = 1 - m_1$$

$$\varepsilon_2 = \frac{\pi d_1 t - \pi d_2 t}{\pi d_1 t} = 1 - \frac{d_2}{d_1} = 1 - m_2$$

$$\vdots$$

$$\varepsilon_{n-1} = 1 - m_{n-1}$$

$$\varepsilon_n = 1 - m_n$$

即:

$$\varepsilon = 1 - m \tag{9-11}$$

由此可知,拉深系数的数值越大,表示拉深前后坯料的直径变化越小,即变形程度越小。相反,则坯料的直径变化越大,即变形程度越大。

9.2.2.3 极限拉深系数

制订拉深工艺时,为了减少拉深次数,希望采用小的拉深系数。但是拉深系数过小,将会在筒壁的"危险断面"处产生破裂。因此,要保证拉深过程顺利进行,每次拉深系数不能太小,应受到最小值的限制,这个最小值即为极限拉深系数 $m_{极限}$,其值与板材成型性能，坯料相对厚度 t/D，凸、凹模间隙及其圆角半径等有关。

生产上采用的极限拉深系数是考虑了各种具体条件后用试验方法确定的。通常是首次拉深时的极限拉深系数为 0.46 ~ 0.60，以后各次的拉深系数在 0.70 ~ 0.86 之间。表 9 - 4 与表 9 - 5 分别列出了圆筒形拉深件在有压边圈和无压边圈时的极限拉深系数，供工艺设计时选用。

表 9 - 4 圆筒形件带压边圈时的极限拉深系数

拉深系数	坯料相对厚度 t/D					
	$(0.08 ~ 0.15) \times 10^{-2}$	$(0.15 ~ 0.3) \times 10^{-2}$	$(0.3 ~ 0.6) \times 10^{-2}$	$(0.6 ~ 1.0) \times 10^{-2}$	$(1.0 ~ 1.5) \times 10^{-2}$	$(1.5 ~ 2.0) \times 10^{-2}$
m_1	0.60 ~ 0.63	0.58 ~ 0.60	0.55 ~ 0.58	0.53 ~ 0.55	0.50 ~ 0.53	0.48 ~ 0.50
m_2	0.80 ~ 0.82	0.79 ~ 0.80	0.78 ~ 0.79	0.76 ~ 0.78	0.75 ~ 0.76	0.73 ~ 0.75
m_3	0.82 ~ 0.84	0.81 ~ 0.82	0.80 ~ 0.81	0.79 ~ 0.80	0.78 ~ 0.79	0.76 ~ 0.78
m_4	0.85 ~ 0.86	0.83 ~ 0.85	0.82 ~ 0.83	0.81 ~ 0.82	0.80 ~ 0.81	0.78 ~ 0.80
m_5	0.87 ~ 0.88	0.86 ~ 0.87	0.85 ~ 0.86	0.84 ~ 0.85	0.82 ~ 0.83	0.80 ~ 0.82

注：1. 表中数据适用于 08、10 和 15Mn 等普通拉深钢及 H62。对于拉深性能较差的材料 20、25、Q235 钢，硬铝等应比表中数值大 1.5% ~ 2.0%。而对于塑性较好的 05、08、10 钢及软铝，应比表中数值小 1.5% ~ 2.0%。

2. 表中数据适用于未经中间退火的拉深。若采用中间退火，表中数值应小 2% ~ 3%。

3. 表中较小值适用于大的凹模圆角半径 ($r_d = (8 ~ 15)t$)，较大值适用于小的圆角半径 ($r_d = (4 ~ 8)t$)。

表 9 - 5 圆筒形件不带压边圈时的极限拉深系数

拉深系数	坯料相对厚度 t/D				
	1.5×10^{-2}	2.0×10^{-2}	2.5×10^{-2}	3.0×10^{-2}	$> 3 \times 10^{-2}$
m_1	0.65	0.60	0.55	0.53	0.50
m_2	0.80	0.75	0.75	0.75	0.70
m_3	0.84	0.80	0.80	0.80	0.75
m_4	0.87	0.84	0.84	0.84	0.78
m_5	0.90	0.87	0.87	0.87	0.82
m_6	—	0.90	0.90	0.90	0.85

注：此表适合于 08、10 及 15Mn 等材料，其余各项目同表 9 - 4。

9.2.2.4 拉深次数与工序件尺寸

工艺设计时，根据表 9 - 4 和表 9 - 5 中的极限拉深系数，以及圆筒形件和平板坯料尺寸，从第一次拉深开始依次向后推算，可得出所需的拉深次数和各中间工序件尺寸。

例如：圆筒形件需要的拉深系数为 $m = d/D$。若 $m \geqslant m_1$ 时，则可一次拉深成型。若 $m < m_1$ 时，则需要多次拉深才能够成型零件，其拉深次数 n 的确定方法为：$d_1 = m_1 D$；$d_2 = m_2 d_1$；…；$d_n = m_n d_{n-1}$；直到 $d_n \leqslant d$。即当计算所得直径 d_n 小于或等于拉深件直径 d 时，计算的次数 n 即为拉深次数。

为了保证拉深工序的顺利进行，防止坯料在凸模圆角处过分变薄，一般实际采用的拉深系数稍大于极限值，即 $m'_1 > m_1$，$m'_2 > m_2$，…，$m'_n > m_n$，考虑到拉深过程中坯料有硬化现象，应使各次拉深系数依次增加，即：

$$m'_1 < m'_2 < m'_3 < \cdots < m'_n$$

且 $m_1 - m'_1 \approx m_2 - m'_2 \approx m_3 - m'_3 \approx \cdots \approx m_n - m'_n$。据此得到各次拉深时的工序件的直径为：

$$d_1 = m'_1 D$$
$$d_2 = m'_2 d_1 = m'_1 m'_2 D$$
$$\vdots$$
$$d_n = m'_n d_{n-1} = m'_1 m'_2 \cdots m'_n D = d \qquad (9-12)$$

根据体积不变原则，可得到如下各次拉深时的工序件高度尺寸计算公式：

$$h_1 = 0.25\left(\frac{D^2}{d_1} - d_1\right) + 0.43\frac{r_1}{d_1}(d_1 + 0.32r_1)$$

$$h_2 = 0.25\left(\frac{D^2}{d_2} - d_2\right) + 0.43\frac{r_2}{d_2}(d_2 + 0.32r_2)$$

$$\vdots$$

$$h_n = 0.25\left(\frac{D^2}{d_n} - d_n\right) + 0.43\frac{r_n}{d_n}(d_n + 0.32r_n) \qquad (9-13)$$

式中　h_1，h_2，$\cdots$，h_n——各次拉深工序件高度；

$\qquad$ d_1，d_2，$\cdots$，d_n——各次拉深工序件的直径；

$\qquad$ r_1，r_2，$\cdots$，r_n——各次拉深工序件的底部圆角半径；

$\qquad\qquad$ D——坯料直径。

9.2.3 拉深力与压力机公称压力

9.2.3.1 拉深力

生产中，拉深力常按经验公式计算。采用压边圈拉深时，其拉深力的计算公式为：

首次拉深：

$$F_1 = \pi d_1 t \sigma_b k_1 \qquad (9-14)$$

以后各次拉深：

$$F_i = \pi d_i t \sigma_b k_2 \qquad (i = 2, \cdots, n) \qquad (9-15)$$

式中，k_1、k_2 为系数，见表 9-6。

表 9-6　修正系数 k_1、k_2、λ_1、λ_2

拉深系数 m_1	0.55	0.57	0.60	0.62	0.65	0.77	0.70	0.72	0.75	0.75	0.80	—	—	—
k_1	1.00	0.93	0.86	0.79	0.72	0.66	0.60	0.55	0.50	0.45	0.40	—	—	—
λ_1	0.80	—	0.77	—	0.74	—	0.70	—	0.67	—	0.64	—	—	—
拉深系数 m_2	—	—	—	—	—	—	0.70	0.72	0.75	0.77	0.80	0.85	0.90	0.95
k_2	—	—	—	—	—	—	1.00	0.95	0.90	0.85	0.80	0.70	0.60	0.50
λ_2	—	—	—	—	—	—	0.80	—	0.80	—	0.75	—	0.70	—

不采用压边圈时，其拉深力为：

首次拉深：

$$F_1 = 1.25\pi(D - d_1)t\sigma_b \qquad (9-16)$$

以后各次拉深：

$$F_i = 1.3\pi(d_{i-1} - d_i)t\sigma_b \quad (i = 2,\cdots,n) \qquad (9-17)$$

9.2.3.2　压力机公称压力

对于单动压力机，其公称压力应大于总工艺力。一般情况下，总工艺力 F_z 为：

$$F_z = F + Q \qquad (9-18)$$

式中，F 为拉深力；Q 为压边力。

压力机公称压力 F_g 按下式来确定：

浅拉深时：

$$F_g \geqslant (1.6 \sim 1.8)F_z \qquad (9-19)$$

深拉深时：

$$F_g \geqslant (1.8 \sim 2.0)F_z \qquad (9-20)$$

9.2.4　拉深功

单次行程所需的拉深功可按下式计算。

首次拉深：

$$A_1 = \frac{\lambda_1 F_{1\max} h_1}{1000} \qquad (9-21)$$

以后各次拉深：

$$A_n = \frac{\lambda_2 F_{n\max} h_n}{1000} \qquad (9-22)$$

式中　$F_{1\max}$，$F_{n\max}$——首次和以后各次拉深的最大拉深力，见图 $9-17$；

λ_1，λ_2——平均变形力与最大变形力的比值，它与拉深系数有关，见表 $9-6$；

h_1，h_n——首次和以后各次的拉深高度。

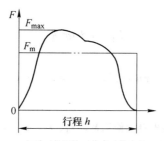

图 $9-17$　最大拉深力 $F_{\max}$ 和平均拉深力 F_m

拉深所需压力机的电动机功率为：

$$N = \frac{A\xi n}{60 \times 75 \times \eta_1 \eta_2 \times 1.36 \times 10} \qquad (9-23)$$

式中　A——拉深功；

ξ——不均衡系数，取 $\xi = 1.2 \sim 1.4$；

n——压力机每分钟的行程次数；

η_1，η_2——压力机效率、电动机效率，取 $\eta_1 = 0.6 \sim 0.8$，$\eta_2 = 0.9 \sim 0.95$。

若所选压力机的电动机功率小于计算值，则应另选功率较大的压力机。

9.2.5 拉深模工作部分的尺寸

拉深模工作部分的尺寸指的是凹模圆角半径 r_d, 凸模圆角半径 r_p, 凸、凹模间隙 c, 凸模直径 D_p, 凹模直径 D_d 等, 见图 9-18。

9.2.5.1 圆角半径

A 凹模圆角半径 r_d

凹模圆角半径 r_d 与坯料厚度、拉深件的形状尺寸和拉深方法等有关, 可查阅设计资料确定, 也可按经验公式计算。例如, 首次拉深时的凹模直径 r_{d1} 可按卡契马列克（Kaczmarek）经验公式计算:

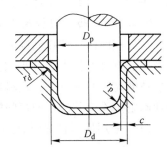

$$r_{d1} = 0.8 \sqrt{(D - D_d)t} \qquad (9-24)$$

图 9-18 拉深模工作部分尺寸

式中, D 为坯料直径; D_d 为凹模内径; t 为板料厚度。

上式适用于 $D - D_d \leqslant 30$ 的情况。当 $D - D_d > 30$ 时, 应取较大的 r_d 值。

首次拉深的 r_d 也可按表 9-7 选取。

表 9-7 首次拉深凹模圆角半径 r_d （mm）

r_d	料厚 t/mm				
	$2.0 \sim 1.5$	$1.5 \sim 1.0$	$1.0 \sim 0.6$	$0.6 \sim 0.3$	$0.3 \sim 0.1$
无凸缘拉深	$(4 \sim 7)t$	$(5 \sim 8)t$	$(6 \sim 9)t$	$(7 \sim 10)t$	$(8 \sim 13)t$
有凸缘拉深	$(6 \sim 10)t$	$(8 \sim 13)t$	$(10 \sim 16)t$	$(12 \sim 18)t$	$(15 \sim 22)t$

注: 材料性能好, 且润滑好时取较小值。

以后各次拉深时凹模圆角半径 r_d 应逐步减小, 但需大于或等于 $2t$。若其值小于 $2t$, 一般很难成型, 只能拉深后再增加一道整形工序来得到所需制件。r_d 过小, 会使拉深力增大, 影响模具寿命。过大则会减小压边面积, 在拉深后期, 坯料外缘过早地离开压边圈, 容易起皱, 甚至拉裂。一般按下式确定:

$$r_{d2} = (0.6 \sim 0.8)r_{d1} \qquad (9-25)$$
$$\vdots$$
$$r_{dn} = (0.7 \sim 0.9)r_{dn-1} \qquad (9-26)$$

式中　r_{d2}——第二次拉深凹模圆角半径;

　　　r_{dn}——第 n 次拉深凹模圆角半径。

B 凸模圆角半径 r_p

首次拉深时凸模的圆角半径 r_p 按下式确定:

$$r_p = (0.7 \sim 1.0)r_d \qquad (9-27)$$

以后各次拉深时, 对应凸模圆角半径 r_p 的计算公式为:

$$r_{p(i-1)} = \frac{d_{i-1} - d_i - 2t}{2} \qquad (i = 3, 4, \cdots, n) \qquad (9-28)$$

式中　$r_{p(i-1)}$——本道次拉深的凸模圆角半径;

　　　d_{i-1}——本道次拉深的工件直径;

d_i——下道次拉深的工件直径。

最后一次拉深时，凸模的圆角半径 r_{pn} 应等于拉深件的内圆角半径值，即：$r_{pn} = r_{拉深件}$。但 r_{pn} 不得小于料厚 t。如必须获得较小的圆角半径时，最后一次拉深时取 $r_{pn} > t$，拉深结束后再增加一道整形工序，得到拉深件要求的内圆角半径。

9.2.5.2 凸、凹模间隙 c

拉深模的凸、凹模间隙 c 对拉深力、拉深件质量、模具寿命都有影响。间隙小时，拉深力大、模具磨损大，过小的间隙会使拉深件严重变薄甚至拉裂；但间隙小，冲件回弹小、精度高。间隙过大，坯料容易起皱，冲件锥度大，精度差。因此，生产中应根据情况合理确定拉深模的凸、凹模间隙。

（1）采用压边拉深时，其值可按下式计算：

$$c = t_{max} + \mu t \tag{9-29}$$

式中，μ 为考虑材料变厚，为减少摩擦而增大间隙的系数，可查表 9-8；t 为材料的名义厚度；t_{max} 为材料的最大厚度。

表 9-8 增大间隙的系数 μ

拉深工序数		材料厚度/mm		
		0.5~2	2~4	4~6
1	第一次	0.2/0.1	0.1/0.08	0.1/0.06
2	第一次	0.30	0.25	0.20
	第二次	0.10	0.10	0.10
3	第一次	0.50	0.40	0.35
	第二次	0.30	0.25	0.20
	第三次	0.1/0.08	0.1/0.06	0.1/0.05
4	第一次、第二次	0.50	0.40	0.35
	第三次	0.30	0.25	0.20
	第四次	0.10/0	0.10/0	0.10/0
5	第一次、第二次	0.50	0.40	0.35
	第三次	0.50	0.40	0.35
	第四次	0.30	0.25	0.20
	第五次	0.1/0.08	0.1/0.06	0.1/0.05

注：表中数值适用于一般精度（自由公差）零件的拉深工作。具有分数的地方，分母的数值适用于精密零件（IT10~IT12 级）的拉深。

（2）不用压边圈拉深时，考虑到起皱的可能性取间隙值为：

$$c = (1 \sim 1.1) t_{max} \tag{9-30}$$

其中，较小的数值用于末次拉深或精密拉深件，较大的值用于中间拉深或精度要求不高的拉深件。

9.2.5.3 凸模、凹模直径

对于最后一次的拉深模，其尺寸公差决定了拉深件的尺寸精度，故其尺寸和制造公差应按拉深件要求来确定。

（1）当零件尺寸标注在外形时（图 9-19a），此时以凹模为基准，即先确定凹模尺寸。因凹模尺寸在拉深中随磨损的增加而逐渐变大，故凹模尺寸开始时应取小些。其值为：

$$D_d = (D - 0.75\Delta)^{+\delta_d} \tag{9-31}$$

凸模尺寸为：

$$D_p = (D - 0.75\Delta - 2c)_{-\delta_p} \tag{9-32}$$

（2）当零件尺寸标注在内形时（图 9-19b），此时以凸模为基准，先定凸模尺寸。考虑到凸模基本不磨损，以及工件的回弹情况，凸模的开始尺寸不要取得过大。其值为：

$$D_p = (d + 0.4\Delta)_{-\delta_p} \tag{9-33}$$

凹模尺寸为：

$$D_d = (d + 0.4\Delta + 2c)^{+\delta_d} \tag{9-34}$$

凸、凹模的制造公差 δ_p 和 δ_d 可根据工件的公差来选定。工件公差为 IT13 级以上时，δ_p 和 δ_d 可按 IT6～IT8 级取，工件公差在 IT14 级时，δ_p 和 δ_d 按 IT10 级取。

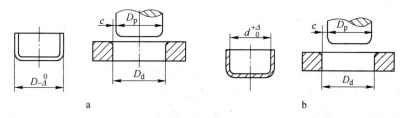

图 9-19　拉深件尺寸与模具尺寸

a—外形有要求；b—内形有要求

对于多次拉深，工序件尺寸无需严格要求，所以中间各工序的凸、凹模尺寸可按下式计算：

凹模尺寸为：

$$D_d = D^{+\delta_d} \tag{9-35}$$

凸模尺寸为：

$$D_p = (D - 2c)_{-\delta_p} \tag{9-36}$$

式中，D 为各工序件的基本尺寸。

9.3　其他形状零件的拉深

9.3.1　带凸缘圆筒形件的拉深

带凸缘的圆筒形件及其坯料如图 9-20 所示。拉深时，坯料凸缘部分不是全部进入凹模口部，而是只拉深到坯料凸缘外径等于零件凸缘直径（包括切边量）为止。该类拉深零件按凸缘的相对直径 d_t/d 的不同分为：窄凸缘筒形件（$d_t/d = 1.1～1.4$）和宽凸缘筒形件（$d_t/d > 1.4$）。

9.3.1.1　带凸缘的圆筒形件的拉深系数

对于带凸缘的圆筒形件，其拉深系数 m_t 的计算公式为：

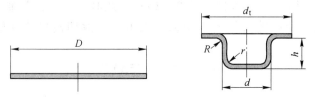

图 9 - 20   带凸缘的圆筒形件及其坯料

$$m_t = \frac{d}{D} \qquad (9-37)$$

式中 d——零件筒形部分直径；

　　　 D——坯料直径。

当零件底部圆角半径 r 与凸缘转角半径 R 相等，即 $r = R$ 时，坯料直径 D 为：

$$D = \sqrt{d_t^2 + 4dh - 3.44dr} \qquad (9-38)$$

代入式 9 - 37，得：

$$m_t = \frac{d}{D} = \frac{1}{\sqrt{\left(\dfrac{d_t}{d}\right)^2 + 4\dfrac{h}{d} - 3.44\dfrac{r}{d}}} \qquad (9-39)$$

由上式可知，拉深系数取决于三个尺寸因素：凸缘的相对直径 d_t/d，拉深件相对高度 h/d 和相对圆角半径 r/d。其中 d_t/d 的影响最大，而 r/d 的影响最小。d_t/d 和 h/d 越大，表示坯料变形区的宽度越大，拉深成型的难度也越大。当 d_t/d 和 h/d 超过某一界限时，便需进行多次拉深。第一次拉深可能达到的 d_t/d 和 h/d 值，可由图 9 - 21 曲线查出。如果由拉深件的 d_t/d 和 h/d 所确定的点位于曲线下侧，则可一次拉深成型；如果位于曲线上侧，则需多次拉深。

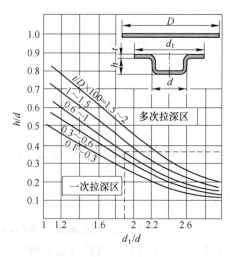

图 9 - 21   带凸缘的圆筒形件拉深用计算曲线

应该注意的是，对于带凸缘的圆筒形件，当 $d_t/d = 3$ 时，则拉深系数 m_t 为 0.33，但是，该系数已不能表明凸缘筒形件的拉深变形程度。因为当 $m_t = 0.33$，且 $d_t/d = 3$ 时，$D = d/0.33 \approx 3d = d_t$，即坯料的初始直径等于凸缘直径，坯料外径不收缩。

9.3.1.2　带凸缘的圆筒形件的拉深方法

A　窄凸缘圆筒形件的拉深（$d_t/d = 1.1 \sim 1.4$）

这类拉深件因其凸缘很小，可当做圆筒形件拉深，只在倒数第二道才拉深出凸缘或锥形凸缘，再经整形、修边工序得到凸缘，如图 9 - 22 所示。

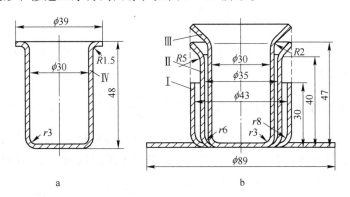

图 9 - 22　窄凸缘筒形件拉深
a—拉深件；b—拉深工序图

B　宽凸缘圆筒形件的拉深（$d_t/d > 1.4$）

宽凸缘圆筒形件如果不能一次拉深成型而需多次拉深时，根据其尺寸不同而有两种拉深方法：

（1）对于中小型（凸缘直径 $d_t < 200\text{mm}$）、料薄的拉深件，通常是通过多次拉深逐步减小筒形直径以增加高度的方法，如图 9 - 23a 所示。各次拉深中凸、凹模圆角半径 r_p 及 r_d 保持不变，本法冲压的拉深件直臂和凸缘上留有中间工序中弯曲和厚度局部变化的痕迹，需要加一道整形工序。

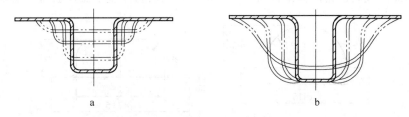

图 9 - 23　宽凸缘件的拉深方法

（2）对于凸缘直径 $d_t > 200\text{mm}$ 的工件（图 9 - 23b）。第一次拉深后得到的工序件的高度就约等于拉深件的高度。在以后各次拉深过程中，高度基本保持不变，仅通过逐次减小圆角半径 r_d、r_p 和筒形部分的直径来拉成工件。用本法制成的拉深件表面光滑平整，厚度均匀。但在第一次拉深时由于圆角半径较大而容易发生起皱，所以仅适用于相对厚度较大的坯料。当零件底部圆角半径较小，或者对凸缘有不平度要求时，需要增加一道整形工序。

9.3.2　阶梯圆筒形件的拉深

阶梯圆筒形件的拉深，相当于圆筒形件的多次拉深的过渡状态，每一个阶梯相当于圆筒形件的拉深（图9-24）。

9.3.2.1　一次拉深成型

对于图9-24所示的阶梯圆筒形件，当其相对厚度$t/D>0.1$，而阶梯间的直径差和高度较小，即：

$$\frac{h_1 + h_2 + \cdots h_n}{d_n} \leqslant \frac{h}{d_n} \tag{9-40}$$

时，可以一次拉深成型。式中，h为直径为d_n的圆筒件一次拉深可能获得的最大高度。

9.3.2.2　多次拉深成型

对于多次拉深的情况，当相邻阶梯的直径$\dfrac{d_2}{d_1}$、$\dfrac{d_3}{d_2}$、…、$\dfrac{d_n}{d_{n-1}}$均大于相应圆筒件的极限拉深系数时，则可每次拉深成一个阶梯（图9-25a）。当某相邻两阶梯直径比小于圆筒件极限拉深系数时，则对该阶梯也可采用带凸缘的圆筒形件的拉深方法（图9-25b）。

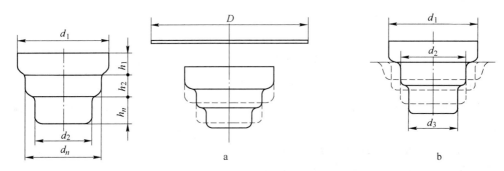

图9-24　阶梯圆筒形件　　　　　　　图9-25　阶梯圆筒形件的多次拉深成型

对于浅阶梯拉深件，每个阶梯高度不大，相邻阶梯的直径相差较大时，可先拉深成球形（图9-26a）或大圆角的筒形件（图9-26b），然后再用整形工序获得所需拉深件。

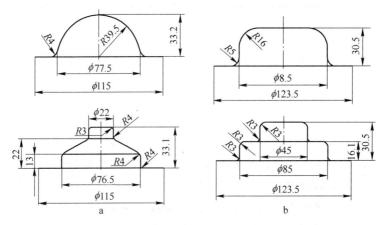

图9-26　浅阶梯圆筒形件的拉深成型

9.3.3　锥形件的拉深

锥形件拉深时（图9-27），在变形开始阶段，变形区分为三部分：凸缘平面区（当带压边圈时)、板料与凹模圆角接触区、位于凸、凹模间隙的自由表面区。由于自由表面积很大,容易产生失稳起皱和回弹,但由于有压应力的作用,起皱程度小于凸缘部分(当无压边圈时)。

锥形件一次拉深允许的拉深比 D/d(D 为坯料直径,d 为锥形件的最小直径)近似地等于由平板坯料拉深成圆筒形件的允许拉深比。若拉深比大于允许值,则需要多次拉深。此时,根据锥形件尺寸不同,有三种不同的拉深方法,如图 9-28 所示。

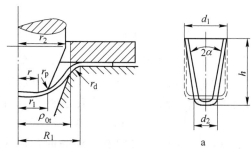

图 9-27 锥形件的拉深

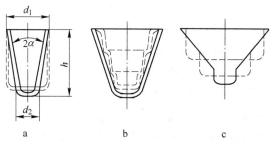

图 9-28 锥形件多次拉深时的成型方法

第一种方法是,当锥角 α 和比值 h/d_2 很小(图 9-28a),且拉深比 $k = d_1/d_2$ 不大于圆筒形件的第二次拉深的允许值 $k_{允许}$,即当

$$k = \frac{d_1}{d_2} = 1 + \frac{2h}{d_2}\tan\alpha \leq k_{允许} \qquad (9-41)$$

时,则可先拉深成直径为 d_1 的圆筒,然后再拉深成锥形件。

第二种方法是,先拉深成阶梯(图 9-28b),使其外轮廓切线与对称轴的交角等于锥角 α,在最后一次将阶梯形工序件拉深成锥形拉深件。该方法的缺点是在拉深件台阶过渡处留下压痕。

第三种方法是,逐次拉深成锥面(图 9-28c),逐次增加锥面长度。此时,外径保持不变,母线与对称轴的交角等于零件锥角。采用这个方法,可以获得表面质量较高的锥形拉深件。

9.3.4 球形件的拉深

球形件拉深时,坯料可分为四个部分:位于压边圈下的平面变形区,与凹模圆角贴合的接触区,位于凸、凹面间隙内的自由表面,以及与凸模顶部接触的塑性变形区(图 9-29)。

在坯料中的径向应力 σ_ρ 为拉应力,而周向应力 σ_θ 在靠近凹模口部为压应力,在靠近凸模中心为拉应力。从凸缘到坯料中心,σ_θ 由压应力逐渐变为拉应力,这正反映了球形件拉深变形的特点,即由凸缘区的拉深变形逐步过渡到坯料中心的胀形。

由于球形件拉深时自由表面区很大,容易起皱,常通过加大压边力、采用拉深筋或反向拉深等方法,以增大径向拉应力和胀形成分来防止起皱。坯料中部胀形区则容易变薄拉裂。采用 n 值较大和变形均匀性好的材料,可以延缓或防止拉裂。

球形件可分为半球形件(图 9-30a)和非半球形件(图 9-30b~d)两大类。

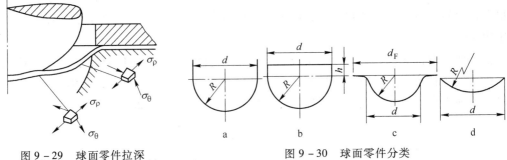

图 9 – 29   球面零件拉深   图 9 – 30   球面零件分类

（1）半球形件。此类拉深件（图 9 – 30a）主要成型障碍是坯料起皱，因此以坯料相对料厚 t/D（t 为坯料厚度，D 为坯料直径）是确定拉深的难易和选定拉深方法的主要依据。在实际生产中，半球形件根据板料相对厚度的不同，其拉深方法主要有三种：其一是，当 $t/D > 3\%$ 时，可不用压边圈一次拉深成型；其二是，当 $t/D = 0.5\% \sim 3\%$ 时，采用带压边圈的拉深模拉深成型；其三是，当 $t/D < 0.5\%$ 时，采用有拉深筋的凹模或反拉深成型。

（2）非半球形件。对于带有高度 h 为 $(0.1 \sim 0.2)d$ 的圆筒直边（图 9 – 30b），或带有宽度为 $(0.1 \sim 0.15)d$ 的凸缘的非半球形零件（图 9 – 30c），由于带有直边和凸缘，有利于工件的拉深成型。对于表面质量和尺寸精度要求较高的半球形件，也常采用先拉成带圆筒直边和带凸缘的非半球面零件，然后在拉深后将直边和凸缘切除的方法来成型。

对图 9 – 30d 所示的高度小于球面半径的浅球形件，其拉深方法按几何尺寸关系分为两类：

一类是，当坯料直径 $D \leqslant 9\sqrt{Rt}$（R 为球面直径，t 为板厚）时，坯料不易起皱，常采用带底拉深模成型，但成型时坯料易偏移，易回弹，所以成型精度不高，尤其是球面半径较大、零件深度较小时，须按回弹量对模具进行修正。

另一类是，当坯料直径 $D > 9\sqrt{Rt}$ 时，坯料容易起皱，此时，应该加宽凸缘（工艺余料），并用强力压边装置或用带拉深筋的模具，以增大胀形成分，工艺余料在成型后切去。这样可以得到尺寸精度高、表面质量好的拉深件。

9.3.5   抛物面件的拉深

抛物面件的深度 h 较大，顶端圆角半径 R_1 较小（图 9 – 31）。与球形件相比，为了使坯料中部紧贴凸模而不起皱，需加大胀形成分和径向拉应力。

根据相对深度 h/d 不同，抛物面件常见的拉深方法有下面几种：

（1）浅抛物面件。对于相对深度 $h/d < 0.5 \sim 0.6$ 的浅抛物面件，因其高径比接近球形，成型过程与球形件相似。

（2）深抛物面件。对于相对深度 $h/d > 0.5 \sim 0.6$ 的深抛物面件，为了使坯料中间部分紧密贴模而又不起皱，必须加大径向拉应力。但因增大径向拉应力和胀形成分受到坯料尖顶承载能力的限制，需采用多工序或正、反拉深，以逐渐增加零件深度和减小顶部的圆角半径的

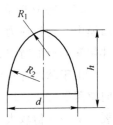

图 9 – 31   抛物面件

方法。为了保证工件的尺寸精度和表面质量，应在最后一道拉深中有一定的胀形成分。因此，应使最后一道用的坯料表面积稍小于零件表面积。

当坯料相对厚度较大和相对深度 $h/d = 0.5 \sim 0.7$ 时，由于壁部起皱的可能性较小，可直接逐渐拉深成型，如图 9 - 32a 所示。先使零件下部按图纸尺寸拉深成型，然后使上部接近图纸尺寸，最后全部拉深成型。当 $h/d = 0.5 \sim 0.7$ 而坯料相对厚度较小时，先拉深成粗大的外形，将凸模头部作成锥形或圆角为 r 的平底筒形，然后再多次拉深，使零件接近大直径（图 9 - 32b）。

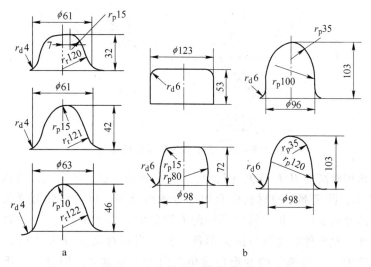

图 9 - 32　抛物面件多次拉深

9.3.6　盒形件的拉深

盒形件的几何形状是由四个圆角部分和四条直边组成的。由平板坯料拉深成盒形件时，圆角部分相当于圆筒形件拉深，而直边部分相当于弯曲变形。但是，由于直边部分和圆角部分是相互连接的一个整体，拉深时势必相互制约，使盒形件的拉深又不完全等同于简单的拉深和弯曲，而有其特有的变形特点。这可以用网格试验来说明。拉深前，在坯料表面画出网格，其直边部分为矩形网格，其横向尺寸相等，即 $\Delta l_1 = \Delta l_2 = \Delta l_3$，纵向尺寸 $\Delta h_1 = \Delta h_2 = \Delta h_3$；圆角部分由等间距的同心圆弧与等角度的径向放射线组成的网格，如图 9 - 33 所示。

拉深后，直边部分的网格发生横向压缩和纵向伸长，即变形后的横向尺寸减小，即 $\Delta L_3' < \Delta L_2' < \Delta L_1' < \Delta l_1$；纵向尺寸增大，即 $\Delta h_3' > \Delta h_2' > \Delta h_1' > \Delta h_1$。由此可见，直边中间变形最小（接近弯曲变形），靠近圆角的拉深变形最大。变形沿高度分布也不均匀，靠近底部最小，靠近口部最大。圆角部分变形与圆筒形件拉深相似，但其变形程度比圆筒小，即变形后的网格，不是与底面垂直的平行线，而是变为上部间距大、下部间距小的斜线。这说明盒形件拉深时圆角的金属向直边流动，使直边产生横向压缩，从而减轻了圆角的变形程度。

由于直边与圆角的变形情况不同，直边的金属流入凹模快，圆角的金属流入凹模慢。因此，坯料在这两部分连接处产生了剪切变形和切应力。这两部分相互影响的程度与相对

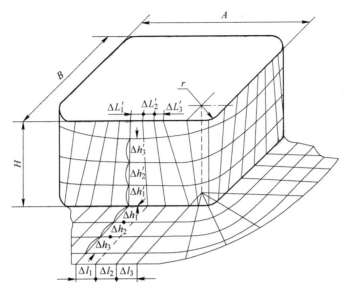

图 9 - 33 盒形件的拉深变形特点

圆角半径 r/B 和相对高度 H/B 有关（其中，r 为圆角的半径；B 为短边宽度；H 为盒形件高度）。r/B 越小，圆角部分的材料向直边部分流得越多，直边部分对圆角部分的影响越大，使得圆角部分的变形与相应圆筒形件的差别就大。当 $r/B = 0.5$ 时（且 $A = B$），盒形件成为圆筒形件，盒形件的变形与圆筒形件一样。当相对高度 H/B 大时，圆角部分对直边部分的影响就大，直边部分的变形与简单弯曲的差别就大。因此，对于不同的 r/B 和 H/B，盒形件分为一次拉深成型的低盒形件与多次拉深成型的高盒形件。

（1）对于低盒形件（$H \leqslant 0.3B$，B 为盒形件的短边宽度），一般都可以一次拉深成型，或虽两次拉深，但第二次仅用来整形。这种零件拉深时仅有微量材料从角部转移到直边，即圆角与直边间的相互影响很小，因此可以认为直边部分只是简单的弯曲变形，圆角部分只发生拉深变形。

（2）对于高盒形件（$H > 0.3B$），一般需经多次拉深成形。图 9 - 34 所示为多工序拉深的方盒形件，采用直径为 D_0 的圆形板料，中间工序拉成圆形，最后一道工序拉成要求的正方形形状和尺寸。

对于多工序拉深的矩形盒形件，随着 H/B 比值的增加，原料由圆形板料变为椭圆形板料。拉深时，中间工序拉成椭圆形，即将矩形盒的两个边视为 4 个方形盒的边长，在保证同一角部壁间距离 δ 时，可采用由 4 段圆弧构成的椭圆形筒，作为最后一道工序拉深前的半成品工件，即在 $n - 1$ 道得到的半成品形状是椭圆形筒，如图 9 - 35 所示。

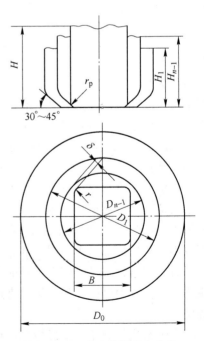

图 9 - 34 多次拉深的方盒件

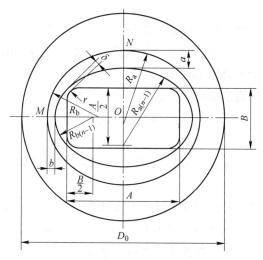

图 9 - 35　多工序拉深的矩形盒形件

9.4　其他拉深方法

在某些情况下，根据零件形状尺寸、材料和产量等特点，采用其他拉深方法，如变薄拉延、带料连续拉深、反拉深等，其中有的是为了满足零件形状或尺寸要求；有的是为了提高金属塑性、增加拉深变形程度、提高生产率；有的是为了简化工艺装备和工艺过程，降低成本，缩短生产周期。

9.4.1　变薄拉深

变薄拉深不同于一般拉深，所谓变薄拉深，主要是指改变拉深件筒壁的厚度，而底部厚度基本不变的拉深方法，该方法一般是以普通拉深方法所得到的圆筒形拉深件作坯料，有时也可以直接使用平板坯料。利用变薄拉深，可获得高径比大、厚底薄壁的空心零件，例如高压锅、高压容器、子弹壳、炮弹壳等。

图 9 - 36 所示为变薄拉深时的坯料变形。由于变薄拉深的凸、凹模间隙小于坯料的壁厚，因此，经过拉深后，坯料壁部变薄而高度增加。变薄拉深变形区的内、外表面的摩擦力具有不同方向。坯料相对于凹模的移动方向与凸模运动方向相同，故作用于坯料外表面的摩擦力与凸模运动方向相反。厚度变薄使坯料伸长，故在变形区坯料沿凸模向上移动，作用于坯料内表面的摩擦力与凸模运动方向相同。这样，外表面摩擦力使已变薄壁部的拉应力增大，内表面摩擦力使壁部拉应力减小，从而使变薄拉深获得较大变形，即在一次拉深中可得到较

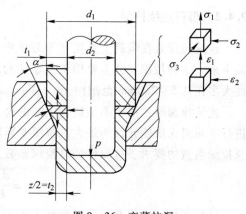

图 9 - 36　变薄拉深

大的高径比。

与一般拉深相比，变薄拉深具有如下特点：

（1）变薄拉深时，坯料变形区是处于凹模模孔内锥形范围内的金属，而传力区是从凹模内被拉出厚度为 t_2 的侧壁部分和底部。变形区的坯料处于轴向受拉和径向、切向受压的三向应力状态及径向受压缩、轴向伸长的应变状态，见图9-36。

（2）由于坯料的变形是处于较大的均匀压应力之下的，所以材料会产生很大的冷作硬化，强度增加。

（3）变薄拉深的工件质量高，壁厚较均匀，壁厚差在 ±0.01mm 以内，表面粗糙度数值可达 $R_a \leq 0.4$。

（4）变薄拉深件的残余应力较大，常需用低温回火消除，以免自行开裂。

（5）由于拉深过程中摩擦严重，故对润滑及模具材料的要求较高。

变薄拉深的变形程度，用坯料的变薄系数 φ 表示：

$$\varphi_n = \frac{A_n}{A_{n-1}} \tag{9-42}$$

式中，A_n、A_{n-1} 为 n、$n-1$ 次变薄拉深后工件的横断面积。

变薄拉深时的最大变形程度主要受传力区强度的限制，不能过大，常用材料的变薄拉深系数见表9-9。

表9-9 变薄拉深系数的极限值

材 料	首次变薄系数	中间工序变薄系数	末次变薄系数
低碳钢	0.53 ~ 0.63	0.63 ~ 0.72	0.75 ~ 0.77
中碳钢	0.70 ~ 0.75	0.78 ~ 0.82	0.85 ~ 0.90
不锈钢	0.65 ~ 0.70	0.70 ~ 0.75	0.75 ~ 0.80
铝	0.50 ~ 0.60	0.62 ~ 0.68	0.72 ~ 0.77
铜	0.45 ~ 0.55	0.58 ~ 0.65	0.65 ~ 0.73

9.4.2 带料连续拉深

连续拉深是在带料上直接（不裁成单个坯料）进行的拉深，零件拉成后才从带料上冲裁下来。这种拉深工艺主要用于小零件的大量生产，拉深直径一般不超过50mm，材料厚度大多在0.5~2.0mm范围内。

连续拉深时，由于不能进行中间退火，所以在选择采用该方法时，首先应确认材料不进行中间退火所能允许的最大总拉深变形程度（即允许的极限总拉深系数）是否满足零件总拉深系数的要求。拉深件的总拉深系数为：

$$m_{总} = \frac{d_件}{D} = m_1 m_2 m_3 \cdots \tag{9-43}$$

材料允许的极限总拉深系数见表9-10。

表 9 - 10　带料连续拉深的极限总拉深系数

材　料	强度极限 σ_b/MPa	伸长率/%	总的极限拉深系数 m		有推件装置
			无推件装置		
			料厚 $t \leqslant 1.2$mm	料厚 $t = 1.2 \sim 2.0$mm	
08F	300 ~ 400	28 ~ 40	0.40	0.32	0.16
H62、H68	300 ~ 400	28 ~ 40	0.35	0.29	0.20 ~ 0.24
软　铝	80 ~ 110	22 ~ 25	0.38	0.30	0.18

　　带料连续拉深分无切口与有切口两种，如图 9 - 37 所示。图 9 - 37a 为无切口的拉深，图 9 - 37b 为有切口的拉深。

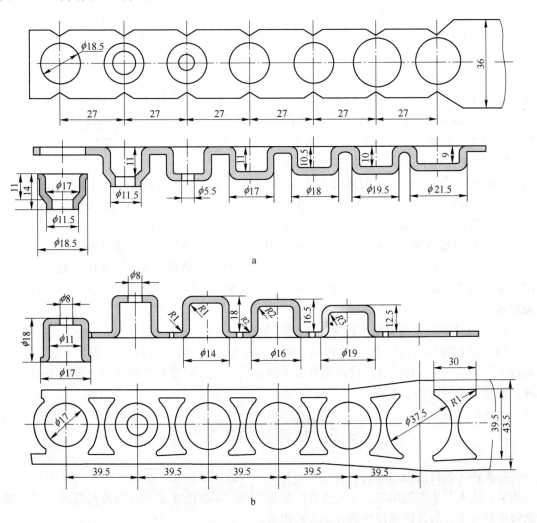

图 9 - 37　带料连续拉深

a—无切口带料拉深，材料：黄铜，厚度：0.8mm；b—带切口带料拉深，材料：08 钢，厚度：1.2mm

　　无切口的连续拉深，即在整体带料上拉深，相邻两个拉深件之间相互约束，因此材料在纵向流动较困难，变形程度大时就容易拉裂。为了避免拉裂，就应减小每道工序的变形程度，即采用较大的拉深系数，这样，工序数就增多了。但这种方法的优点是节省材料（相对于有切口的而言），这对大量生产特别重要。由于这种方法变形困难，故一般用于拉深不太困难的，即有较大的相对厚度 $t/D > 0.01$、有较小的相对凸缘直径（$d_凸/d = 1.1 \sim 1.4$）及有较小的相对高度 $h/d \leq 0.3$ 的拉深件。

有切口连续拉深，是在两零件的相邻处切开，两零件间相互影响和约束较小，与单个坯料拉深很相似。因此每道工序的拉深系数可以小些，即拉深次数可以少些，模具较为简化，但材料消耗较多。一般用于拉深较困难的，即有较小的相对厚度 $t/D \leq 0.01$、较大的相对凸缘直径 $d_凸/d > 1.4$ 及较大的相对高度 $h/d > 0.3 \sim 0.6$ 的拉延件。

9.4.3 反拉深

反拉深就是将中间工序件按以前相反法向进行的拉深，它把中间工序件内壁外翻。图 9 - 38 列出了正拉深与反拉深的比较。

反拉深具有如下特点：

（1）反拉深材料的流动方向与正拉深相反，有利于相互抵消拉深形成的残余应力。

（2）反拉深时，材料弯曲与反弯曲次数较少，冷作硬化也少，有利于成型。如图 9 - 38a 所示的正拉深中，位于压边圈圆角部分的材料，流向凹模圆角时，内圆弧成了外圆弧。而在图 9 - 38b 所示的反拉深中，位于内圆弧的材料在流动过程中始终处于内圆弧部分。

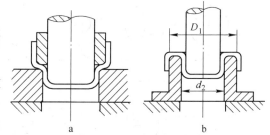

图 9 - 38 正拉深与反拉深的比较
a—正拉深；b—反拉深

（3）反拉深将原有的外表面内翻，原外表面拉深时的划痕不影响外观。

（4）反拉深坯料与凹模的接触面较正拉深大，材料流动阻力也大，因而一般不用压边圈。但坯料外缘流经凹模入口圆角时，阻力已明显减少，故大直径薄料拉深仍需压料，以免起皱。

（5）反拉深的拉深力比正拉深力大 20% 左右。

（6）反拉深坯料内径 D_1 套在凹模外面，工件外径 d_2 通过凹模内孔，故凹模壁厚不能超过 $1/2(D_1 - d_2)$。即反拉深的拉深系数不能太大，太大则凹模壁厚过薄，强度不足。另外，圆角半径不能大于 $1/4(D_1 - d_2)$。

9.5 拉深件的工艺性

拉深件工艺性的合理与否，直接影响到该零件能否用拉深方法生产出来，影响到零件的质量、成本和生产周期等。工艺性合理的拉深件，不仅能满足产品的使用要求，同时也能够用最简单、最经济和最快的方法生产出来。

9.5.1 拉深件的形状和尺寸

拉深件的形状应力求简单、对称。拉深件各处的受力不同，使拉深后的厚度发生变化，一般底部厚度不变。底部与侧臂间的圆角处变薄，口部和凸缘处变厚。拉深件侧壁应允许有工艺斜度，但必须保证一端在公差范围内。多次拉深的零件，其内外壁上或凸缘表面，允许有拉深过程中产生的印痕。在无凸缘拉深时，端部允许形成凸耳。

（1）拉深件底部圆角半径。拉深件的底部圆角半径 r_d 应选择适当，一般为板厚 t 的 $3 \sim 5$ 倍，即 $r_d \geqslant (3 \sim 5)t$。如果结构需要，最小底部圆角半径应大于或等于板厚 t，如图 $9 - 39a$ 所示。

（2）拉深件凸缘圆角半径。拉深件的凸缘圆角半径 R 应选择适当，一般为板厚 t 的 $5 \sim 8$ 倍，即 $R \geqslant (5 \sim 8)t$。如果结构需要，最小凸缘圆角半径应大于或等于板厚 t 的 2 倍，如图 $9 - 39a$ 所示。

（3）矩形拉深件的壁部圆角半径。矩形件拉深时，四个角部变形程度大，角的底部容易出现裂纹，所以圆角半径应适当选择，不宜太小。一般壁部圆角半径 r 应大于或等于板厚的 6 倍，即 $r \geqslant 6t$，如果结构需要，最小圆角半径应大于或等于板厚 t 的 3 倍。为了便于一次拉深成型，要求圆角半径 r 大于工件高度 H 的 15%，如图 $9 - 39b$ 所示，否则应增加整形工序。

（4）拉深件上孔的位置。拉深件上的孔位要合理布置，一般设置在与主要结构面（凸缘）同一平面上，或使孔壁垂直于该平面，以便冲孔和修边在同一工序中完成。拉深件的底部或凸缘上的孔边到侧壁的距离应满足（图 $9 - 40$）：

凸缘上的孔距： $\qquad\qquad\qquad D_1 \geqslant d_1 + 3t + 2r_2 + d$

底部孔径： $\qquad\qquad\qquad d \leqslant d_1 - 2r_1 - t$

（5）成对拉深。对于不对称、半敞开的空心件，为避免受力不对称而使成型困难，设计时应尽可能组合成对进行拉深，然后再剖切（图 $9 - 41$）。

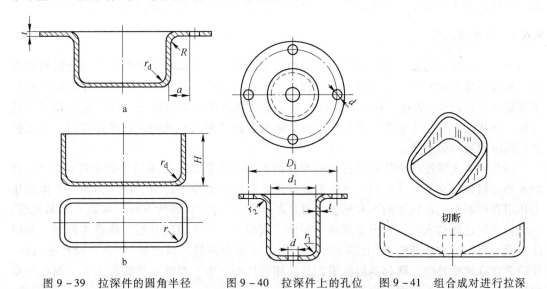

图 9 - 39　拉深件的圆角半径　　图 9 - 40　拉深件上的孔位　　图 9 - 41　组合成对进行拉深

9.5.2　拉深件的尺寸精度

拉深件的尺寸精度应在 IT13 级以下，不宜高于 IT11 级。拉深件壁厚公差要求一般不应超出拉深工艺壁厚变化规律。据统计，不变薄拉深，壁的最大增厚量约为 $(0.2 \sim 0.3)t$；最大变薄量约为 $(0.10 \sim 0.18)t$。

9.5.3 拉深件的尺寸标注

拉深件的径向尺寸，应注明是保证内形尺寸，还是保证外形尺寸，内、外形尺寸不能同时标注。带台阶的拉深件，其高度方向的尺寸标准，一般应以底部为基准，若以上部为基准，高度尺寸不易保证，如图9-42所示。

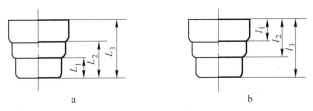

图9-42 带台阶拉深件的尺寸标注
a—以底部为基准；b—以上部为基准

9.6 拉 深 模

拉深模按其工序顺序可分为首次拉深模和以后各次拉深模，它们之间的本质区别是在压边圈的结构和定位方式上的差异。按其使用的冲压设备又可分为单动压力机用的拉深模、双动压力机用的拉深模及三动压力机用拉深模，它们的本质区别在于压边装置不同（弹性压边和刚性压边）。按工序的组合来分，又可分为单工序拉深模、复合模和连续模。此外还可按有无压边装置分为无压边装置拉深模和有压边装置拉深模等。

9.6.1 首次拉深模

图9-43所示为无压边圈的首次拉深模典型结构，这种模具结构简单，适于板料塑性好、相对厚度 $t/D \geq 2\%$、$m_1 > 0.6$ 的拉深工作。上模采用整体结构，下模部分有定位板1、下模座2和凹模4。为使工件在拉深后不至于紧贴在凸模上难以取下，在凸模上设置了通气孔。坯料由定位板1定位，凸模3下行，坯料通过凹模内孔成型，凸模回程时，冲压件被凹模内的脱料颈刮下。

图9-44为弹性压边装置装在上模部分的正装拉深模，弹性压边装置由压边圈5、弹簧4和卸料螺钉9等零件组成。坯料由定位板6定位，上模下行时，压缩弹簧4产生的压力作用在坯料上，由压边圈5和凹模7将坯料压住。凸模10继续下行，弹簧4不断压缩，凸模将坯料逐渐拉入凹模7内形成直壁圆筒。成型后，当上模回升时，弹簧4恢复，利用压边圈5将拉深件从凸模10上卸下，为了便于成型和卸料，在凸模10上开设有通气孔。压边圈在这副模具中，既起压边作用，又起卸载作用。由于弹性元件装在上模，因此凸模要比较长，适宜拉深深度不大的工件。

图9-45所示为压边圈装在下模部分的倒装拉深模。这种模具的特点是：可选用压力大的弹簧、橡皮或气垫压料，用以增大压边力，同时压边力是可调的，以满足拉深件的压边要求，因而在生产中得到广泛应用。这副模具采用了锥形压边圈6。在拉深时，锥形压边圈先将坯料压成锥形，使坯料的外径产生一定量的收缩，然后再将其拉成筒形件。采用这种结构，有利于拉深变形，可以采用较小的拉深系数。

$ABCDEF$ 剖面

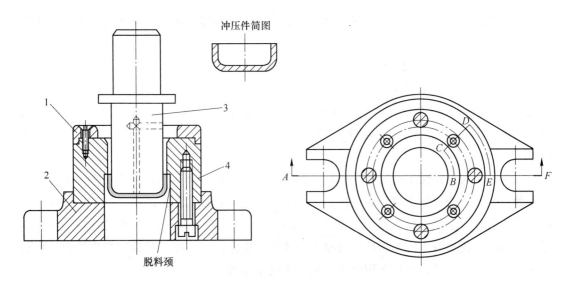

图 9-43　无压边装置首次拉深模

1—定位板；2—下模座；3—拉深凸模；4—拉深凹模

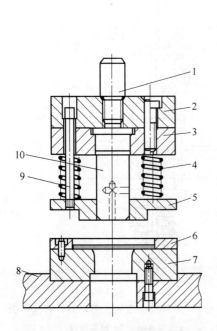

图 9-44　带压边装置首次拉深模

1—模柄；2—上模座；3—凸模固定板；

4—弹簧；5—压边圈；6—定位板；7—凹模；

8—下模座；9—卸料螺钉；10—凸模

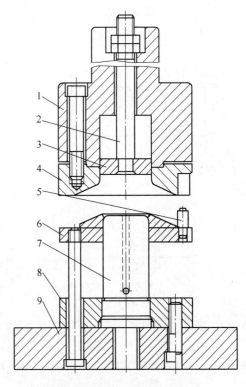

图 9-45　带锥形圈的倒装拉深模

1—上模座；2—推杆；3—推件板；

4—锥形凹模；5—限位柱；6—锥形压边圈；

7—拉深凸模；8—固定板；9—下模座

9.6.2 以后各次拉深模

后续拉深用的坯料是经过首次拉深的半成品，而不再是平板坯料。因此应充分考虑其在模具上的定位。

图9-46为无压边装置的以后各次拉深模。凸、凹模分别固定在上、下模座上。首次拉深后的工件由定位板定位，凸模下行将工件拉入凹模成型。拉深后凸模回程，拉深件由凹模孔内的台阶卸下。凹模口部形状及尺寸如图9-46b所示。为减少拉深件与凹模的摩擦，凹模直边高度 h 取 $9 \sim 13\mathrm{mm}$。该模具适于直径变化量不大的以后各次拉深。

图9-47为带弹性压边装置的以后各次拉深模。凸模3和压边圈4在下模（压边圈4的形状与上一次拉出的半成品相适应），凹模2固定在上模。首次拉深后的半成品由压边圈4外径定位。上模下行，凹模2和压边圈4压住坯料向下移动，将半成品拉入凹模成型。拉深后，压边圈4将冲压件从凸模3上托出，推件板1将冲压件从凹模中推出。该模具的压边圈装在下模，可以选用弹簧、橡皮或气垫压边。

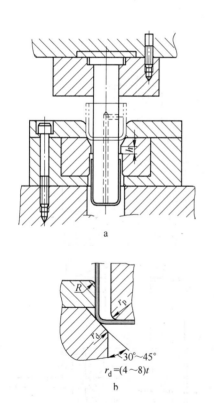

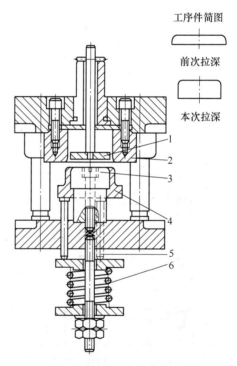

工序件简图

前次拉深

本次拉深

图9-46 无压边装置的以后各次拉深模

图9-47 带弹性压边装置的以后各次拉深模

1—推件板；2—拉深凹模；

3—拉深凸模；4 压边圈；

5—顶杆；6—弹簧

复习思考题

1. 简述圆筒形件的拉深过程及其出现的问题与防治措施。
2. 简述圆筒形件坯料形状与尺寸的确定方法。
3. 简述圆筒形件拉深系数及其确定方法。
4. 简述圆筒形件拉深凸、凹模工作部分的尺寸设计方法。
5. 简述带凸缘圆筒形件、阶梯圆筒形件、锥形件、球形件、抛物面件与盒形件的拉深变形特点。
6. 简述变薄拉深、带料连续拉深以及反拉深的变形特点。
7. 简述如何分析拉深件的工艺性。
8. 简述拉深模的分类及其特征。

10 胀形与翻边

本章要点： 在冲压生产中，为了多快好省地加工各种形状的零件，除冲裁、弯曲、拉深等工序外，还必须有其他成型工序的配合，如胀形、翻边等。本章以胀形、翻边为主要内容，在胀形工艺中，主要介绍了胀形变形特点、胀形极限变形程度、胀形方法等内容；而在翻边工艺中，则着重介绍了圆孔翻边、边缘翻边的变形特点、极限变形程度等内容。

从变形特点来看，胀形与翻边既有相似的一面，也有区别的一面。胀形、圆孔翻孔和内曲翻边属于伸长类成型，成型极限主要受变形区过大拉应力而破裂的限制；外曲翻边属于压缩类成型，成型极限主要受变形区过大压应力而失稳起皱的限制。

10.1 胀 形

胀形是利用模具使板料厚度减薄和表面积增大来获取零件几何形状的冲压加工方法。冲压生产中常用的胀形方法有起伏成型（如在平板坯料上压制加强筋、花纹图案、标记等）、圆柱形空心坯料的胀形（如波纹管、凸肚件等的成型）。

10.1.1 胀形变形特点

胀形时由于坯料受到较大压边力的作用或由于坯料的外径超过凹模孔直径的 3~4 倍，塑性变形仅局限于一个固定的变形范围，板料不向变形区外转移也不从变形区外进入变形区。

图 10-1 所示为球头凸模胀形平板坯料的示意图。坯料被带有拉深筋的压边圈压紧，变形区限制在拉深筋以内的坯料中部（图 10-1 中涂黑部分表示胀形变形区），在凸模作

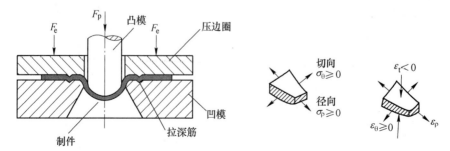

图 10-1 胀形变形区及其应力应变示意图

用力下，变形区大部分材料受双向拉应力作用（忽略板厚方向的应力），沿切向和径向产生拉伸应变，使材料厚度减薄、表面积增大，并在凹模内形成一个凸包。

由于胀形变形时材料板面方向处于双向受拉的应力状态，所以变形不易产生失稳起皱现象，成品零件表面光滑，质量好。同时，由于坯料的厚度相对于坯料的外形尺寸极小，胀形时拉应力沿板厚方向的变化很小，因此当胀形力卸除后回弹小，工件几何形状容易固定，尺寸精度容易保证。

10.1.2 胀形极限变形程度

胀形极限变形程度是以零件是否发生破裂来判别的。由于胀形方法不同，极限变形程度的表示方法也不同，如压筋时的许用断面变形程度 ε_p，压凸包时的许用凸包高度 h_p，圆柱形空心坯料胀形时的极限胀形系数 k_p 等。虽然胀形极限变形程度的表示方法不同，但由于胀形区应变性质相同，且破裂只与变形区应变有关，所以影响因素基本相似，主要有以下几方面因素：

（1）变形区的应变分布的影响。一般来讲，胀形破裂总是发生在材料厚度减薄最大的部位，所以变形区的应变分布是影响胀形极限变形程度的重要因素。胀形时的应变分布与零件形状和尺寸有关，例如，图 10-2 所示为用球头凸模和平底凸模胀形时的厚度应变 ε_t 分布情况。由图可知，球头凸模胀形时，应变分布比较均匀，各点的应变量都比较大，能获得较大的胀形高度，故胀形极限变形程度较大。

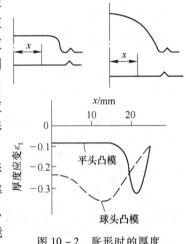

图 10-2 胀形时的厚度
应变分布情况

（2）材料性能的影响。伸长率和应变硬化指数 n 是影响胀形极限变形程度的主要材料因素。一般来讲，伸长率大，破裂前允许的变形程度大，成型极限也大；n 值大，应变硬化能力强，可促使应变分布趋于均匀化，同时还能提高材料的局部应变能力，故极限变形程度也大。

（3）润滑的影响。润滑是通过降低摩擦系数，使应变分布均匀来提高极限变形程度的。例如，用球头凸模胀形时，若在坯料和凸模之间施加良好的润滑（如加衬一定厚度的聚乙烯薄膜），其应变分布要比干摩擦时均匀，能使胀形高度增大。

（4）变形速度的影响。刚性凸模胀形，变形速度对胀形极限变形程度的影响，主要是通过改变摩擦系数来体现的，对球头凸模来讲，速度大，摩擦系数减小，有利于应变分布均匀化，胀形高度有所增大。

（5）材料厚度的影响。一般来讲，材料厚度增大，胀形极限变形程度有所增大，但材料厚度与零件尺寸比值较小时，其影响不显著。

10.1.3 胀形方法

10.1.3.1 起伏成型

起伏成型是平板坯料在模具作用下，通过局部胀形而形成各种形状的凸起或凹下的冲压方法。常见的起伏成型有压加强筋、压凸包、压文字和花纹等，如图 10 - 3 所示。经过起伏成型后的冲压件，由于零件惯性矩的改变和材料加工硬化，零件的刚度和强度得到有效的提高。

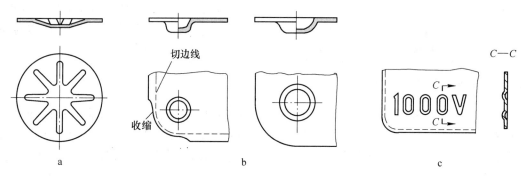

图 10 - 3 起伏成型

a—压加强筋；b—压凸包；c—压文字

A 压加强筋

常用的加强筋形式和尺寸见表 10 - 1。

表 10 - 1 加强筋形式和尺寸

名 称	简 图	R/t	h/t	b/t 或 D/h	r/t	α
半圆形筋		3 ~ 4	2 ~ 3	7 ~ 10	1 ~ 2	—
梯形筋		—	1.5 ~ 2	≥3	0.5 ~ 1.5	15°~30°

注：表中数值下限为极限尺寸，上限为正常尺寸。

起伏成型的极限变形程度，与筋的几何尺寸和材料性质有关。特别是复杂形状的零件，应力应变的分布比较复杂，其危险部位和极限变形程度一般通过试验的方法确定。对于比较简单的起伏成型零件（图 10 - 4），则可以按下式近似地确定其极限变形程度，即许用断面变形程度 ε_p 为：

$$\varepsilon_p = \frac{l - l_0}{l_0} \times 100\% \leq k\delta \qquad (10 - 1)$$

式中 l_0，l——胀形变形区变形前、后截面的长度；

δ——材料的伸长率；

k——形状系数，加强筋 $k = 0.7 ~ 0.75$（半圆形筋取大值，梯形筋取小值）。

如果零件要求的加强筋超过极限变形程度，则不能一次成型，应采用多道工序。例如对图 10 - 5 所示的零件，第一道工序用大直径的球形凸模胀形，达到在较大范围内聚料和均匀变形的目的，第二道工序成型得到零件所要求的尺寸。

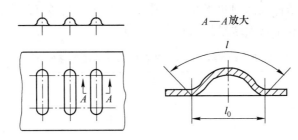

图 10 - 4　起伏成型零件

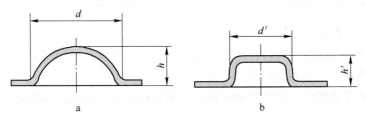

图 10 - 5　两道工序成型的加强筋

a—预成型；b—最终成型

冲压加强筋的变形力 F 按下式计算：

$$F = kLt\sigma_b \tag{10 - 2}$$

式中　k——系数，$k = 0.7 \sim 1.0$，加强筋形状窄而深时，取较大值，宽而浅时，取较小值；

　　　L——加强筋的周长；

　　　t——料厚；

　　　σ_b——材料的抗拉强度。

加强筋与制件边缘的距离，应大于 $(3.0 \sim 3.5)t$，以防止边缘材料收缩影响外形尺寸和美观，否则要加大边缘外形尺寸，压形后再修边。

B　压凸包

图 10 - 6 是冲压凸包的示意图。其成型特点与拉深不同，即如果坯料直径 D 和凸模直径 d_p 的比值小于 4，成型时坯料凸缘将会收缩，属于拉深成型；若大于 4，则坯料凸缘不容易收缩，属于胀形性质的起伏成型。

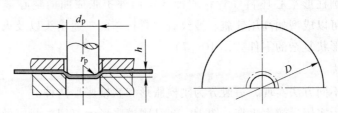

图 10 - 6　压凸包

冲压凸包时，凸包高度受材料塑性限制，不能太大，表 10 - 2 列出了在平板坯料上局部冲压凸包时的许用成型高度（即极限变形程度）。凸包成型高度还与凸模形状及润滑条件有关。例如，采用球形凸模时，凸包高度可达球径的 1/3，而换用平底凸模时，高度就会减小，原因是平底凸模底部圆角半径对凸模下面的材料变形有约束作用。一般情况下，润滑条件较好时，有利于增大球形凸包的成型高度。

表 10 - 2　平板坯料压凹包时的许用成型高度 h_p

简　图	材　料	许用凸包成型高度 h_p/d
	软　钢	≤0.15 ~ 0.20
	铝	≤0.1 ~ 0.15
	黄　铜	≤0.15 ~ 0.22

如果零件要求的凸包高度超出表 10 - 2 所列的数据，则可采用类似于多道工序压加强筋的方法（图 10 - 5）冲压凸包，即第一次可先用球形凸模预成型到相应高度后，在第二次再用平底凸模将其成型到所要求的高度。

多个凸包冲压成型时，要考虑到凸包之间的互相影响，凸包之间的距离见表 10 - 3。

表 10 - 3　凸包间距和凸包距边缘的极限尺寸　　　　　　　　　　（mm）

简　图	D	L	l
	6.5	10	6
	8.5	13	7.5
	10.5	15	9
	13	18	11
	15	22	13
	18	26	16
	24	34	20
	31	44	26
	36	51	30
	43	60	35
	48	68	40
	55	78	45

10.1.3.2　圆柱形空心坯料胀形

该方法是将圆柱形空心坯料（管状或桶状）向外扩张成曲面空心零件的冲压加工方法，用这种方法可以成型如高压气瓶、波纹管、自行车的三通接头以及火箭发动机上的一些异型空心件等形状复杂的零件（图 10 - 7）。

A　胀形方法

胀形可以用不同方法实现，一般分为刚模胀形和软模胀形两种。

刚模胀形较为实用，效率也高。图 10 - 8 是刚模胀形示意图。凸模做成分瓣式结构形式，上模下行时，分瓣凸模 2 因锥形芯块 4 的作用向外胀开，从而将坯料胀成所需形状尺寸的工件。上模回程时，分瓣凸模在顶杆和拉簧的作用下复位，便可取山工件。分瓣凸模的数目越多，工件形状和精度越好。这种胀形方法的模具结构复杂，很难得到精度较高、形状复杂的制件。

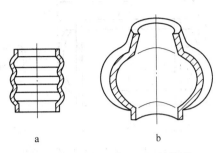

图 10 - 7　圆柱形空心坯料胀形

a—波纹管；b—凸肚件

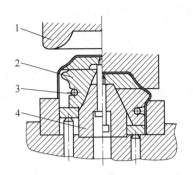

图 10 - 8　刚性分瓣凸模胀形

1—凹模；2—分瓣凸模；3—拉簧；4—锥形芯块

软模胀形以橡胶（或聚氨酯）、液体、气体或钢丸等为施力介质来代替刚性凸模。软模胀形时材料的变形比较均匀，容易保证零件的精度，便于成型复杂的空心零件，所以在生产中广泛采用。

图 10 - 9a 为橡胶凸模胀形示意图，橡胶 3 作为胀形凸模，胀形时，橡胶在柱塞 1 的作用下发生变形，从而使坯料沿凹模内壁胀出所需的形状。橡胶胀形的模具结构简单，坯料变形较均匀，能成型复杂的空心零件。该方法目前应用很普遍，如高压气瓶、自行车架上的中接头以及火箭发动机上的一些异型空心件常用这种方法生产。图 10 - 9b 是液压胀形示意图。液压胀形时，坯料放在凹模内，利用高压液体冲入坯料空腔，使其直径胀大，最后贴靠凹模成型。液压胀形的优点是传力均匀，生产成本低，零件表面质量好。该方法常用于中、大型零件的成型，胀形直径可达 200 ~ 1500mm 左右。

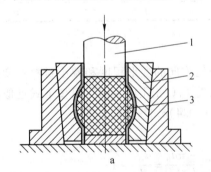

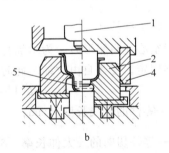

图 10 - 9　软模胀形

a—橡胶凸模胀形；b—液压胀形

1—柱塞；2—凹模；3—橡胶；4—侧楔；5—液体

B　胀形变形程度

圆柱形空心坯料变形程度用胀形系数 K 表示（图 10 - 10），即：

$$K = \frac{d_{max}}{d_0} \tag{10 - 3}$$

式中　d_0——坯料直径；

　　　d_{max}——胀形后零件的最大直径。

由于材料塑性限制，胀形后的直径 d_{max} 不可能任意大，所以这类坯料胀形时的极限变形程度用极限胀形系数 K_p 表示：

$$K_p = \frac{d'_{max}}{d_0} \qquad (10-4)$$

式中，d'_{max} 为零件胀破前允许的最大胀形直径。

极限胀形系数 K_p 与坯料切向许用伸长率 $\delta_{\theta p}$ 有关，即：

$$\delta_{\theta p} = \frac{\pi d'_{max} - \pi d_0}{\pi d_0} = K_p - 1 \qquad (10-5)$$

表 10 - 4 列出了一些金属材料的极限胀形系数和切向许用伸长率 $\delta_{\theta p}$ 的试验值。

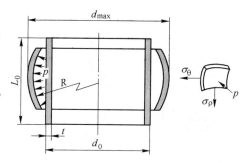

图 10 - 10 圆柱形空心坯料胀形

表 10 - 4 极限胀形系数和切向许用伸长率

材 料		厚度/mm	极限胀形系数	切向许用伸长率 $\delta_{\theta p}$/%
纯 铝	L1，L2	1.0	1.28	28
	L3，L4	1.5	1.32	32
	L5，L6	2.0	1.32	32
铝合金	LF$_{21}$M	0.5	1.25	25
黄 铜	H62	0.5～1.0	1.35	35
	H68	1.5～2.0	1.40	40
低碳钢	08F	0.5	1.20	20
	10，20	1.0	1.24	24
不锈钢	1Cr18Ni9Ti	0.5	1.26	26
		1.0	1.28	28

C 胀形坯料尺寸

圆柱形空心坯料胀形时，为增加材料在圆周方向的变形程度和减小材料的变薄，坯料两端一般不固定，使其自由收缩。此时坯料长度 L_0（见图 10 - 10）可按下式近似计算：

$$L_0 = L[1 + (0.3 \sim 0.4)\delta_\theta] + \Delta h \qquad (10-6)$$

式中 L——零件的母线长度，mm；

δ_θ——零件切向的最大伸长率，$\delta_\theta = \dfrac{\pi d_{max} - \pi d_0}{\pi d_0} = \dfrac{d_{max}}{d_0} - 1$；

Δh——修边余量，约 10～20mm。

D 胀形力的计算

圆柱形空心坯料软模胀形时，所需胀形力 F 为：

$$F = Ap \qquad (10-7)$$

式中 A——成型面积；

p——单位压力。

两端不固定，允许坯料轴向自由收缩时，单位压力 p 按下式计算：

$$p = \frac{2t}{d_{max}}\sigma_b \qquad (10-8)$$

式中，σ_b 为材料的抗拉强度；其他符号的意义见图 10 - 10。

10.2 翻　边

翻边是利用模具将板料上的外缘或孔边缘翻成竖边的冲压加工方法。利用翻边可以加工具有特殊空间形状和良好刚度的立体零件，还能在冲压件上制取与其他零件装配的部位（如铆钉孔、螺纹底孔和轴承座等）。冲压大型零件时，还可以利用翻边改善材料塑性流动情况，来控制破裂或起皱。用翻边代替先拉深后切底的方法制取无底零件，可减少加工次数，并节省材料。

翻边按工艺特点划分为内孔（圆孔或非圆孔）翻边、外缘翻边和变薄翻边等方法。由于外缘的凸凹性质不同，外缘翻边又分为内曲翻边和外曲翻边。按变形性质划分时，有伸长类翻边、压缩类翻边以及体积成型的变薄翻边等。图 10 - 11a ~ d 所示类型的翻边都属于伸长类翻边，伸长类翻边的特点是：坯料变形区在切向拉应力的作用下产生切向的伸长变形，其变形特点属于伸长类变形，极限变形程度主要受变形区开裂的限制。图 10 - 11e、f 所示类型的翻边都属于压缩类翻边，压缩类翻边的特点是：坯料变形区在切向压应力的作用下产生切向的压缩变形，其变形特点属于压缩类变形，应力状态和变形特点与拉深相同，极限变形程度主要受坯料变形区失稳起皱的限制。非圆孔翻边经常是由伸长类翻边、压缩类翻边和弯曲组合起来的复合成型。例如图 10 - 12 是由外凸弧线段Ⅰ、直线段Ⅱ和内凹弧线段Ⅲ组成的非圆孔，翻边时，Ⅰ段属于伸长类翻边，Ⅱ段属于弯曲，Ⅲ段属于压缩类翻边。

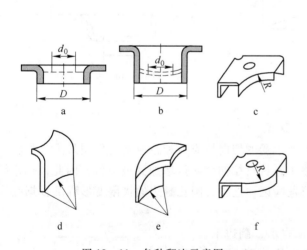

图 10 - 11　各种翻边示意图
a—平面圆孔翻边；b—立体件上圆孔翻边；c—外缘内曲翻边；
d—伸长类曲面翻边；e—压缩类曲面翻边；f—外缘外曲翻边

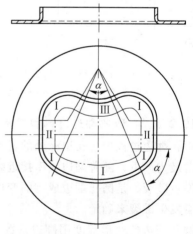

图 10 - 12　非圆孔翻边

10.2.1　圆孔翻边

10.2.1.1　圆孔翻边的变形特点

圆孔翻边如图 10 - 13a 所示。翻边过程中，坯料外缘部分是非变形区，这是由于该部分受到压边力的约束或由于该部分的宽度与翻边孔直径之比较大，变形区基本限制在凹模圆角以内，并在凸模轮廓的约束下受单向或双向拉应力作用（忽略板厚方向的应力）。随着凸模下行，坯料中心的圆孔不断扩大，凸模下面的材料向侧面转移，直到完全贴靠凹模侧壁，形成直立的竖边。

翻边时变形区坯料切向受拉应力 σ_θ 作用，产生切向拉应变 ε_θ。在孔边部，σ_θ 和 ε_θ 达到最大值，径向应力 σ_r 为零，处于单向应力状态（图 10 – 13b）根据屈服准则，孔边部是最先发生塑性变形的部位，厚度变薄最严重，因而也最容易产生裂纹。变形区的径向应力 σ_r 为拉应力，产生的径向应变 ε_r 值相对较小。

由此可见，圆孔翻边的特点是：变形区材料在单向或双向拉应力作用下，切向伸长变形大于径向压缩变形，导致材料厚度减薄，属于伸长类变形。

在圆孔翻边的中间阶段，即凸模下面的材料尚未完全转移到侧面之前，如果停止变形，就会得到图 10 – 14 所示的成型方式，这种成型方式称为扩孔，生产应用也很普遍。很显然，扩孔与圆孔翻边的应力和应变性质相同，常将其作为伸长类翻边的特例。

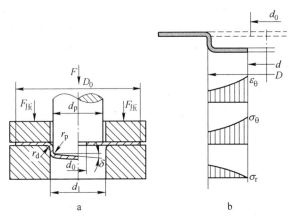
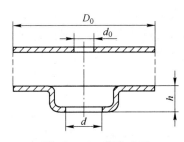

图 10 – 13　圆孔翻边及其应力应变分布示意图
a—圆孔翻边；b—应力应变分布

图 10 – 14　扩孔成型

10.2.1.2　圆孔翻边时的极限变形程度

圆孔翻边过程中，孔边缘处的材料所承受的切向拉应力和拉应变的作用最大，材料厚度减薄最为严重，随着翻边成型接近终了，材料拉伸变薄量增加到最大值，因此，孔边缘容易发生破裂，是圆孔翻边成型的变形危险区。这样，圆孔翻边的极限变形程度根据孔边缘是否发生破裂来确定。

圆孔翻边的变形程度用翻边系数 K 表示，翻边系数为翻边前孔径 d 与翻边后孔径 D 的比值（图 10 – 15），其表达式为：

$$K = \frac{d_0}{D_m} \qquad (10 - 9)$$

式中　d_0——坯料上圆孔的直径；

　　　D_m——翻边后按竖边中线尺寸确定的直径。

显然，K 值越小，变形程度越大。翻边时孔边不破裂所能达到的最小 K 值，称为极限翻边系数。表 10 – 5 是保证低碳钢翻边不发生破裂时

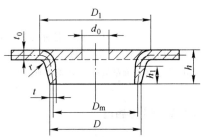

图 10 – 15　翻边件的尺寸

允许的极限翻边系数 K_l。通常可用它们反映圆孔翻边成型极限，K_l 越小，成型极限越大。

表 10 - 5　低碳钢的极限翻边系数 K_l

凸模形状	孔的加工方法	比值 d_0/t_0									
		100	50	35	20	15	10	8	5	3	1
球形凸模	钻　孔	0.70	0.60	0.52	0.45	0.40	0.36	0.33	0.30	0.25	0.20
	冲　孔	0.75	0.65	0.57	0.52	0.48	0.45	0.44	0.42	0.42	—
圆柱形凸模	钻　孔	0.80	0.70	0.60	0.50	0.45	0.42	0.40	0.35	0.30	0.25
	冲　孔	0.85	0.75	0.65	0.60	0.55	0.52	0.50	0.48	0.47	—

注：采用表中 K_l 的数值时，实际翻边后口部边缘会出现小的裂纹，如果工件不允许开裂，则翻边系数须加大 10% ~ 15%。

影响极限翻边系数的主要因素有：

（1）材料的塑性。材料的伸长率 δ、应变硬化指数 n 和各向异性系数 r 越大，极限翻边系数就越小，有利于翻边。

（2）孔的加工方法（预制孔的孔口状态）。孔缘无毛刺、撕裂、硬化层等缺陷时，极限翻边系数较小，有利于翻边。为此，可采用钻孔方法或在冲孔后进行修整，有时还可在冲孔后退火，以消除孔缘表面硬化。为了避免毛刺降低成型极限，翻边时需将预制孔有毛刺的一面朝向凸模放置。

（3）凸模的形状。用球形、锥形和抛物形凸模翻边时，孔缘会被圆滑地胀开，变形条件比平底凸模优越，故 K_l 较小，成型极限较大。

（4）材料厚度。板料相对厚度越大，在断裂前可能产生的绝对伸长越大，则 K_l 越小，成型极限越大。

（5）坯料外径。如果翻边过程中坯料外径发生收缩，翻边就无法进行，这时就要增加一些附加工序，如增大坯料外径，增加翻边后再修正外径的工序，或落料后先进行拉深，然后再冲孔、翻边。

（6）翻边高度。翻边高度（包括圆角半径在内）要满足 $h > 1.5r$，否则将得不到垂直的竖边，为此要增加翻边高度，翻边后再对高度进行修整。

10.2.1.3　圆孔翻边的坯料尺寸

圆孔翻边的坯料计算主要是利用板料中性层长度不变的原则，用翻边高度计算翻边圆孔的初始直径 d_0，或用 d_0 和翻边系数 K 计算可以达到的翻边高度。采用先拉深再翻边的方法时，还要计算出翻边前的拉深高度。

（1）一次翻边成型。翻边高度不大时，可将平板坯料一次翻边成型，如图 10 - 15 所示，此时，翻边圆孔的初始直径 d_0、翻边高度 h 和翻边系数 K 之间的关系如下：

$$d_0 = D_m - 2(h - 0.43r - 0.72t_0) \qquad (10 - 10)$$

$$h = \frac{D_m}{2}(1 - K) + 0.43r + 0.72t_0 \qquad (10 - 11)$$

按照式 10 - 11 计算翻边高度时，必须满足 $K \geqslant K_l$，否则不能一次翻边成型。

（2）拉深后再翻边。若零件要求的翻边高度较大，可采用先拉深再翻边的方法。这时，先确定翻边高度 h_1，再确定翻边圆孔的初始直径 d_0 和拉深高度 h_2（图 10-16）。从图 10-16 中的几何关系，得到拉深后翻边的高度 h_1 为：

$$h_1 \approx \frac{D_m}{2}(1-K) + 0.57r \qquad (10-12)$$

由此确定的翻边圆孔的初始直径 d_0 为：

$$d_0 = D_m + 1.14r - 2h_1 \qquad (10-13)$$

若取极限翻边系数 K_l，则有：

$$h_{1max} = \frac{D_m}{2}(1-K_l) + 0.57r \qquad (10-14)$$

$$d_0 = K_l D_m \qquad (10-15)$$

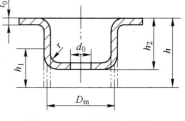

图 10-16 拉深后再翻边

于是，翻边前的拉深高度 h_2 为：

$$h_2 = h - h_1 + r + t_0 \qquad (10-16)$$

或

$$h_2 = h - h_{1max} + r + t_0 \qquad (10-17)$$

对于翻边高度较大的零件，除采用先拉深再翻边的方法外，也可采用多次翻边方法成型，但在工序之间需要退火，且每次所用的翻边系数应比前次增大 15% ~ 20%。

10.2.1.4 圆孔翻边力

圆孔翻边力的计算公式为：

（1）采用圆柱形平底凸模时，其翻边力 F 的计算公式为：

$$F = 1.1\pi(D_m - d_0)t_0\sigma_s \qquad (10-18)$$

式中，σ_s 为材料的屈服极限。

（2）采用球形凸模时，其翻边力 F 的计算公式为：

$$F = 1.2\pi D_m t_0 \sigma_s m \qquad (10-19)$$

式中，m 为系数，按表 10-6 确定。

表 10-6 系数 m 值

K	m	K	m
0.5	0.20 ~ 0.25	0.7	0.08 ~ 0.12
0.6	0.14 ~ 0.18	0.8	0.05 ~ 0.07

10.2.1.5 圆孔翻边模结构

图 10-17 是圆孔翻边模结构简图，其结构与拉深模相似。

凸、凹模尺寸可参照拉深模的尺寸确定原则设计，只是应注意保证翻边间隙。凸模圆角半径 r_p 越大越好，最好用曲面或锥形凸模，对平底凸模一般取 $r_p \geq 4t$。凹模圆角半径可以直接按工件要求的大小设计，但当工件凸缘圆角半径小于最小值时应增加整形工序。

翻边凸模的形状有平底形、曲面形（球形、抛物线形等）和锥形等，图 10-18 为几种常见的翻边凸模的结构形状，图中凸模直径 D_0 段为凸模工作部分，凸模直径 d_0 段为导正部分，1 为整形台阶，2 为锥形过渡部分。图 10-18a 为带导正销的锥形凸模，适用于竖边高度不高、竖边直径大于 10mm 时的翻边；图 10-18b 为一种双圆弧形无导正销的曲

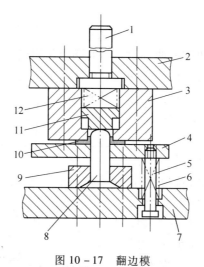

图 10-17 翻边模

1—模柄；2—上模座；3—凹模；4—退件板；5—螺杆；6—弹簧；7—下模座；
8—凸模；9—凸模固定板；10—工件；11—顶料器；12—弹簧

面形凸模，可在不用定位销时对任意孔翻边；图 10-18c 为带导正销的平底形凸模，可同时用于冲孔和翻边（竖边直径小于 4mm）。

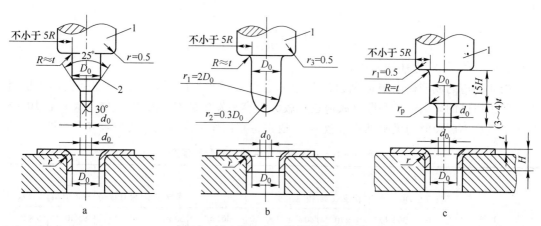

图 10-18 翻边凸、凹模形状及尺寸

由于翻边变形区材料变薄，为了保证竖边的尺寸及其精度，翻边凸、凹模间隙以稍小于材料厚度为宜。如果零件对翻边后的竖边垂直度无要求，应尽量取较大的凸、凹模间隙，以利于翻边变形。如果零件对竖边垂直度有要求，凸、凹模的单边间隙可取 $(0.75 \sim 0.85)t_0$，这样可保证翻边后竖边成为直壁。凸、凹模的间隙也可按表 10-7 选取。

表 10-7 翻边时凸模和凹模的单边间隙 （mm）

板料厚度	0.3	0.5	0.7	0.8	1.0	1.2	1.5	2.0
平板坯料翻边	0.25	0.45	0.60	0.70	0.85	1.0	1.30	1.70
拉深后翻边	—	—	—	0.60	0.75	0.90	1.10	1.50

10.2.2　外缘翻边

外缘翻边可分为内曲翻边和外曲翻边。内曲翻边是用模具把坯料上内凹的外边缘翻成竖边的冲压加工方法，又称为内凹外缘翻边。而外曲翻边则是用模具把坯料上外凸的外边缘翻成竖边的冲压加工方法，又称为外凸外缘翻边。

由于不是封闭轮廓，故变形区内沿翻边线上的应力和变形是不均匀的。对于内曲翻边，其应力和应变情况与圆孔翻边近似，变形区主要受切向拉应力作用，属于伸长类平面翻边，材料变形区外缘边所受拉伸变形最大，容易开裂，如图 10-19a 所示。对于外曲翻边，其应力和应变情况类似于浅拉深，变形区主要受切向压应力作用，属于压缩类平面翻边，材料变形区受压缩变形，容易失稳起皱，如图 10-19b 所示。

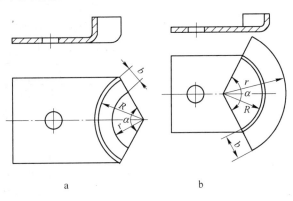

图 10-19　外缘翻边
a—内曲翻边；b—外曲翻边

内曲翻边的变形程度用翻边系数 E_s 表示：

$$E_s = \frac{b}{R-b} \tag{10-20}$$

式中，R、b 的含义见图 10-19a。

内曲翻边的成型极限根据翻边后竖边的边缘是否发生破裂来确定。如果变形程度过大，竖边边缘的切向伸长和厚度减薄也比较大，容易发生破裂，故 E_s 不能太大。表 10-8 列出了竖边不破裂时的极限翻边系数 E_{sl}，通常将它们作为内曲翻边的极限变形程度。

表 10-8　外缘翻边允许的极限变形程度

材　料		E_{sl}		E_{cl}		材　料		E_{sl}		E_{cl}	
		橡皮成型	模具成型	橡皮成型	模具成型			橡皮成型	模具成型	橡皮成型	模具成型
铝	L_4M	25×10^{-2}	30×10^{-2}	6×10^{-2}	40×10^{-2}	铜	H62 软	30×10^{-2}	40×10^{-2}	8×10^{-2}	45×10^{-2}
	L_4Y_1	5×10^{-2}	8×10^{-2}	3×10^{-2}	12×10^{-2}		H62 半硬	10×10^{-2}	14×10^{-2}	4×10^{-2}	16×10^{-2}
	$LF_{21}M$	23×10^{-2}	30×10^{-2}	6×10^{-2}	40×10^{-2}		H68 软	35×10^{-2}	45×10^{-2}	8×10^{-2}	55×10^{-2}
	$LF_{21}Y_1$	5×10^{-2}	8×10^{-2}	3×10^{-2}	12×10^{-2}		H68 半硬	10×10^{-2}	14×10^{-2}	4×10^{-2}	16×10^{-2}
	LF_2M	20×10^{-2}	25×10^{-2}	6×10^{-2}	35×10^{-2}	钢	10	—	38×10^{-2}	—	10×10^{-2}
	LF_3Y_1	5×10^{-2}	8×10^{-2}	3×10^{-2}	12×10^{-2}		20	—	22×10^{-2}	—	10×10^{-2}
	$LY_{12}M$	14×10^{-7}	20×10^{-2}	6×10^{-2}	30×10^{-2}		1Cr18Ni9 软	—	15×10^{-2}	—	10×10^{-2}
	$LY_{12}Y$	6×10^{-2}	8×10^{-2}	0.5×10^{-2}	9×10^{-2}		1Cr18Ni9 硬	—	40×10^{-2}	—	10×10^{-2}
	$LY_{11}M$	14×10^{-2}	20×10^{-2}	4×10^{-2}	30×10^{-2}		2Cr18Ni9	—	40×10^{-2}	—	10×10^{-2}
	$LY_{11}Y$	5×10^{-2}	6×10^{-2}	0	0						

外曲翻边的变形程度用翻边系数 E_c 表示：

$$E_c = \frac{b}{R+b} \qquad (10-21)$$

式中，R、b 的含义见图 10-19b。

外曲翻边时，由于切向受压应力，容易起皱，故极限变形程度主要受压缩起皱的限制。表 10-8 列出了竖边不起皱时的极限翻边系数 E_{c1}，通常将它们作为外曲翻边的极限变形程度。

复习思考题

1. 简述胀形及其成型特点。
2. 简述平板坯料的胀形方法及其特点。
3. 简述圆柱形空心坯料的胀形方法及其特点。
4. 简述圆孔翻边及其成型特点。
5. 简述外缘翻边及其成型特点。
6. 简述非圆孔翻边成型的特点。

参 考 文 献

[1] 中国机械工程学会塑性加工学会．锻压手册 第 1 卷锻造 [M]．3 版．北京：机械工业出版社，2008.

[2] 中国机械工程学会塑性加工学会．锻压手册 第 2 卷冲压 [M]．3 版．北京：机械工业出版社，2008.

[3] 中国机械工程学会塑性加工学会．锻压手册 第 1 卷锻压车间设备 [M]．3 版．北京：机械工业出版社，2008.

[4] 中国标准出版社第三编辑室，全国锻压标准化技术委员会．机械制造加工工艺标准汇编：锻压卷（上）[M]．北京：中国标准出版社，2009.

[5] 中国标准出版社第三编辑室，全国锻压标准化技术委员会．机械制造加工工艺标准汇编：锻压卷（下）[M]．北京：中国标准出版社，2009.

[6] 王孝培．冲压手册 [M]．3 版，北京：机械工业出版社，2012.

[7] 王祖唐．锻压工艺学 [M]．北京：机械工业出版社，1992.

[8] 谢水生，李强，周六如．锻压工艺及应用 [M]．北京：国防工业出版社，2011.

[9] 吕炎．锻压成形理论与工艺 [M]．北京：机械工业出版社，1991.

[10] 张志文．锻造工艺学 [M]．北京：机械工业出版社，1983.

[11] 吕炎．锻造工艺学 [M]．北京：机械工业出版社，1995.

[12] 姚泽坤．锻造工艺学 [M]．西安：西北工业大学出版社，1998.

[13] 王以华．锻模设计技术及实例 [M]．北京：机械工业出版社，2009.

[14] 张海渠．模锻工艺与模具设计 [M]．北京：化学工业出版社，2009.

[15] 程里．模锻实用技术 [M]．北京：机械工业出版社，2010.

[16] 吴诗惇．冲压工艺学 [M]．西安：西北工业大学出版社，1987.

[17] 吴诗惇，李淼泉．冲压成形理论及技术 [M]．西安：西北工业大学出版社，2012.

[18] 李硕本．冲压工艺学 [M]．北京：机械工业出版社，1982.

[19] 肖景容，姜奎华．冲压工艺学 [M]．北京：机械工业出版社，1990.

[20] 姚泽坤．锻造工艺学与模具设计 [M]．西安：西北工业大学出版社，2001.

[21] 胡亚民，华林，许树勤，等．锻造工艺过程及模具设计 [M]．北京：中国林业出版社，北京大学出版社，2006.

[22] 姜奎华．冲压工艺与模具设计 [M]．北京：机械工业出版社，1998.

[23] 成虹．冲压工艺与模具设计 [M]．2 版．北京：高等教育出版社，2006.

[24] 翁其金，徐成新．冲压工艺及模具设计 [M]．2 版．北京：机械工业出版社，2012.

[25] 高军，吴向红，赵新海，林淑霞．金属塑性成形工艺及模具设计 [M]．北京：国防工业出版社，2007.

[26] 夏巨谌．金属塑性成形工艺及模具设计 [M]．北京：机械工业出版社，2008.